地球科学通论

（第二版）

刘自强　主　编
王礼胜　副主编

DIQIU KEXUE TONGLUN

中国地质大学出版社
ZHONGGUO DIZHI DAXUE CHUBANSHE

内容摘要

《地球科学通论》围绕宝石学的基础,系统地阐释了地球的形成与演化、地壳的构造与运动、岩石的生成与转化、矿物的特性与成矿。它是本科宝石类专业的基础教材,并附有详尽的电子教参,易学易懂。同时,本书的内容按层次进行了编排,可通过选取满足不同培养目标的实际需要。此外,本书亦可作为珠宝从业者的工具资料,还可供广大兴趣爱好者阅读参考。

图书在版编目(CIP)数据

地球科学通论/刘自强主编. —2 版. —武汉:中国地质大学出版社,2015.9
(2016.12 重印)

ISBN 978-7-5625-3747-2

Ⅰ.①地…

Ⅱ.①刘…

Ⅲ.①地球科学

Ⅳ.①P

中国版本图书馆 CIP 数据核字(2015)第 260702 号

地球科学通论(第二版)	刘自强 主 编
	王礼胜 副主编

责任编辑:李晶	选题策划:张琰	责任校对:戴莹

出版发行:中国地质大学出版社(武汉市洪山区鲁磨路388号)	邮政编码:430074
电 话:(027)67883511 传 真:67883580	E-mail:cbb@cug.edu.cn
经 销:全国新华书店	http://www.cugp.cug.edu.cn

开本:787毫米×960毫米 1/16	字数:343千字	印张:17.375
版次:2007年9月第1版 2015年9月第2版	印次:2016年12月第2次印刷	
印刷:荆州市鸿盛印务有限公司	印数:1 501—3 500 册	
ISBN 978-7-5625-3747-2		定价:38.00元

如有印装质量问题请与印刷厂联系调换

21 世纪高等教育珠宝首饰类专业规划教材

编 委 会

主任委员：

  朱勤文 中国地质大学（武汉）党委副书记、教授

委 员（按音序排列）：

  毕克成 中国地质大学出版社社长
  陈炳忠 梧州学院艺术系珠宝首饰教研室主任、高级工程师
  方 泽 天津商业大学珠宝系主任、副教授
  郭守国 上海建桥职业技术学院珠宝系主任、教授
  胡楚雁 深圳职业技术学院副教授
  黄晓望 中国美术学院艺术设计职业技术学院特种工艺系主任
  匡 锦 青岛经济职业学校校长
  李勋贵 深圳技师学院珠宝钟表系主任、副教授
  梁 志 中国地质大学（武汉）珠宝学院书记、研究员
  刘自强 金陵科技学院珠宝首饰系系主任、教授
  秦宏宇 长春工程学院珠宝教研室主任、副教授
  石同栓 河南省广播电视大学珠宝教研室主任
  石振荣 北京经济管理职业学院宝石教研室主任、副教授
  王 昶 广州番禺职业技术学院珠宝系主任、副教授
  王蒴锐 海南职业技术学院珠宝专业主任、教授
  王娟鹃 云南国土资源职业学院宝玉石与旅游系主任、教授
  王礼胜 石家庄经济学院宝石与材料工艺学院院长、教授
  肖启云 北京城市学院理工部珠宝首饰工艺及鉴定专业主任、副教授
  徐光理 天津职业大学宝玉石鉴定与加工技术专业主任、教授
  薛秦芳 原中国地质大学（武汉）珠宝学院职教中心主任、教授
  杨明星 中国地质大学（武汉）珠宝学院院长、教授

张桂春　揭阳职业技术学院机电系（宝玉石鉴定与加工技术教研室）系主任
张晓晖　北京经济管理职业学院副教授
张义耀　上海新侨职业技术学院珠宝系主任、副教授
章跟宁　江门职业技术学院艺术设计系副主任、高级工程师
赵建刚　安徽工业经济职业技术学院党委副书记、教授
周　燕　武汉市财贸学校宝玉石鉴定与营销教研室主任

特约编委：
刘道荣　中钢集团天津地质研究院有限公司副院长、教授级高工
　　　　天津市宝玉石研究所所长
　　　　天津石头城有限公司总经理
王　蓓　浙江省地质矿产研究所教授级高工
　　　　浙江省浙地珠宝有限公司总经理

策　划：
毕克成　中国地质大学出版社社长
梁　志　中国地质大学（武汉）珠宝学院书记、研究员
张晓红　中国地质大学出版社副总编
张　琰　中国地质大学出版社编辑中心常务副主任

改版说明
——记庐山全国珠宝类专业教材建设研讨会之共识

中国地质大学出版社组织编写和出版的"高职高专教育珠宝类专业系列教材"从2007年9月面世至今已经过去三年。为了全面了解这套教材在各校的使用情况及意见,系统总结编写、出版、发行成果及存在问题,准确把握我国珠宝教育教学改革的新思路、新动态、新成果,中国地质大学出版社在深入各校调研的基础上,发起了召开"全国珠宝类专业课程建设研讨会"的倡议,得到各校专家的广泛响应。2010年8月10日~13日,来自全国27所大中专院校的48位珠宝教育界专家汇聚江西庐山,交流我国珠宝教育成果,研讨课程设置方案,并就第一版教材存在的问题、新版教材的编写方案等达成以下共识。

一、第一版教材存在的问题及建议

按照2005、2006年商定的编写和出版计划,"高职高专教育珠宝类专业系列教材"共组织了十多所院校的专家参加编写,计划出版20本,实际出版12本,从而结束了高职高专层次珠宝类专业没有自己的成套教材的历史。在编写、出版、发行过程中存在的主要问题是:

(1)整套教材在结构上明显失衡,偏重宝玉石加工与鉴定,首饰设计、制作工艺、营销和管理方面的教材比重过小。已经出版的12本教材中,属于宝石学基础、宝玉石鉴定方面占2/3,而属于设计、制作工艺、管理及营销方面的只占1/3,不能满足当前珠宝首饰类专业人才培养的需要。造成这种状况的一个重要原因是,编委会所组织的参编学校中,结晶学、矿物学、岩石学基础普遍较好,宝石加工、鉴定力量较强,而作为首饰设计、制作工艺基础的艺术学基础和作为经营管理基础的管理学相对薄弱。因此建议在改版时加强薄弱环节,并补充急需的教材选题。

(2) 编写计划在各校实施不平衡,金陵科技学院、安徽工业经济职业学院、上海新侨学院、上海建桥学院等院校较好地完成了预定编写计划。但有些学校由于各种原因,计划实施得并不顺利,有些学校甚至一本都没有完成。造成有些用量很大而极其重要的教材至今仍然没有出来,影响了正常的教学需要。因此建议改版时将这些选题作为重点重新配备编写力量,以保证按时出版。

(3) 或多或少都存在着内容重复或缺失现象。调查发现,有的内容多本教材涉及,但又都没交代清楚,感觉不够用;而有的重要内容,相关教材都未涉及。造成这种状况的一个重要原因是,主编单位由编委会指定,既没有发动各校一起讨论编写大纲,也没有组织编委会审稿,主要由主编依据本校教学要求编写定稿,无法充分考虑其他学校的基本要求和吸收各校的教学成果。因此建议加强各校之间的交流,改版时主编单位拟好编写大纲后要广泛征求使用单位的意见,编委会要对大纲和初稿审查把关,以确保编写质量。

二、新版教材的编写方案

(1) 丛书名称改为"21世纪高等教育珠宝首饰类专业规划教材",以适应服务目标的变化。第一版的目标定位是以满足高职高专教育珠宝类专业教学需要为主,兼顾中职中专珠宝教育及珠宝岗位培训需要。当时根据高职高专教育主要培养高技能人才的目标要求,提出了五项基本要求:以综合素质教育为基础,以技能培养为本位;以社会需求为基本依据,以就业需求为导向;以各领域"三基"为基础,充分反映珠宝首饰领域的新理念、新知识、新技术、新工艺、新方法;以学历教育为基础,充分考虑职业资格考试、职业技能考试的需要;以"够用、管用、会用"为目标,努力优化、精炼教材内容。

这几年,珠宝教育有了比较大的变化,社会对珠宝人才的需求也有变化,其中上海建桥学院、南京金陵学院、梧州学院等院校已经升为本科,原来的目标定位和编写要求已经不合适。为此,编委会经过认真研究,决定将丛书名改为"21世纪高等教育珠宝首饰类专业规划教材",以适应培养珠宝首饰行业各类应用人才的需要,同时兼顾中职中专及岗位培训的需要。在内容安排上,要反映珠宝行业的新发展和珠宝市场的实际需求,要反映新的国家标准,要突出实际操作和应用能力培养的需求。

(2)调整和充实编委会,明确编委会职责,增强编委会的代表性和权威性。与会代表建议,在原有编委会组成人员的基础上,广泛吸收本科院校、企业界的专家参与,进一步充实编委会,增强其权威性。在运作上,可以分成两个工作组,一个主要面向研究型人才培养的,一个主要面向应用型人才培养的。编委会的主要职责是:①拟定编写和出版计划、规范、标准等,为编写和出版提供依据;②确定主编和参编单位,审定编写大纲,落实编写和出版计划;③审查作者提交的稿件,把好业务质量关;④监督教材编辑出版进程,指导、协调解决编辑出版过程中的业务问题。

(3)按照分批实施、逐步推进的思路确定新的编写计划。编委会计划用三年时间构建一个"21世纪高等教育珠宝首饰类专业规划教材"体系,整个体系由基础、鉴定、设计、加工、制作、经营管理、鉴赏等模块组成,每个模块编写3~6门主干课程的教材,共计编写、出版教材32种。与原来的体系相比,新体系着重加强了制作(8种)、设计(4种)、经营管理(4种)等模块的分量,并增列了文化与鉴赏方面的教材。会上,按照整合各校优势、兼顾各校参编积极性的原则,建议每种教材由1~2所学校主编,其他学校参编;基础好的学校每校可以主编2~3种教材,参编若干种。

编写出版的进度安排:2010年底前完成编写大纲的修订、定稿工作,确定每个年度的编写和出版计划,修编出版珠宝英语口语等选题;

2011年秋季参编宝石学基础、贵金属材料及首饰检验、首饰设计与构思、翡翠宝石学基础、首饰制作工艺、珠宝首饰营销基础、首饰评估实用教程、钻石及钻石分级、宝石鉴定仪器与鉴定方法等；其他品种2011年着手编写/修编，争取2012年秋季出版。

三、固化会议形式，建立固定交流平台

与会专家认为，随着珠宝行业的快速发展，我国珠宝教育有了长足的进步，开办珠宝首饰类专业的学校也越来越多，但是由于业界没有一个共同的交流平台，相互之间缺乏沟通，无法相互取长补短，共同提高。这次中国地质大学出版社牵头，把相关学校召集在一起交流经验，探讨专业建设和教材建设大计，为我们搭建了很好的平台，意义非凡而深远，为珠宝教育界做了一件大好事，由衷地感谢中国地质大学出版社，同时也希望中国地质大学整合珠宝学院和出版社的力量，牵头建立全国性的珠宝教育研究组织，作为全国珠宝教育界联系和交流的平台，每1~2年召开一次会议，承办单位和地点，可以采取轮流坐庄的办法，由会员单位提出申请，理事会确定。

《21世纪高等教育珠宝首饰类专业规划教材》编委会
2010年7月6日于武汉

再版前言

中国珠宝教育的创立,借助于改革开放,受益于传统文脉。时至今日,中国的珠宝教育,经历了 30 多年的发展,从无到有、从小到大,已成为独立的学科门类。其间,历经了三个主要发展阶段,即:社会通力共建的开创期、机构承担教育功能的成型期、构建专业学科的成熟期。面对进入成熟期的中国珠宝教育,教育哲学、教育思想、教育形式、教育内涵都需领先社会的发展。就教材而言,不断地进行知识更新与重构十分必要。宝石学专业的基础课教程《地球科学通论》,自 2007 年出版虽不到 10 年时间,已有重修再版的必要。新版《地球科学通论》,其新知识内容、系统逻辑、专业相关性与未来性都得到了充实、调整与重构。新书强化了基础性,贴近了宝石学。

宝石学是以宝石作为研究对象,以宝石承载的各种文化现象为研究范畴,围绕宝石的自然属性与社会属性,所构建起的系统、完整的知识体系。宝石学学科属性是自然属性与社会属性交融,宝石学学科构成为自然科学与人文学科交叉,宝石学学科方向是技术与人文、艺术与社会,宝石学学科任务是将先进的科技文化成果在珠宝产业实现应用与转化。研究宝石的自然属性就必须弄清楚两个问题:宝石从哪儿来?宝石材料有哪些特性?这就引出了宝石学的自然科学基础,它是生发于地球科学和材料科学两大基础学科的交叉结合部。换言之,宝石学专业的学习,需要建立地球科学的专业知识背景。

新版《地球科学通论》,在编撰方法上以地球科学原理为链接基干,以宝石矿物及其材料特性为交叉结合线索,以材料的分析鉴定原理为知识拓展,重构了现代宝石学的地球科学知识体系。书中内容围绕宝石学的基础知识,系统地阐释了地球的形成与演化、地壳的构造与运动、岩石的生成与转化、矿物的特性与成矿等。同时，本书的内容也按层次进行了编排，既可作为本科宝石类专业的基础教材，亦可通过选取满足不同培养目标的教学需要。既考虑到了为宝石专业的学生打下坚实的基础，又考虑到了学生的未来与发展。

新版《地球科学通论》全书共分八章，廖望春副教授负责第一章和第七章的修编，张妮博士负责第二章和第八章的修编，刘自强教授负责第三章和第五章的修编，王礼胜教授负责第四章的修编，张聚全博士和郝家慧共同负责第六章的修编。全书的重修和审定历经数年时间才得以完成。与本书知识体系同步的电子教参，由金陵科技学院廖望春副教授撰稿、编辑并制作。在本书的编撰过程中，虽经努力，但限于编者的学识与能力，难免有不足之处，恳请读者不吝指正。

刘自强

2015 年 6 月于南京

目 录

第一章 地球的起源和演化 ……………………………………………（1）

第一节 宇宙的起源与演化 ……………………………………（1）
一、"浩瀚宇宙"中的银河系 ……………………………………（2）
二、恒星的起源与演化 …………………………………………（4）
三、太阳系起源与演化 …………………………………………（8）
四、光谱在宝石学中的应用 ……………………………………（15）

第二节 地球的起源与演化 ……………………………………（19）
一、地球的起源与形成 …………………………………………（19）
二、地球内部圈层系统 …………………………………………（22）
三、地球外部圈层系统 …………………………………………（24）
四、地理外壳与生态环境 ………………………………………（29）

第三节 宝玉石的形成环境 ……………………………………（30）
一、内部圈层运动形成的宝石 …………………………………（31）
二、外部圈层运动形成的宝石 …………………………………（34）

第二章 地质年代与宝玉石 ………………………………………（36）

第一节 相对地质年代的确定 …………………………………（36）
一、地层层序律 …………………………………………………（36）
二、生物层序律 …………………………………………………（36）
三、切割律或穿插关系 …………………………………………（40）

第二节 绝对地质年代 …………………………………………（41）
一、绝对地质年代的概念 ………………………………………（41）
二、同位素年龄的测定法 ………………………………………（41）
三、地质年代表的建立与应用 …………………………………（42）

第三节 成矿年代与宝玉石探矿 ………………………………（46）
一、成矿年代是地球科学研究的基本思路 ……………………（47）
二、成矿年代是地质勘探工作的基本依据 ……………………（48）

三、成矿时代确定有利于宝玉石矿产勘探开发 …………………………… (49)

第三章 构成地壳的基本单位——矿物 …………………………………… (51)

第一节 矿物的化学组成及物理特性 …………………………………… (51)
一、矿物的基本概念 ……………………………………………………… (51)
二、矿物的化学组成 ……………………………………………………… (53)
三、宝石矿物的物理特性 ………………………………………………… (58)

第二节 矿物的形态 ……………………………………………………… (68)
一、晶体的基本概念 ……………………………………………………… (68)
二、矿物的形态 …………………………………………………………… (77)
三、宝石矿物的形态 ……………………………………………………… (81)

第三节 矿物的形成 ……………………………………………………… (83)
一、矿物的形成方式 ……………………………………………………… (83)
二、矿物的形成机制 ……………………………………………………… (83)
三、矿物的存在方式 ……………………………………………………… (90)

第四节 矿物的分类及其利用 …………………………………………… (90)
一、矿物的分类 …………………………………………………………… (90)
二、矿物的利用 …………………………………………………………… (91)

第五节 宝石矿物及其代表性品种 ……………………………………… (93)
一、宝石矿物的基本概念 ………………………………………………… (93)
二、宝石矿物的主要品种 ………………………………………………… (94)

第四章 地质构造与构造运动 ……………………………………………… (105)

第一节 地质构造 ………………………………………………………… (105)
一、岩层的产状 …………………………………………………………… (105)
二、地质构造类型 ………………………………………………………… (106)

第二节 构造运动 ………………………………………………………… (112)
一、构造运动的标志 ……………………………………………………… (112)
二、构造运动的主要形式 ………………………………………………… (115)
三、构造期与构造事件 …………………………………………………… (117)
四、地震及其分布区 ……………………………………………………… (118)

第三节 大地构造简介 …………………………………………………… (121)
一、地槽-地台学说 ……………………………………………………… (121)
二、板块构造理论 ………………………………………………………… (124)

第四节 宝石矿床与构造运动的关系……(133)

第五章 岩浆作用与岩浆岩……(136)

第一节 喷出作用与喷发物……(136)
一、岩浆的概念……(136)
二、喷出作用……(137)
三、喷出产物……(140)

第二节 侵入作用与侵入岩……(143)
一、被动侵位岩浆及其岩浆岩产状……(144)
二、主动侵位岩浆及其岩浆岩产状……(145)

第三节 岩浆岩的结构与构造……(146)
一、岩浆岩的结构……(146)
二、岩浆岩的构造……(148)

第四节 岩浆岩的形成机制及分类……(150)
一、岩浆岩的形成与演化机制……(150)
二、岩浆岩矿物的分类……(153)
三、岩浆岩的分类……(156)
四、岩浆岩的野外识别……(159)
五、岩浆岩中的宝石……(162)

第五节 伟晶作用与伟晶岩……(162)
一、伟晶作用与分类……(162)
二、岩浆伟晶岩与宝石……(163)
三、变质伟晶岩与宝石……(163)

第六节 热液作用与相关矿物……(164)
一、热液作用定义……(165)
二、热液类型与成矿……(165)

第六章 外力地质作用与沉积岩……(168)

第一节 外力地质作用……(168)
一、风化作用……(168)
二、搬运作用……(175)
三、沉积作用……(177)
四、成岩作用……(180)

第二节 沉积岩概述……(182)

一、沉积岩的定义 ……………………………………………… (182)
　　二、沉积岩的一般特征 …………………………………………… (182)
　第三节　沉积岩的成分与分类 ……………………………………… (185)
　　一、沉积岩的化学成分及其特征 ………………………………… (185)
　　二、沉积岩的矿物成分和矿物类型 ……………………………… (185)
　　三、沉积岩的分类及主要类型 …………………………………… (188)
　第四节　宝石矿床与沉积作用的关系 ……………………………… (190)

第七章　变质作用与变质岩 ……………………………………………… (194)
　第一节　变质作用 …………………………………………………… (194)
　　一、变质作用的内涵 ……………………………………………… (194)
　　二、变质作用的方式 ……………………………………………… (196)
　　三、变质作用的影响因素 ………………………………………… (198)
　　四、变质作用中原岩物质成分的变化 …………………………… (200)
　第二节　变质岩 ……………………………………………………… (202)
　　一、变质岩的基本概念 …………………………………………… (202)
　　二、变质岩的化学特性 …………………………………………… (203)
　　三、变质岩的矿物特性 …………………………………………… (204)
　第三节　变质岩结构与构造 ………………………………………… (208)
　　一、变质岩的结构 ………………………………………………… (208)
　　二、变质岩的构造 ………………………………………………… (210)
　第四节　变质类型与相应变质岩 …………………………………… (213)
　　一、接触变质作用与相关变质岩 ………………………………… (213)
　　二、区域变质作用与相关变质岩 ………………………………… (216)
　　三、混合岩化作用与相关变质岩 ………………………………… (219)
　　四、动力变质作用与相关变质岩 ………………………………… (221)
　　五、冲击变质作用与冲击岩 ……………………………………… (222)
　第五节　岩石的相互演变 …………………………………………… (223)

第八章　宝玉石矿床及资源分布 ………………………………………… (225)
　第一节　概述 ………………………………………………………… (225)
　　一、与宝玉石矿床相关的基本概念 ……………………………… (225)
　　二、宝玉石矿床的成因 …………………………………………… (226)
　　三、宝玉石矿床的成因分类 ……………………………………… (227)

第二节　内生成因矿床 …… (229)
  一、岩浆矿床 …… (229)
  二、伟晶岩矿床 …… (234)
  三、热液矿床 …… (235)
  四、接触交代(矽卡岩)矿床 …… (236)

第三节　外生成因矿床 …… (237)
  一、风化作用矿床 …… (237)
  二、沉积作用矿床 …… (238)
  三、生物作用矿床 …… (240)

第四节　世界宝玉石资源概览 …… (241)
  一、亚洲宝玉石资源 …… (241)
  二、非洲宝玉石资源 …… (245)
  三、美洲宝玉石资源 …… (245)
  四、欧洲宝玉石资源 …… (246)
  五、大洋洲宝玉石资源 …… (246)

第五节　主要宝玉石资源分布概况 …… (246)
  一、宝石类矿床 …… (247)
  二、软玉矿床 …… (250)
  三、翡翠矿床 …… (252)
  四、绿松石矿床 …… (253)
  五、其他玉石矿床及有机宝石资源 …… (254)

主要参考文献 …… (258)

第一章 地球的起源和演化

天体的起源、地球的起源、生命的起源和人类的起源合称为四大起源。地球是天体之一,也应属于天体的起源之内,但地球与人类的关系特别密切,所以有必要着重研究地球的起源问题。在地球起源、演化的基础上,我们才有可能探索地球上的无机界和有机界,甚至人类进化的历史。地球科学的一系列问题,例如地球内部结构,地球磁场的形成,海洋和大陆的分布特征,火山、地震的发生等,莫不与地球的起源和演化有关。地球是太阳系中的一个行星,它的起源必然包括在太阳系的起源之中。考虑整个太阳系的起源,当然先要研究太阳的起源。太阳是一个恒星,它的起源必定和一般的恒星起源联系在一起。所以本章先谈恒星的起源,再谈太阳系的起源,最后再介绍地球的起源和演化。

第一节 宇宙的起源与演化

"浩瀚宇宙"的观念源远流长,就其字面意思而言是指空间和时间的总和。古代汉语中"上下四方曰宇,往古来今曰宙"(《庄子·齐物论》)即喻意宇宙是无所不包的整个物质世界,是时间和空间的统一体,我们现在所生活的地球就是这"浩瀚宇宙"中的沧海一粟。实际上,人们所说的宇宙有两种,即"观测到的宇宙"和"物理宇宙"。前者是人们用肉眼或天文仪器观测到的整个宇宙空间及其中存在的各种天体、弥漫物质的总称,即总星系。它是有边界的,随着观测技术的发展,它的边界范围也在不断地扩大之中。今天我们所谈的"观测到的宇宙"是指时间尺度为 200 亿年,空间直径为 200 亿光年的总星系。而后者"物理宇宙"是指从物理现象上进行解释的宇宙。它在空间上是无边无际的,在时间上是无始无终的,处于不断的运动、发展之中。通常"浩瀚宇宙"就是指"物理宇宙"。因为浩瀚无垠,所以无人能确知物理宇宙的过去和将来(史蒂芬·霍金,2006,2010,2011)。

当代天文学的研究成果表明,宇宙是有层次结构、物质形态多样的、不断运动发展的天体系统。恒星和行星是这个天体系统中最基本的结构细胞,在它们之上还有其他的结构单元。从人类的视野看去,宇宙的结构层次是地球、太阳系、银河系、河外星系及一些其他物质,如不再辐射的星体、大大小小的黑洞及星际气体和尘埃等。此外,还有各种频率的辐射线、宇宙线以及大量中微子、暗物质等。其中河外星系是1923年由美国天文学家哈勃发现的,是指位于银河系外的一些由恒星汇集而成的新星系。到目前为止,用光学和射电天文望远镜已在银河系外发现了约 10^{11} 个河外星系,它们以球形、椭球形、涡旋状、棒旋状等形状存在。由于篇幅所限,河外星系就不详述了,下面将直接进入我们所存在的银河系进行逐层的讲述。

一、"浩瀚宇宙"中的银河系

1. 银河系

在晴朗的晚上,可以看到从地平线向上延伸,形成一条白茫茫的光带呈现在天球上,它给夜空点缀上了壮丽的景色。这条光带称为"银河"。在北半球中纬度地区,夏季夜幕降临的时候,银河从东北地平线越过头顶向西南地平线奔泻而去。天鹰座(又称"牛郎星")位于银河的东岸,有一颗北半天球上最亮的星——天琴座(又称"织女星")与它隔河相望。牛郎和织女的神话,就是我国古代劳动人民根据这两个亮星和银河的相对位置编造出来的。冬季,当夜幕降临的时候,银河又一次越过头顶,从西北到东南,横贯夜空。银河经过的主要星座有:仙后座、英仙座、御夫座、麒麟座、船底座、南十字座、半人马座、天蝎座、人马座、天鹰座、天鹅座。对我国大部分地区来说,银河经过船底座、南十字座、半人马座的那一段位于地平线以下,因此看不到。银河中线大致为天球上的一个大圆,它与天赤道成60°相交。银河系呈现复杂的结构,它各部分的宽度和亮度都不一致。

2. 银河系的结构

恒星有的亮,有的暗。不难理解,愈远的星,平均亮度愈暗;愈近的星,平均亮度愈亮。假若恒星的数目是无限多的话,愈暗的星就应该愈多。然而事实上,只有在相当范围内,愈暗的星,数目是愈多的。据统计,银河系内恒星的数目大约为 1500×10^8 颗。恒星的数目既然是有限的,因此它分布的范围也必然是有限的。这 1500×10^8 颗恒星和星云、星际物质构成了一个恒星系统,叫作银河系(图1-1)。

这个恒星系统具有什么样的形状呢?横贯在天空中的银河给了我们启示。银河位于天球的大圆上,而且又是许多淡弱的星密集之处,这就显示了从银河的方向看,星分布得更多、更远,它表明银河系主体部分并非球状,而是一个扁圆盘状,宛如一个中间凸起的"铁饼",叫作"银盘",直径约80 000光年。银盘中心隆

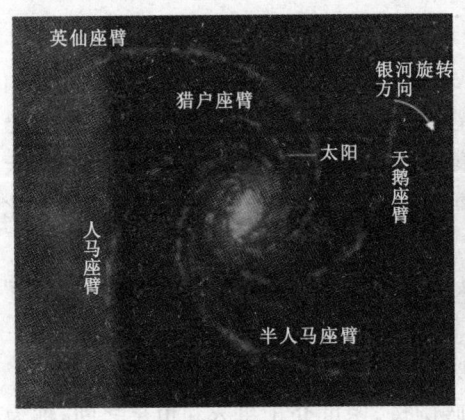

图 1-1 银河系示意图

起的近似于球的部分,叫作"核球",直径约 10 000 光年。在核球区域,恒星高度密集,其中心又有一个很小的致密区,称"银核"。银盘外面是一个范围更大,近于球状分布的系统,直径约 100 000 光年。其中的物质密度比银盘低得多,叫作"银晕"。

太阳并不位于银河系中心,而是在银盘中心平面即银道面的附近,距银河系中心约 33 000 光年的地方。银盘厚度由中心向边缘逐渐变薄,中心核球厚度约 10 000 余光年。在太阳附近,银盘的厚度只有 3000 余光年。银盘中有旋臂,这是盘内气体尘埃和年轻的恒星集中的地方。1976 年,分析电离氢区的光学资料和射电资料得知,从银河核心向外伸出 4 条旋臂:人马座-船底座主臂、盾牌座-南十字座中间臂、矩尺座内臂和英仙座外臂。银河系具有漩涡结构,是很明确的了。

银河系中的天体都围绕银河系中心旋转,也就是说银河系有自转运动。银河系除自转之外,作为一个整体还朝麒麟座方向以 214km/s 的速度运动着。银河系在宇宙间的旋转很像一个车轮的运动,一方面它本身在旋转,同时又在不断地前进。银河系的旋臂也绕着银河系的中心旋转。银河系中每个天体旋转速度不一。太阳绕银河中心的运动速度为 250km/s,转一周要 2.5 亿年,称为一个宇宙年。

由此可知,庞大的银河系也是永恒运动着的物质世界。我们的太阳就是银河系中 1500×10^8 颗恒星中的一个普通恒星。

二、恒星的起源与演化

银河系里有一千几百亿个恒星。每一个河外星云就是一个恒星系,都是由几百万至几千亿个恒星组成的,因此恒星的数目是无限多的。现代天文观测已证明新的恒星不断诞生,老的恒星不断衰亡,并转化成非恒星的物质。"一切天体都处于永久的产生和消亡中,处于不间断的流动中,处于无休止的运动和变化中。……"(《自然辩证法》,1971)。

关于恒星的起源有两种看法:一种认为,恒星是由某种超密态的巨大"星胎"爆发诞生的;另一种认为,是由稀薄的弥漫物质——星云逐渐收缩凝聚而成的。近年来恒星由星云转化而来的观点,已被广泛地接受。一些观测资料也提供了证据。例如在一些亮星云的背景上发现暗圆斑,密度介于星云和恒星之间,称为"球状体"。还发现一种名叫赫比格-阿罗的天体(又称"H. H 天体"),它是云状物质裹着一个类似恒星的核,是似云非云、似星非星的天体。或者说是亦此亦彼的恒星胚胎,正是由星云过渡为恒星的形态,是正在收缩还未开始发光的天体。

根据物理学原理,一切运动的基本形式都是接近和分离,收缩与膨胀。换言之,收缩与接近源于吸引,膨胀和分离源于排斥,这是一个古老的两极对立。热是排斥的一种形式,引力收缩是吸引的另一种形式。这就是说,排斥占优势的时候是能量的逸散,而吸引占优势的时候是能量的集中。按照恒星内部的吸引和排斥,即表现出来的收缩和膨胀的情况,可以将恒星的演化划分为以下 4 个阶段。

1. 引力收缩阶段(幼年期)

该阶段属于恒星演化的幼年期。据观测得知,大自然中存在着一些质量为太阳质量 0.5~20 倍的中性氢云,其温度为 10~100K(1K=272.15℃),并有足够高的密度,不小于 10^{-19} g/cm^3。这样的星云由于自身引力作用,各部分相互吸引而收缩。在收缩过程中,引力位能转化为热能,一部分向外辐射消耗掉,另一部分则使恒星内部温度升高。中性氢云,演化成电离氢云,经过恒星胚胎阶段,然后辐射红外线,形成肉眼看不见的红外星。当中心温度达到 7×10^7K 以上时,氢核聚变成氦核的热核反应使辐射加强,排斥因素增长,恒星停止收缩,进入新的稳定阶段。一个正常的恒星——主序星便形成了。质量小的星云收缩形成单个恒星;质量大的星云再碎裂收缩,形成几个、几十个乃至成千上万个星,随后演化成双星、聚星和星团。

2. 主序星阶段(壮年期)

该阶段属于恒星演化的壮年期。恒星按颜色和光度可分为:O、B、A、F、G、

K、M等类型。天文工作者已测定了大量恒星的光谱谱型和光度(绝对星等)。丹麦的赫茨普龙和美国的罗素,率先研究了恒星的光谱和光度的关系。他们选取恒星的光谱谱型作横坐标,以恒星的绝对星等作纵坐标。按照已知的每一颗恒星的光谱谱型和光度,在图中标出位置,所得出的图示称为"赫罗图"。

从赫罗图(图1-2)中可以看出恒星在图上的分布不是杂乱无章的,而是形成几个星数较密的序列。绝大多数恒星分布在从左上角到右下角的对角线上的狭窄带内,形成一个明显的从O型到M型的序列,称"主星序"。凡属主星序的星称为"主序星"。在主序星中,O、B、A型星质量大、温度高,发光本领强,呈蓝白色;K、M型星质量小、温度低,发光本领弱,呈红色;F、G型星则居中。恒星的温度愈高,光度也愈大,但在右上方有一组星,温度虽较低,但光度却强。这是由于它们的体积大,发光总面积大的缘故。这类星叫"红巨星"。还有一组光度更大,为太阳光度千倍以上的称为"超巨星"。在图左下角的一组星,它们的光谱属A型,表面温度高,发白光,但由于体积很小,发光的面积小,总光度就小,称为"白矮星"。太阳是一个光谱属G型,呈黄色,温度不太高的主序星。

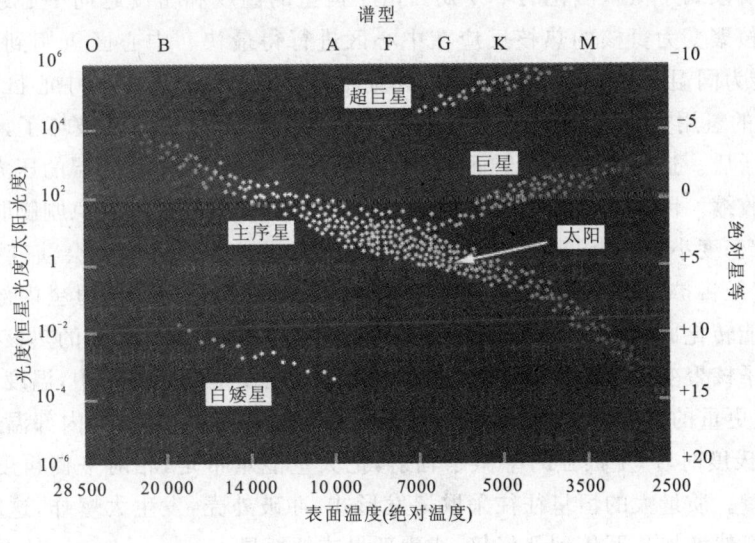

图1-2 恒星的赫罗图

主序星是恒星演化过程中的一个重要阶段。恒星光谱类型的差异,取决于恒星质量的大小。如果原恒星的质量很大,达到太阳质量的20倍以上,则形成一颗光度极大、温度极高的发紫外光和蓝光的O、B型星;如果质量只有太阳的几倍,则形成中等发光能力,呈白色和黄色的A、F型星;质量和太阳差不多则成为和太阳一样黄色的 G 型星;小于太阳质量而大于 0.07 倍太阳质量的,则发红光,成为 K、M 型红矮星。

在主星序阶段,恒星主要靠氢核聚变为氦核,维持其存在和发展。因为恒星主要是由氢元素组成,氢氦聚变的过程,相对而言是比较缓慢的。此时,恒星由于热能辐射产生的热运动和排斥力与自身引力势均力敌,处于流体静力平衡的相对稳定阶段。这就是恒星发展过程中的壮年期。恒星在整个演化过程中,大部分时间都停留在这一阶段。所以银河系中 90% 的恒星都在这一序列之中。至于恒星在主星序停留时间的长短取决于恒星的质量。质量和光度大的恒星,内部温度高,热核反应速度快,氢消耗也快,作为一颗主序星的存在时间就短,约几百万年;相反的,质量小的恒星在此阶段停留较长,如 M 型、K 型则可停留几千亿年至几万亿年。而像太阳这样的中等恒星可以在主星序停留 100 亿年。太阳作为一颗主星序成员,已经在主星序阶段度过了半生,估计还可以继续存在 50 亿年。

3. 红巨星阶段(中年期)

该阶段属于恒星演化的中年期。由于恒星的温度和密度越向中心越大,因此由氢核聚变为氦核的热核反应在中心区进行得最快。中心区氢用到一定程度,就转为同温氦核心,而它的外围,氢氦热核反应继续进行。当中心区占总质量 12% 的氢用完时,恒星内部排斥和吸引的相对平衡与稳定就破坏了,又产生了新的矛盾。这时内部因辐射而产生的向外压力变弱,顶不住外层的压力,内部便开始收缩。因收缩而释放出来的一部分能量,则使恒星的外壳急剧膨胀,变成体积大、密度小、表面温度低但总亮度大的红巨星。太阳将来也会演变成红巨星,其直径将扩大到现在的 250 倍,把地球的轨道都包括进去。恒星内部收缩,部分位能转化成热能,当中心温度达 1 亿摄氏度以上时,就产生新的热核反应,3 个氦原子核聚变为 1 个碳原子核,并释放能量。在反复变化过程中,温度越来越高,产生更重的化学元素氮、氧、氖、钙、钠、镁、硅、铁等。最后,当内部温度达到 60 亿摄氏度时,产生极强的中微子辐射,把大量能量带走,相对平衡再度破坏,抛失质量。质量大的恒星往往采取爆发形式,冲破外壳,发生大爆炸,这时恒星的光度突然增加几万倍到几亿倍,成为新星或超新星。

4. 白矮星、中子星和黑洞阶段(晚年期)

该阶段属于恒星演化的晚年期。恒星演化的末期将出现 3 类天体:白矮星、中子星和黑洞。质量小于 1.44 倍太阳质量的恒星演化到新星爆炸,把外层物质大量抛射,最后剩下一个密实的核。这样,红巨星就演变成体积小、密度大、光度小的白矮星。此时核能枯竭,靠引力收缩来苟延残喘,最后剩下一堆残骸,或完全崩溃为弥漫物质。质量为太阳质量的1.44~2倍的恒星,演化到超新星爆发后,外部物质爆炸出去,形成星云状物质,内部急剧坍缩形成超高密度的中子星。质量超过太阳质量两倍以上恒星,在核能耗尽后,平衡状态不复存在,猛烈地坍缩形成密度更大,引力场非常强,使一切辐射都出不来的黑暗区域,叫"坍缩星"或"黑洞",这是质量大于太阳质量两倍以上恒星的临终期。这种超高温、超高密度的物质虽然看不见,但根据它和其他临近天体以及弥漫物质产生的相互作用,可以证实它的存在。临终期的恒星再缓慢地演变或再通过爆炸的形式最后转化成非恒星物质,结束了一生。经辐射及爆炸抛出去的物质形成了新的星际物质,它是星云的原材料,或直接成为弥漫星云。星云密度足够大时,重新凝聚收缩再演化为恒星,这就形成了宇宙永远不息的循环。

但我们决不能把天体的生死转化看作是千篇一律的简单循环,它们是螺旋式向前发展的。第一代恒星主要是由氢组成,经过一系列的热核聚变反应,产生了各种重元素。这些元素随着恒星演化后期经爆炸而散布在宇宙空间,成为第二代恒星的原材料,所以第二代恒星除氢元素外还含有其他重元素,太阳是由60多种元素组成的,属于银河系中的第二代恒星。像太阳这类中等质量的恒星在主星序逗留约100亿年后,将演化成红巨星(图1-3)。在这一阶段,外层因膨胀温度较低,星核却因收缩而形成中心温度较高,产生更重元素的热核反应。此时可能发生轻微的脉动,成为一颗不规则变星。最后,外壳崩溃,剩下一颗密度高的星核,于是太阳便由红巨星变成临终期的白矮星了。

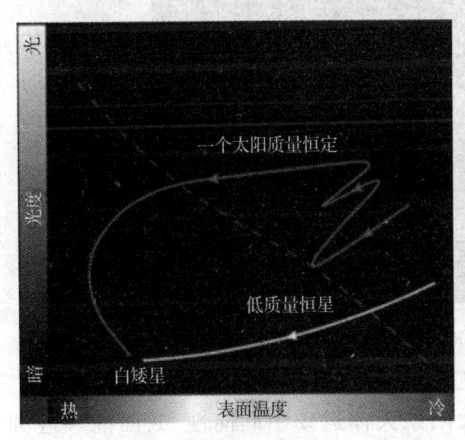

小质量恒星的演化

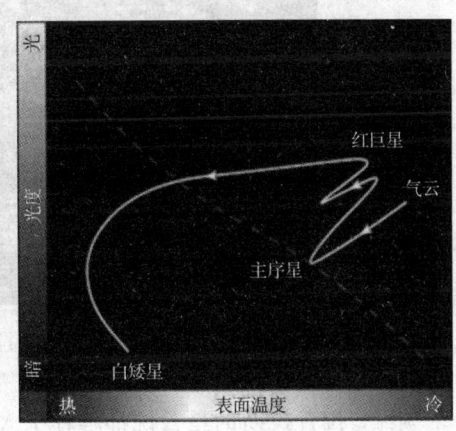

中等质量恒星的演化

图1-3 恒量的演化

三、太阳系起源与演化

(一) 太阳系与地球起源假说

1. 星云说

要了解太阳的起源,就必须了解地球的起源,因为地球和太阳的起源是分不开的。历史上第一个科学地解释地球和太阳系起源问题的是康德和拉普拉斯两位著名学者。康德是德国哲学家,拉普拉斯是法国的一位数学家,他们认为太阳系是由一个庞大的旋转着的原始星云形成的(图1-4)。原始星云是由气体和固体微粒组成,它在自身引力作用下不断收缩。星云体中的大部分物质聚集成质量很大的原始太阳。与此同时,环绕在原始太阳周围的稀疏物质微粒旋转加快,便向原始太阳的赤道面集中,密度逐渐增大,在物质微粒间相互碰撞和吸引的作用下渐渐形成团块,大团块再吸引小团块就形成了行星。行星周围的物质按同样的过程形成了卫星。这就是康德-拉普拉斯星云说。

图1-4 拉普拉斯星云说示意图

康德-拉普拉斯的星云说都解释了太阳系天体运动中同向性、共面性和近圆性的主要特点,但是在细节上却略有不同。比如两者对于行星转化动力的不同解释导致康德认为太阳系形成是微粒先分别聚集成团块再形成行星,而拉普拉斯解释为气体云分离成环再聚集成行星。

星云说认为地球不是上帝创造的,也不是在某种巧合或偶然中产生的,而是自然界矛盾发展的必然结果。从唯物主义观点出发,就物质的运动去说明天体的演化,星云假说起了很大的作用。恩格斯曾赞扬康德的"星云说",指出"康德关于目前所有的天体都从旋转的星云团产生的学说,是从哥白尼以来天文学取得的最大进步。认为自然界在时间上没有任何历史的观念,第一次被动摇了。"然而,由于历史条件的限制,这个星云说也存在一些问题,但它认为整个太阳系包括太阳本身在内,是由同一个星云主要是通过万有引力作用而逐渐形成的这个根本论点,在今天看来仍然是正确的。关于地球和太阳系起源还有许多假说,如碰撞说、潮汐说、大爆炸宇宙说等。

2. 灾变说与俘获说

按照拉普拉斯的星云说,太阳的自转应该很快,但是后来的实际观测才知道,太阳本身的转动很慢,自转一周要 25～30 天。那么一定有一种原因使行星的公转运动加快,或者是太阳的转动从原来的情况下变慢。这是星云说没有解决的问题。于是产生了借外力来解释这种原因的假设,其中以 20 世纪英国天文学家秦斯的潮汐说为代表。秦斯认为,太阳形成以后,在二十万万年前有另外一个巨大的恒星非常靠近地掠过太阳,使得太阳产生了意外的灾变而形成了太阳系。因为这颗外来恒星的引力作用,对太阳产生了起潮力,从太阳上牵引出一条条纺锤形的物质。这些细长的纺锤形的物质顺着恒星离去的方向绕太阳转动,并逐渐冷却而形成行星。行星的角动量是从另外恒星上获得的,所以可具有比太阳更大的角动量。这就是秦斯的潮汐说,又称"灾变说"。

苏联施密特提出了太阳系起源的俘获说。他认为六七十亿年前,太阳在银河系旋转运动中穿过浓厚的星际物质,由于太阳本身的引力作用,吸引了一大批星际物质。星际物质中的质点,原先在各自的轨道上环绕太阳旋转,其轨道偏心率和倾角是多种多样的,质点彼此碰撞,逐渐减缓速度。由于速度减小,围绕着太阳的球状尘埃集团逐渐变成扁平的圆盘。当这个圆盘十分扁平,达到一定密度的时候,就开始分裂成各个浓团。这就是行星的胚胎。小的浓团被大的吸引合并,经过多次反复的过程,形成了行星。俘获说解释行星的轨道近似正圆,是由于质点各自椭圆轨道平均化的结果。这些质点原先是大体上在同一方向上运行的,但个别质点是逆行,它们是形成逆行卫星的材料,又因为扁平气体尘埃云聚集在赤道平面上,因此各行星凝聚体差不多同在这一平面之内。大行星是由较多质点集聚而成的,从而获得较大的动量矩,结果转动加快,因此不同大小的行星各有其自转、公转的速度。

以上两种假说都试图用外来因素来解释太阳系角动量的特殊分布问题,但事实上都未能解释这一问题,潮汐说中,被拉出来的物质,能获得的角动量是非常小的,此外在太阳表面,5500℃高温下,被拉出的一股物质会立即扩散在茫茫天空中,不可能凝聚成行星。俘获说认为构成行星的物质是太阳从外面俘获来的,这就无法说明太阳和行星在组成成分之间的联系,以及太阳和地球年龄相近的事实。这两种假说的最大问题,还在于它们是建立在偶然的机遇上。在广阔的宇宙空间,两颗恒星相遇的机会是极为罕见的,要 6×10^{17} 年才可能发生一次。根据计算,太阳从星际物质中俘获物质的概率是极其微小的。星际物质中的质点速度过大,不可能被太阳俘获,而速度过小就会像陨星一样落到太阳里去。

目前已经发现像太阳系这样的行星系统是普遍存在的。在太阳系的近邻曾先后发现 20 个行星系统,其中离太阳较近的 100 个恒星中,有行星的就有 6 个。例如距太阳 5.9 光年的巴纳德星,就有两个暗伴星,它们的质量和木星属于同一数量级,显然是巴纳德的行星。又如天鹅座 61B 星也有一个不发光的暗星,质量等于木星的 16 倍。离我们最近的比邻星(南门二的伴星)在它旁边也有一个质量为木星两倍的暗星,据估计,在银河系就有 10 亿个和太阳系相似的行星系统。既然行星系统是普遍存在的,那么,任何关于太阳系的起源学说,如果建立在偶然的机遇上是不能令人信服的。所以这两种假说尽管在当时曾引起人们的重视,但不久都先后冷落下去了。

3. 新星云说

自 20 世纪 50 年代以来,这些假说受到越来越多的人的质疑,星云说又跃居统治地位。国内外的许多天文学家对地球和太阳系的起源不仅进行了一般理论上的定性分析,还定量地、较详细地论述了行星的形成过程,他们都认为地球和太阳系的起源是原始星云演化的结果。我国著名的天文学家戴文赛认为,在 50 亿年之前,宇宙中有一个比太阳大几倍的大星云。这个大星云一方面在万有引力作用下逐渐收缩,另外在星云内部出现许多湍涡流。于是大星云逐渐碎裂为许多小星云,其中之一就是太阳系前身,称之为"原始星云",也叫"太阳星云"。由于原始星云是在涡流中形成的,因此它一开始就不停地旋转。原始星云在万有引力作用下继续收缩,同时旋转加快,形状变得越来越扁,逐渐在赤道面上形成一个"星云盘"。组成星云盘的物质可分为"土物质""水物质""气物质"。这些物质在万有引力作用下,又不断收缩和聚集,形成许多星子。星子又不断吸积、吞并,中心部分形成原始太阳,在原始太阳周围形成了行星胎。原始太阳和行星胎进一步演化,形成太阳和八大行星,进而形成整个太阳系。我们居住的地球,就是八大行星之一,这就是现代星云说(图 1-5)。今天,通过天文观测以及星际地宇宙航行,特别是射电天文望远镜的日趋完善,人们对地球和太阳系起源的认识已经达到了相当深的程度,但是这种认识还很不完善,仍然存在着许多疑点和问题,有待我们进一步去探测和研究。

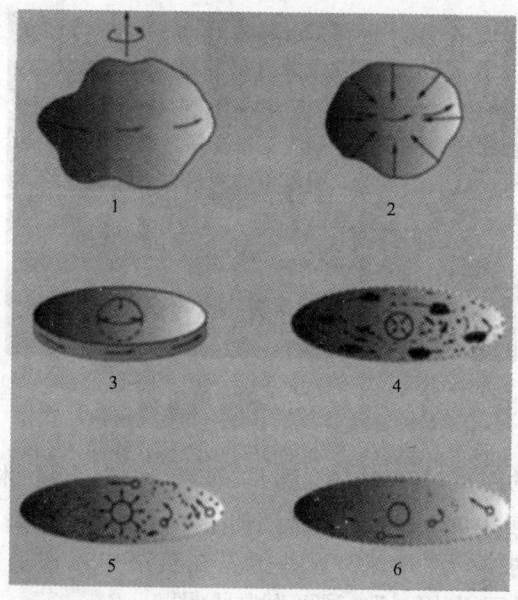

图1-5 现代星云说演化图(据舒良树《普通地质学》,2010)

1.旋转的星云,由气体和尘埃所构成;2.星云内的物质彼此吸引而收缩,由于角动量守恒,旋转开始加快;3.旋转的快速足以使垂直于旋转轴的收缩减缓,结果形成一个盘即一个致密的物质团,它将最终成为太阳;4.当旋转阻止了盘进一步塌缩时,它崩裂成更小的团块,而部分角动量则为团块的轨道运动所获得,然后团块可能收缩;5.物质团块聚集起来,形成了行星,这时太阳开始辐射,并产生了巨大的太阳风(一种稠密的粒子流);6.太阳风清除了太阳系的残留物

(二)太阳系的运动规律

太阳也是距地球最近的一颗能够自身发光、发热的恒星。对地球上的人类来说,它是最重要的天体。我们对太阳的研究,主要是为了探明它对地球的影响。研究太阳的演化规律,将有助于我们认识和了解宇宙天体中其他恒星的一般特征。

1. 太阳系的构成

太阳系是由太阳、行星及其卫星、小行星、彗星、流星体和行星际物质构成的天体系统。在太阳系中,太阳是太阳系的中心天体。其他天体都在太阳的引力作用下绕太阳公转(图1-6)。国际天文学联合会于2006年8月24日通过了新的行星的定义,原来太阳系九大行星中的冥王星降级,地球为太阳系中八大行星之一。

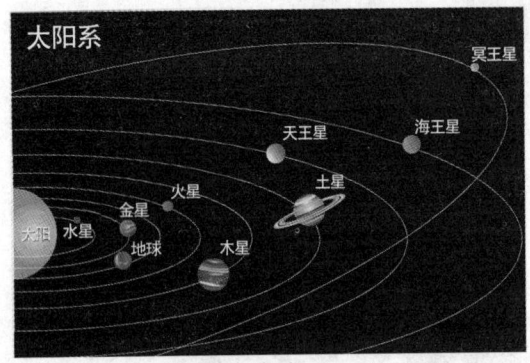

图 1-6　太阳系的构成

依照至太阳的距离,行星依序是水星、金星、地球、火星、木星、土星、天王星和海王星,8颗行星中的6颗行星有天然的卫星环绕着。在英文的天文术语中,因为地球的卫星被称为"月球",这些卫星在英语中习惯上亦被称为"月球"(moon),在中文里面用"卫星"一词更为常见(图1-7)。

图 1-7　太阳系的八大行星

2. 太阳系行星的运转规律

太阳的自转,大多数行星的自转,行星绕太阳公转,大多数卫星公转都是同一方向,从北天空看起来是逆时针方向的。这一特点称为"行星的同向性"。但也有一些例外,如金星和天王星的自转方向,以及卫星中木卫(木星的卫星)八、九、十一、十二和土卫(土星的卫星)九以及天王星、海王星的卫星公转方向,都是顺时针方向的。行星公转轨道几乎都在同一平面上,与太阳赤道的交角为7°左右,而且轨道偏心率都很小,接近正圆。这就是行星轨道的共面性与近圆性。

3. 太阳系行星的相互关系

行星和太阳的平均距离具有一定的规律性,称"波德定律"。即离太阳越远,两个行星的轨道相隔越远。行星在质量和大小方面都是中间大、两头小。类木行星有木星、土星、天王星和海王星。木星的质量等于其他 8 个行星质量总和的两倍半,木星和土星的质量总和等于其他 7 个行星质量的 12 倍。但在密度分布上,靠近太阳几个类地行星包括水星、金星、地球和火星的密度,在 $4 \sim 5 \mathrm{g/cm^3}$ 之间。远离太阳的巨行星和远日行星,密度较小,在 $0.7 \sim 1.6 \mathrm{g/cm^3}$ 之间。

(三)太阳光谱与能量传递

1. 热核反应与太阳能

远在人类出现前几十亿年,太阳给予地球的光和热同现在差不多,即太阳的温度在一个很长的时期中几乎是固定的。既然太阳不断地消耗这么巨大的热量,它就应当很快地冷却下来。然而事实并非如此。那么,太阳由于辐射而消耗的能量,必定有某种能源不断地进行补充。为了寻求这种能源,19 世纪的物理学家试遍了所有已知的能源,但不论是化学反应(燃烧),还是陨星降落到太阳上、太阳的收缩等,都不能解释这一事实,因为它们只能维持较短时期的热消耗。

20 世纪,随着原子核物理学的发展,发现了化学元素的聚变。已经确切知道:一些较重的化学元素的原子核可以从较轻、较简单的一些原子核聚变而成。组成太阳的物质,大约 3/4 为氢元素。而太阳中心温度高达 $1.5 \times 10^7 \mathrm{℃}$,氢原子在这样高温的条件下,失去核外电子,剩下的原子核叫"质子"。又由于高温,质子以极大速度运动,质子与质子之间就会克服静电斥力,产生猛烈的碰撞。在碰撞过程中,4 个质子结合成为 1 个原子核即氦核,从而释放出巨大的能量。

$$4H \rightarrow 4He + 2e + 2v + \gamma$$
(氢核)(氦核)(正电子)(中微子)(伽马射线)

4 个氢核聚变成 1 个氦核的反应要在几百万摄氏度的高温下才会产生,故称之为"热核反应"。太阳可以说是一所巨大的原子能工厂,不断地辐射出由于核聚变而产生的原子能。这种能量产生的原理和现代人类已掌握的氢弹爆炸一样,只不过规模大得多罢了。事实上氢弹的制成,就是从太阳和恒星的能量辐射得到启发的。

在热核反应中,会发生质量和能量的转化。爱因斯坦在狭义相对论中指出,质量和能量是一个事物的两个方面,可以互相转化。很少一点质量就可以转化为巨大的能量,它们之间的关系公式如下:

$$E = mc^2$$

式中，E 表示能量，单位为焦耳(J)；m 表示质量，以克(g)为单位；c 表示真空中的光速，约为 3×10^{10} cm/s。

氢核的质量 $m_H = 1.0079 m_0$（m_0 是原子质量单位，国际上取碳原子的 1/12 为标准）。氦核的质量 $m_{He} = 4.0026 m_0$。当 4 个氢核聚合成 1 个氦核时质量的亏损为 Δm，即：

$$\Delta m = (4 \times 1.0079 - 4.0026) m_0 = 0.029 m_0$$

现在计算 1 克氢聚变为氦时，其质量的亏损，以 X 表示，即：

$$4 \times 1.0079 : 1 = 0.029 : X$$

解得：$X = 0.0072$ g

于是，求出其相应的能量为：

$$E = 0.0072 \times (3 \times 10^{10})^2 = 6.3 \times 10^{11} \text{J}$$

故 1g 氢聚变为氦可产生约 1.5×10^{11} cal（1cal＝4.18J）的热能。这一数值相当于燃烧 15t 石油，或 2700t 煤所发出的热能。因太阳每秒钟向宇宙空间辐射的能量为 38.91×10^{25} J，这个数值除以 6.3×10^{11} J，再乘以 0.0072g，即得 400 多万吨。也就是说太阳每秒钟要亏损 400 多万吨的质量。然而这对太阳的巨大质量来说是微不足道的。太阳已存在 50 亿年，假定在这一段时间内，它一直以目前的辐射率放出能量，那么它只不过消耗了全部质量的 0.03% 而已。由于太阳内部的热核反应所产生的能量，以太阳光和热的形式传送给太阳系中的各个天体，因此作为太阳系行星天体的地球，自然也是太阳光能与热能的受益者。其中，地球白昼是因其在自转时，面对太阳的部分，接受太阳光的照射所致。当然，太阳辐照在地球表面的光线不仅仅是可见光，还包括了一系列不可见的光，如紫外线、X 射线、β 射线、γ 射线等。

2. 太阳光的形成与光谱

太阳的中心温度最高，所以发生热核反应的产能区在太阳中心。太阳能的输送，除了光球下有一薄层是靠对流作用外，主要是辐射作用。热核反应产生的能量主要是 γ 射线（波长短于 10^{-8} cm）。射线的量子能非常强，是可见光量子能的几百万倍。γ 射线经过广大的辐射区就和大量的原子（主要是氢原子）碰撞，有时使原子核分裂，更多的情况是使绕着原子核旋转的电子在自己不同能级的轨道上振荡起来。这样，γ 射线就会软化，形成一些波长较长、能量较小的 X 光、紫外线、可见光和红外线（热线）以及波长更长的射电波（图 1-8）。从射线到射电波皆属电磁波。从波峰到波峰或从波谷到波谷的距离称"波长"。太阳的电磁波波长范围很广，肉眼能看得见的光仅是电磁波中极窄小的一部分。可见光的波长范围为 $0.4 \sim 0.8 \mu m$（$1\mu m = 10^{-6}$ m）。

太阳辐射能量的分布，在可见光部分占 48%；波长比紫光短的紫外区占

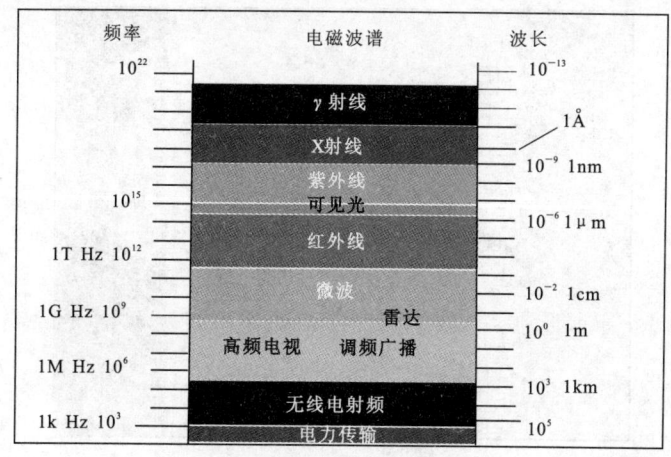

图 1-8 太阳电磁波(单位:m)

7%;波长比红光长的红外区占 45%。太阳的可见光通过棱镜就会呈现一条红、橙、黄、绿、蓝、紫的光带。这是因为可见光是由多色光所组成的。由于各种光的折射率不同,因此一束阳光通过棱镜后就形成了一条彩色的光带。雨过天晴,天空的彩虹就是因为大气中的水滴起了相当于棱镜的作用造成的。

1859 年德国化学家本生和物理学家基尔霍夫研制出第一台光谱仪。从此人们可以通过对天体光谱的分析来研究它们的化学成分。新的科学方法所获得的巨大成就,是一百年前所梦想不到的。它不仅使人们了解了天体的化学成分,还可藉它测出天体的温度。图 1-9 为太阳光通过棱镜被分解成从红至紫的七色光带度、运动速度和磁场强度等。

四、光谱在宝石学中的应用

(一)光谱的分类

按照光谱的生成特性,可将光谱分为自然光谱与元素光谱;按照光谱的连续与间隙可将光谱分为连续光谱与明线光谱;按照主动与被动,可将光谱分为发射光谱与吸收光谱。当然光谱的分类系统极为复杂,应用领域各不相同。这里仅介绍与宝石学有关的典型光谱。

1. 自然光谱

光谱是复色光经过色散系统(如棱镜、光栅)分光后,被色散开的单色光按波长(或频率)大小而依次排列的图案,全称为"光学频谱"。我们知道,太阳是一个

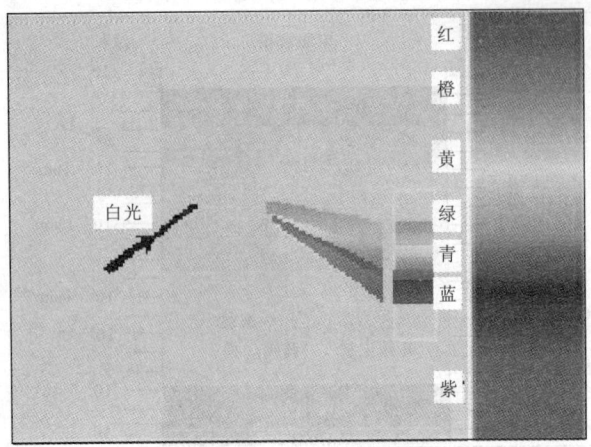

图 1-9 太阳光通过棱镜被分解

光谱属 G 型,呈黄色且温度不太高的主序星。太阳光极为宽阔的连续谱以及数以万计的吸收线和发射线,是一个极为丰富的太阳信息宝藏。太阳光经过三棱镜后形成按红、橙、黄、绿、青、蓝、紫次序连续分布的彩色光谱(图 1-10)。红色至紫色,相应于波长由 $0.4\sim0.76\mu m$ 的区域,是为人眼所能感觉的可见光部分。红端之外为波长更长的红外光(波长 $>0.76\mu m$),紫端之外则为波长更短的紫外

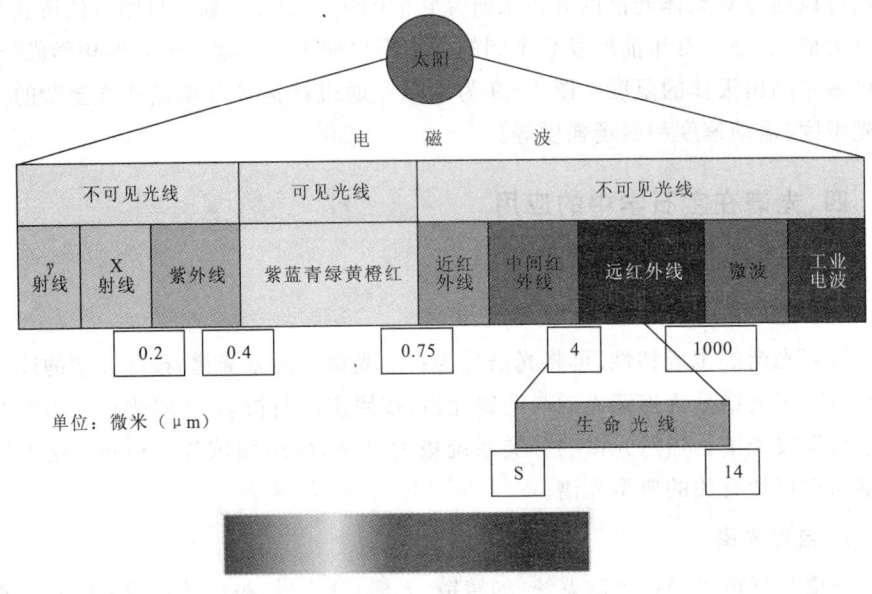

图 1-10 模拟的自然光光谱图

光(波长<0.4μm),都不能为肉眼所觉察,但能用仪器记录。太阳辐射主要集中在可见光部分,波长大于可见光的红外线和小于可见光的紫外线的部分少。在全部辐射能中,波长在0.15~4μm之间的占99%以上,且主要分布在可见光区和红外区,前者占太阳辐射总能量的50%左右,后者占约43%左右,紫外区的太阳辐射能很少,只占总量的7%左右。

2. 元素光谱

不同元素的光谱不一样,也就是它们吸收和跳跃级释放出的光的波长不一样,因此也产生了颜色的差别。如果物质是以单原子的形式而存在,则关键看该原子的电子激发能了。如果在可见光的某个范围内,并且吸收某一部分光线,那它就显示剩下的部分光线的颜色。如该原子的电子激发能非常低,可以吸收任意的光线,该原子显示黑色;如果该原子的电子激发能非常高,不能吸收任何光线,则显示白色。如果它能吸收短波部分的光线,则显示红色或黄色。通过光谱的研究,人们可以得到原子、分子等的能级结构、能级寿命、电子的组态、分子的几何形状、化学键的性质、反应动力学等多方面物质结构的知识。由于每种原子都有自己的特征谱线,因此可以根据光谱来鉴别物质并确定它的化学组成。这种方法叫作"光谱分析"。在历史上,光谱分析帮助人们发现了许多新元素。例如,铷和铯就是从光谱中看到了以前所不知道的特征谱线而被发现的。光谱分析对于研究天体的化学组成也很有帮助。19世纪初,在研究太阳光谱时,发现它的连续光谱中有许多暗线。最初不知道这些暗线是怎样形成的,后来人们了解了吸收光谱的成因,才知道这是太阳内部发出的强光经过温度比较低的太阳大气层时产生的吸收光谱。仔细分析这些暗线,把它跟各种原子的特征谱线对照,人们就知道了太阳大气层中含有氢、氦、氮、碳、氧、铁、镁、硅、钙、钠等几十种元素。

光谱学的应用非常广泛,每种原子都有其独特的光谱,犹如人们的"指纹"一样各不相同。它们按一定规律形成若干光谱线系。原子光谱线系的性质与原子结构是紧密相联的,是研究原子结构的重要依据。应用光谱学的原理和实验方法可以进行光谱分析,每一种元素都有它特有的标识谱线,把某种物质所生成的明线光谱和已知元素的标识谱线进行比较就可以知道这些物质是由哪些元素组成的。用光谱不仅能定性分析物质的化学成分,而且能确定元素含量的多少。

由于光谱分析方法具有极高的灵敏度和准确度,在宝石学专业领域中,其在宝石的质量检测、鉴定、成分定性等方面发挥了重要的作用。

(二)光谱的实际应用

1. 可见光谱的应用

宝石中的致色元素主要为过渡金属元素(如 Ti、V、Cr、Mn、Fe、Co、Ni、Cu

等)。另外,某些稀土元素(如 Nd、Pr、U 等)也会使宝石呈色。分光镜将白光按波长依次分开排列,我们可以分析出哪些波段被吸收,并根据吸收特征判断出致色元素或宝石种类。根据色散元件的不同,可分为棱镜式分光镜和光栅式分光镜。前者的光谱是非等间距的,红光区相对收敛,蓝紫光区相对发散,适宜于观察光谱在蓝紫光区的特征;后者的光谱是等间距的,有利于观察红光区的特征。分光镜的用途十分广泛,可以用来判断宝石的致色元素,鉴定具特征光谱的宝石品种,以及鉴定合成宝石和仿制品等。

2. 红外光谱的应用

根据波长范围大小不同,将红外光分为 3 个区段,即近红外、中红外和远红外。其中近红外光区的吸收带主要是由低能电子跃迁、含氢原子团伸缩振动的倍频吸收等产生的。该区的光谱可用于研究稀土和其他过渡金属离子的化合物,以及水、含氢原子团化合物的分析(如胶、蜡和宝玉石中的有机染料)。中红外区的吸收带主要为基频吸收带。由于基频振动是红外光谱中吸收最强的振动,故此区最适于对宝玉石进行红外光谱的定性和定量分析。

3. 紫外光谱的应用

紫外光谱法,是测定物质分子在紫外光区吸收光谱的分析方法。紫外吸收光谱是物质吸收紫外光后,其价电子从低能级向高能级跃迁,产生吸收峰形成的。并非所有的有机物质在紫外光区都有吸收,只有那些具有共轭双键(π 键)的化合物,其 π 电子易于被激发发生跃迁,在紫外光区形成特征性的吸收峰。

一般来讲,饱和的烷烃类在紫外光区没有吸收峰,芳香烃中的 π 键构成的环状共轭体系在波长为 200~300nm 的区间有吸收峰,而且芳核环数越多,吸收峰的波长越长。例如,两环芳烃的吸收峰为 230nm,三环以上的芳烃吸收峰为 260nm,五环芳烃芘的特征性吸收峰为 248nm。卟啉类化合物具有典型的吸收带,钒卟啉的最大吸收峰为 410nm、574nm、535nm,镍卟啉为 395nm、554nm、516nm。因此,根据紫外吸收光谱可以检测芳烃、非烃化合物,并应用于有关的宝石学研究,如有机宝石中的琥珀鉴定等。

此外,宝石学中常用 200nm 至 400nm 之间的紫外线。某些宝石在紫外光辐射时会受到激发而发出可见光,称为"紫外荧光"。不同宝石品种甚至同一品种的不同样品,因其组成元素或微量杂质元素的不同,而呈现出不同的荧光反应,表现出不同的荧光颜色和荧光强度。其荧光强度可分为强、中、弱、无 4 级。某些宝石在停止紫外光辐射后,仍能在一定的时间内继续发出可见光,称之为"磷光"。而不同类型的宝石之间、天然宝石与合成宝石之间,紫外荧光会存在差异。因此,根据宝石在长波紫外光(波长为 365nm)和短波紫外光(波长为

253.7nm)下的荧光特性可以帮助鉴定宝石。

4. 放射光谱的应用

X射线光谱技术包含了X射线吸收光谱技术、X射线荧光光谱技术、X射线衍射分析技术。目前在宝石学领域应用较为广泛的是X射线荧光光谱技术和X射线衍射分析技术。X射线荧光光谱仪,是通过发射X射线,轰击被测物品中的靶向元素,激发其发射荧光光谱,通过测定被测物中的元素发射光谱来确定其中的元素成分和元素含量。但值得注意的是:X射线荧光光谱仪只能测定原子序数大于或等于11的元素及其含量,并且X射线荧光光谱检测技术是一种无损检测技术。根据晶体特性,X射线衍射仪法,通过多晶粉末衍射分析方法和单晶衍射分析方法,分析测量晶体结构,包括三维空间点阵与结构基元的关系,从而达到从测定晶体特性出发,最终确定晶体构成物质的特性。目前这两样测量技术中可以测定内容为以下几方面。

(1)贵金属首饰成分(Au、Ag、Pt、Pd的测定)和成色检测。

(2)宝玉石矿物中主要化学元素的测定,以确定宝玉石的种属,或区分相似宝石品种。

(3)宝玉石中微量元素的测定,以确定致色元素。测定致色元素可知红宝石含Cr、蓝宝石含Fe和Ti。

(4)还可通过进一步的测定,区分宝玉石的产地、产状。如泰国产红宝石具有高含铁量,缅甸抹谷产红宝石具有高含镓量,缅甸孟宿产红宝石具有高含钛量等。

(5)通过测定宝玉石中的元素含量比,来鉴定天然与合成宝石。如通过测量尖晶石中的镁铝含量比值,区分出天然尖晶石和合成尖晶石。

(6)通过测定宝石中的元素成分异常情况,来确定宝石是否经过优化处理。如铅玻璃充填的碧玺中会出现异常含量的铅元素。

第二节　地球的起源与演化

一、地球的起源与形成

(一)地球的化学组成

形成太阳系的原始太阳星云的化学组成,应当与目前借助光谱分析所得知的星际物质和太阳外部的化学组成相类似。取硅原子数目的相对含量为单位,太阳原始星云组成的主要元素如表1-1所示。原始太阳星云主要是由氢、氦和氖等气体物质组成,约占总质量的98.5%。此外也包含一些尘粒,它们是由铁、硅、铝、镁、硫及其氧化物所组成的土物质,如 SiO_2、MgO、$MgSiO_3$、Fe_3O_4 和石墨等。此外还有一些氮、氧以及它们的氢化物组成冻结形式的小冰块,称"冰物质",如 H_2O、$NH_3 \cdot H_2O$(水化氨)、$CH_4 \cdot 7H_2O$(水化甲烷)。土物质和冰物质共占星云物质的1.5%。

表1-1 原始星云的化学组成

元素	原子数	元素	原子数
氢	28 000	氖	2.1
氦	1780	硅	1
氧	16.6	镁	0.85
碳	10	铁	0.8
氮	2.4	硫	0.4

根据太阳系形成的新星云说,原始星云不断收缩,中心部分的物质形成太阳,外围物质由于惯性离心力作用,未曾向中心集中而演化成星云盘。当太阳成为一颗恒星之后,在光热辐射及太阳风作用之下,靠近太阳处星云盘中的气物质和冰物质逐渐跑掉,剩下土物质,它们只占原始星云含量的0.4%。在演化过程中,这些土组成的尘粒向星云盘的赤道平面降落,密度增大,彼此碰撞,大的合并小的,逐渐增大成为星子。当星子的半径大到1千米左右时,其质量产生足够的吸引力,在引力吸积作用下,半径越来越大,大约经1亿年左右,在靠近太阳的区域,形成了由土物质组成的密度大、质量小的4个行星,地球就是其中之一。

(二)地球的历史演化

1. 地球年龄的科学测定

地球从原始太阳星云盘中的物质集聚成一个行星,到现在已经过了多少岁月?科学工作者根据岩石中放射性元素和它们蜕变生成的同位素含量,测定岩石的年龄。放射性元素蜕变很稳定,不受外界条件,如温压、化学变化的影响,在一定时间内,一定数量的放射性元素,分裂多少分量,生成多少新的物质,都有确切的数字。例如1g铀在一年中有 1.74×10^{-11} g 裂变为铅和氦,^{238}U、^{235}U 和 ^{232}Th 会蜕变为 ^{206}Pb、^{207}Pb 和 ^{208}Pb。

$$^{238}U \longrightarrow {}^{206}Pb + 8\ {}^4He(氦核)$$

$$^{235}U \longrightarrow {}^{207}Pb + 7{}^4He(氦核)$$
$$^{232}Th \longrightarrow {}^{208}Pb + 6{}^4He(氦核)$$

铅有 4 种同位素，其中 ^{206}Pb、^{207}Pb、^{208}Pb 都是铀蜕变的产物，它们随时间增加。而 ^{204}Pb 不是放射性产物，因此把岩石中的 ^{204}Pb 除开，再测出铀和铅的含量，就可算出岩石形成的年龄了。

又例如铷(Rb)每年有 1.6×10^{-11} g 蜕变为锶的同位素 ^{87}Sr，锶还有同位素 ^{88}Sr 不是蜕变产物，把 ^{88}Sr 除开，计算 ^{87}Sr 和 Rb 的含量也可得知岩石的年龄。此外还可利用钾、镭、铍、氯、铁等放射性元素及其生成的同位素测定岩石的年龄。

地球上目前根据铷-锶法测出最老的岩石年龄是格陵兰岛戈达布区古老片麻岩，为 39.8 ± 1 亿年。我国河北省迁西、遵化一带变质岩为 34.19 ± 2.42 亿年。地球开始形成的年代，应当比岩石年龄要早。现在一般估计地球的年龄大约是 46 亿年。此外用铀-铅法测定吉林陨石年龄为 45.5 亿年。阿波罗从月球上取回的月岩测定年龄为 45～46 亿年。据此可以认为整个太阳系的产生和演化大约经历了 50 亿年的历史。

地球从诞生到现在的 46 亿年间，经过了翻天覆地的变化。由于地球内部物质不断地运动，地壳在内、外力的作用下，也在不断地运动变化，大规模地上升、下降，地表大陆和海洋的面积与相对位置有过几度的变迁。地球上的气候有过炎热→寒冷→湿润→干旱的交替。生物的出现和不断演化表现在由海生生物发展到陆生生物，由简单到复杂，由低级到高级。而人类的出现，标志着地球演化到了一个新的阶段。自然界总是不断发展的，不会永远停止在一个水平上，我们的地球还要继续演化下去。

2. 地球历史的阶段划分

地球形成至今约有 4600Ma，大致可分为 3 个阶段。

天文时期，大致距今 4600～3500Ma。地球上基本未保留这一时期的地质体。当时的地质状况，主要是从现有的地质认识出发，结合对月球及其他行星的考察，得出的推论。

太古宙—元古宙时期，距今 3500～542Ma。这一时期的地质体主要残留在地球上若干很古老的大陆上，而且有最古老的化石被发现。此时已有原始生命发育，并开始出现向多种生物门类演化和发展的迹象。

显生宙时期，542Ma 至今。这一时期的地质体遍布全球各地，而且比较完整。生物趋向繁荣，并几度出现兴衰交替的发展。可以说，目前地质学的基本理论和基本知识，在很大程度上得益于对这一时期的地质学研究(Prothero et al, 2004)。

由于天文时期距今时代久远,期间经历复杂而剧烈的地质作用,因此世界上的珠宝玉石矿床主要形成于太古宙—元古宙时期和显生宙时期。例如巴西前寒武纪的祖母绿矿床产于一种有太古宙基底和上地壳岩、超镁铁质岩和花岗岩类岩石的典型地质环境中。而富含钻石矿床的金伯利岩在地质历史中的形成时期跨度较大,主要形成于太古宙—元古宙时期和显生宙时期的几个主要地质年代。

地球系统包括由地壳、地幔和地核组成的内部圈层系统,由大气圈、水圈和生物圈组成的外部圈层系统,以及对地球演化产生影响的外界系统(月球、太阳等)。

二、地球内部圈层系统

1. 地球内部的基本特征

地球从星云盘中的尘埃集聚成为一个行星时,是一个接近均质的球体,即各种物质混杂在一起,没有明显的分层现象,分层作用与地球内部热力有关,当地球体积集聚到足够大时,尘埃彼此撞击,由动能转化的热、地球收缩从位能转化的热以及放射性元素在蜕变中释放的热,就不至于立即散失,而使内部增温。岩石物质中铁的熔点低而密度高,硅酸盐则熔点高而密度低。当地内温度达到铁镍熔点时,铁镍就开始熔融,并在重力的作用下,渗过尚未熔融的硅酸盐,流向地心,地球内部就开始了分层作用。

地内温度随时间而逐渐积累增高,地球在形成后 10 亿年时,400～800km 深处的铁开始熔融。地球的主要元素铁下沉后所产生的重力转化为热,使地内温度增高到 2000℃以上,这一温度更促进了铁的熔融,同时硅酸盐也接近熔点且具有可塑性。铁下沉,硅酸盐上浮,使地核、地幔分异。在地球形成的初期,各部分的热量积累不均匀,火山活动和造山运动活动频繁,从地内涌出的岩浆,覆盖在地球表面,冷却后形成地壳。花岗岩密度最低($2.7g/cm^3$),上升到最上层;玄武岩次之($2.8g/cm^3$),在花岗岩之下;橄榄岩密度为 $3.2g/cm^3$,是上地幔的岩石,它与花岗岩、玄武岩组成厚约 70km 的岩石圈。因此组成地球的主要元素是铁,约占地球总质量的 1/3 左右,由于分层作用,下沉到地核,导致地核的主要成分是铁,地壳的铁仅占地壳质量的 6%。而较轻的元素氧、硅、铝、钙、钾、钠的百分比增加,地幔介于地核、地壳之间,以铁镁硅酸盐为主,如橄榄石$(Mg,Fe)_2SiO_4$ 和辉石$(Mg,Fe)SiO_3$。

地球内部的元素分布不单纯按元素的原子量的大小从地表向地心依序排列,而是要联系各元素和氧、硅的化合能力以及本身的物理性质,因此铀和钍这两种重元素在地球内部物质大分化时上升到地壳。由于铀和钍这类放射性元素上升集中到地壳,它们蜕变产生的热就易于散发,使得地球内部增热机制缓和下来。此外，由于热量积累，内部增温大于上层，地幔可塑性物质便产生缓慢的对流作用，下部物质上升携带大量的热到上层，进而散发到空间，这样就使地球内部温度不致积累过高，从而在地球演化的历程中，不曾达到过全部熔融的情况。

凡是球状的天体，在热力、重力作用下都会产生圈层分化作用，但各行星的圈层不尽相同，这取决于演化过程中所处星云盘位置的热状况及尘粒的物理性质。例如在水星轨道附近，当时该处星云温度为1400K，在这样的温度下，星云中的钙、铝已凝结成难熔解的化合物，铁已凝结成金属态微粒，但硅、镁等元素尚未完全形成微粒，大部分仍以气态存在。所以，集聚成的水星以金属铁和氧化铁形成的核心较大，而以硅、镁形成的中间层就较薄。地球离太阳比水星离太阳远一些，形成时星云盘的温度约为600K，除铁之外，硅、镁等元素也大量凝结，铁还和硫结合成为硫化铁，并和硅镁化合成铁镁硅酸盐等尘粒。所以，形成的地球，其外地核含有较多的硫化铁，中间层铁镁硅酸盐的比例就比水星高一些。至于土星、木星等类木行星，距太阳更远，温度更低，原始星云最丰富的氢、氦得以保留，所以组成木星和土星的元素主要是氢和氦，它们都只有一个很小的铁和硅酸盐组成的核心。

2. 地球内部圈层的结构

地壳与地幔之间的界面为莫霍面，地幔与地核之间的界面为古登堡面。这些界面上、下物质的密度和地震波波速等特征出现明显变化。

地壳是厚度很薄（洋壳约8km，陆壳20～70km；平均30～40km）的固体外壳。地壳可分为大洋地壳和大陆地壳两层。洋壳可以分为3层：沉积层、玄武岩层和大洋层。洋壳物质一般由玄武岩、辉长岩和橄榄岩等混合组成，它的平均密度为$3.01g/cm^3$，纵波波速平均为7km/s。大陆地壳可分为上、下两层。上层仅分布于大陆区域，（平均密度为$2.65g/cm^3$）及地震波波速（纵波速度V_p为5.6～6.0km/s）等特征与硅铝质为主的花岗岩质岩石一致，因此常被称为"花岗岩质层"或"硅铝层"。下层的相应特征（平均密度为$2.9g/cm^3$，纵波速度V_p为6.8km/s左右）与由硅、铁、镁、铝组成的玄武岩相当，故被称为"玄武岩质层"或"硅镁层"。

地幔厚度约2900km，按体积算约占整个地球的82.3%，按质量算则占67.8%，因此它是地球的主体部分。地幔又可分为上、下两层。上地幔的上部存在一个由固体与少量（1%～10%）液态物质的混合体组成的软流圈，厚度大约为200km，会出现震波低速带，地幔的其余主体部分则为固体。岩石圈是地壳和软流圈上部的上地幔固体部分。具有一定规模的岩石圈块体被称为"板块"，可分为大洋板块和大陆板块。

上地幔岩石密度在 3.3g/cm³ 以上,平均为 3.5g/cm³;顶部 Vp 为 8.0km/s,是与地壳明显区分的标志。根据密度、地震波波速和地质等资料,上地幔的物质相当于含铁、镁很高的超基性岩,一般称为"上地幔岩"。

下地幔密度较高,达 5.1g/cm³ 以上,一般认为其物质成分仍然以铁、镁的硅酸盐矿物为主,其化学成分与上地幔无明显差别,但是由于压力很大,在下地幔形成了一些晶体结构更加紧密的高密度矿物。因此,可以认为下地幔是成分相当于超基性岩的高温超高压相矿物组成的岩石。

地核是古登堡面(深度约为 2900km)至地心的地球中心部分,厚度约为 3470km,占地球总体积的 16.3%,总质量的 1/3 左右。地核亦可分为上、下两层,即外核和内核。由于地震波纵波波速急剧降低和横波不能通过,说明外核为液态物质。外核平均密度为 10.5g/cm³。内核平均密度为 12.9g/cm³。地震波纵波和横波都能穿过内核,说明内核由固态物质组成。一般认为地核主要是由铁、镍组成的,还含有一些硫、硅等元素。

整个地球的内部圈层构造见图 1-11。

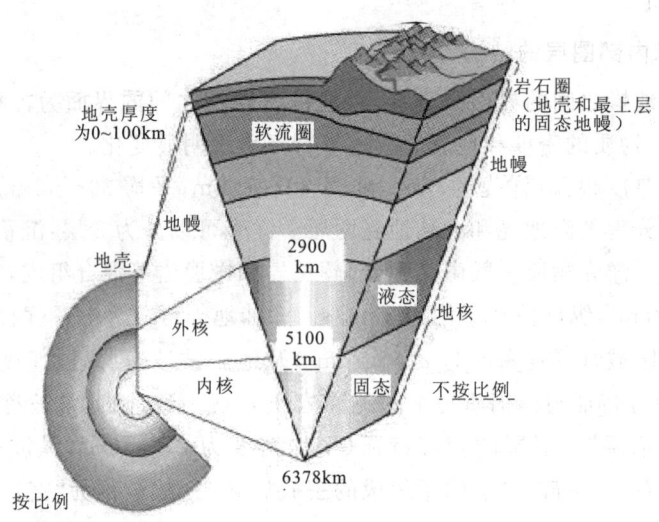

图 1-11 地球内部的圈层构造(据舒良树,2010)

三、地球外部圈层系统

地球的外部圈层系统,是指环绕着地球表层的各组成部分。根据其性质和状态的不同,可分为大气圈、水圈和生物圈。

(一)外部圈层形成过程

地球内部增温,不仅造成地球内部圈层分异,同时也是地球外部圈层产生的过程。原始太阳星云的氢和氦,作为地球的第一代大气,在地球形成时已散逸。由于地球内部增温,被禁锢在地球物质中的气体氨、甲烷、水汽、氢、氮、一氧化碳、二氧化碳和一些含硫的气体被释放。从当今的火山爆发可以证实这些气体是来自地球内部。后来地球的引力已经较强,除氢、氦这两种轻元素外,其他元素很难向空中逃逸,所以从火山喷出的气体便被地球吸留住。

同时,部分水汽在太阳辐射的光解作用下分解为氢和氧,氢的热运动速度超过地球的引力,逐渐逃逸。游离氧与甲烷、氨、一氧化碳合成二氧化碳和水汽。这时地球的大气成分是由甲烷、氨、氮、水汽和二氧化碳所组成的第二代地球大气。约在20亿年前海中出现绿藻,4亿年前绿色植物在陆地上大量繁殖。由于绿色植物的出现使地球大气成分又逐渐发生变化。绿色植物的叶绿素在太阳光照射下进行光合作用,吸收二氧化碳,制造有机物并放出氧(图1-12、图1-13)。经过长期的演变,现代大气的组成是氮占78%,氧占21%,其他气体总共为1%,成为地球上的第三代大气。地球的大气圈厚达3000km,但主要质量集中在贴近地表约十余千米厚的对流层中。

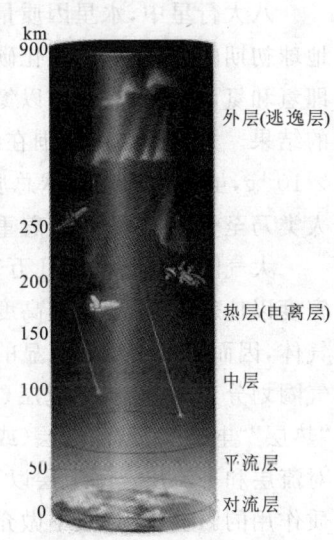

图1-12 地球的大气圈

地球不但是太阳系中唯一具有水圈的行星,而

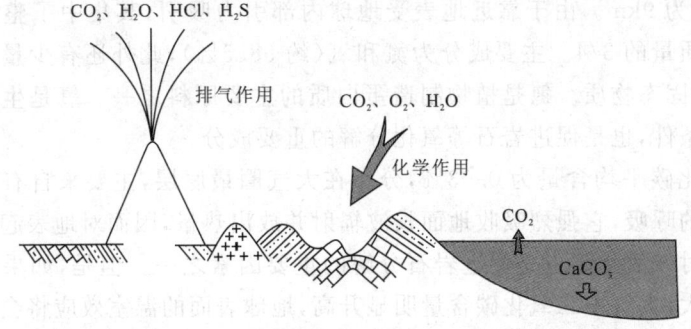

图1-13 大气圈的CO_2运动

且在特有自然条件下产生了生物。据统计,地球上的生物约有200余万种,其中动物100余万种,植物几十万种,还有10多万种微生物,它们广泛地分布在大气圈的下层、水圈、土壤以及岩石圈浅部,上限达大气对流层顶部,下限达地壳,深达3km(甚至更深),但大量生物生长集中在地表至5～6m深的地方,一切栖息于地球上的生物共同联系形成了一个整体圈层,叫"生物圈"。

$$6CO_2 + 12H_2O \xrightarrow{\text{光与叶绿素}} C_6H_{12}O_6 + 6H_2O + 6O_2 \uparrow$$

(二)大气圈

八大行星中,水星因质量过小,不能吸住气体;火星和金星的大气则类似于地球初期的大气,以二氧化碳为主;类木行星的大气为原始星云所具有的气体,即氢和氦,地球具有目前以氮、氧为主的大气圈,是它在一定的自然条件下演化的结果。大气圈是由包围在地球表面的气体组成的圈层。其总质量约为5.14×10^{21}g,虽然仅约占地球总质量的百万分之一,但是对于地球表面的变化,对于人类乃至整个生物圈,有着重大的影响。

大气圈的厚度大约几万千米。由于地球内部引力的吸引,大气圈中的大气密度以地表附近最大,随高度增加而明显减小,最后逐渐过渡为非常稀薄的星级气体,因而大气圈没有明显的上部边界。根据气温的垂直变化,由下而上可将大气圈划分为对流层、平流层(或称"同温层")、中间层(或称"中层")、暖层(或称"热层""电离层")、散逸层(或称"外层")。与人类和地质作用关系最为密切的是对流层和平流层。平流层以上依次有中间层、暖层和逸散层。由于其对地表地质作用的影响较小,故不做介绍。

1. 对流层

对流层是指从地表到平流层底的空气层,赤道地区厚度最大,约17km,两极最薄,约为9km。由于靠近地表受地球内部引力吸引,其集中了整个大气圈中大气总质量的3/4。主要成分为氮和氧(约98.5%),此外还有少量的二氧化碳、水汽和固态物质。氮是植物制造蛋白质的主要原料之一。氧是生物生命活动的重要条件,也是促进岩石等氧化分解的重要成分。

二氧化碳平均含量为0.03%,分布在大气圈最底层,主要来自有机物的氧化和生物的呼吸,它强烈吸收地面长波辐射并放出热量,因而对地表起着保温的作用。同时二氧化碳也是促进岩石分解的重要因素之一。但是,如果二氧化碳排放量过大,大气中二氧化碳含量明显升高,地球表面的温室效应将会变得越来越严重,并因此严重影响地表的生态和地质作用环境。除了病虫害增多之外,还将引起海平面升高、气候反常、海洋风暴增多、土地干旱和沙漠化面积增大。

水汽的含量变化很大,一般为 0~4%,主要来自水圈的蒸发,它润湿大气,保持大气的湿度。常年湿度大,即降水量明显大于蒸发量的地区为潮湿区;常年湿度小,即降水量明显小于蒸发量的地区为干旱区;常年湿度介于两者之间的地区为半干旱地区。水汽也能吸收地面长波辐射的热能。水汽在物态变化过程中会释放或者吸收热量,从而使地表昼夜温差减小,保持大气和土壤的温度。水汽还可以空气中的固态物质为核心,凝结成云、雾、雨和雪等。

固态物质主要是由火山或风吹扬起的尘埃和燃烧的烟粒等组成。这些固态物质除了作为水汽的凝聚中心之外,还能减弱太阳对地面的辐射强度。不过,对流层中过多的固态物质,会造成雾霾。由此可见,对流层中的这些物质都直接或间接地影响着外动力地质作用。

对流层的温度主要来自地面辐射热(地面吸收了太阳的短波辐射,而后以长波形式辐射出来),因此气温随高度而递减,平均每升高 100m 降低 0.6℃,所以地面气温高而高空气温低。由于地表各处吸收的太阳辐射热不均匀,导致地面各处大气密度的差异,从而引起气压差。气压差促使大气由气压高处流向气压低处,形成大气的对流。大气对流是对流层的最重要特征,是产生风、霜、雨、雪等各种气象变化的主要原因。对流层直接影响大气圈下的生物生长和对地球表层的改造,是大气圈中形成地质作用的主要圈层。

2. 平流层

平流层是自对流层顶部到约 50km 高空的大气层,它的特点是大气以水平移动为主,其温度基本上不受地面温度的影响,而是随高度的增加而增至 0℃以上。增温的原因是由于平流层中存在大量的臭氧,臭氧吸收太阳紫外辐射而使气温增高。由于平流层中臭氧能吸收太阳辐射的紫外线,所以成为了生物的天然保护层,使生物免受强烈紫外线的伤害。在平流层中水汽和尘埃含量很少,没有对流层中那种云、雨等天气现象。

(三)水圈

因火山作用喷发出水汽、甲烷和氨等气体。其中,甲烷和氨经氧化再形成水汽,这些水汽加入到大气中形成云,再冷却凝结成雨,降落地表。地壳低凹处的大量积水,经过漫长的地质年代形成了海洋;集聚在大陆上的水形成江、河、湖泊以及地下水和冰川。地表水、地下水和海洋息息相通,可以看作是连续的水层。这就形成了这个行星上特有的水圈。液态水存在的温度条件是 0~100℃,地球表面平均温度为 15℃,所以能保存水圈。金星和火星也有少量水,但金星的温度过高,其上的水只能以水汽形式存在于大气中;火星因温度过低,水只能以薄冰覆盖在其两极表面。

水圈由地球表层的水体组成,包括河流、湖泊和海洋等地表液态水,也包括以固体形式大片分布于两极和高山地区的冰体,还包括地壳表层岩石及土壤空隙中的水及其汇集的地下水体。地表水在太阳辐射能的作用下大量蒸发,形成水汽进入大气圈的对流层,在一定的条件下凝结成雨、雪等降落到地面。落到地面的大气降水在重力作用下沿地表和地下流向海洋。由于地形等因素的影响,形成了海洋、河流、湖泊、冰川、地下水等不同特征的水体。这些水体在运动过程中不断改造地表,形成不同的相关地质作用。同时,水圈也为生物的生存、演化提供了必不可少的条件。

(四)生物圈

地球上的生命是在一定的自然条件下,经过漫长的岁月从非生命物质发展成为具有新陈代谢机能的蛋白体——原始生命而开始的。地球早期的无机物质通过物理化学的途径,形成简单的有机化合物,如甲烷。简单的碳氢化合物在紫外辐射、放电等作用下和原始大气中的水汽、氢、氨、二氧化碳、氮、硫化氢等发生作用,开始形成低分子的有机物,如氨基酸、嘌呤、醣、脂肪酸、卟啉等,再经过多少万年的发展产生出高分子的有机物质——蛋白质(包括酶)、核酸等。在适当的温度、引力、光照条件下和液态水参与中,以蛋白质、核酸组成的多分子体系可能像一种胶质小球漂浮在原始海洋中,那里不但有水作为简单有机体的发展原料,而且有机体在水中可以免除强烈的太阳紫外辐射的破坏。高分子有机质——蛋白质核酸体系再发展成具有新陈代谢作用的蛋白体,完成了非生命体向生命体的转化,即化学过程向生命过程的转化。

1959年我国科学工作者用氢、甲烷、氨、硫化氢和水蒸气通过火花放电,人工合成氨基酸,它是组成蛋白质的基本单位。1965年我国合成具有生命力、由多种氨基酸组成的大分子蛋白质胰岛素。1981年又合成核糖核酸。这就证明了生命是在一定条件下由无机质转化而成的,是自然界演化的结果。原始生命产生后,由简单向复杂、由低级向高级演化,由海洋发展到陆地,形成了丰富多彩的、生机勃勃的地球生物圈。

生物圈是地球表层生命物质(动物、植物和微生物)组成的圈层。生物分布很广,在大气圈中的10km高空、地壳深达3km(甚至更深)以及水圈中的深海底部均有生物生存,可见生物圈与大气圈、水圈和地壳之间没有截然分开的界限。生物在地球上分布虽然很广,但大量生物则集中在地表和水圈中,特别是在阳光、空气和水分充足而温度适宜的地区生物更为集中。与生物作用有关的地质作用,既有植物的根劈作用和微生物参与的风化作用,也有植物、动物和微生物参与的沉积成岩作用。

四、地理外壳与生态环境

处于地球内、外部圈层接触带中的,属于内部圈层地壳外部的岩石圈,及其岩石表层经风化而成的次生圈层土壤圈和外部圈层中的大气圈、水圈、生物圈组成一个复杂的自然综合体,称为"地理环境"或"地理外壳"。组成地理外壳的岩石、土壤、空气、水和有机界并不是彼此孤立、静止地存在着,每一个要素本身不仅在发展变化着,而且它们相互渗透、相互影响、相互制约,同处于地理外壳这个矛盾的统一体中。自然界的变化,主要是自然界内部矛盾发展的结果。地理外壳各要素之间的矛盾斗争,促使这个综合体不断地向前发展。圈层之间的相互影响如图1-14、图1-15所示。

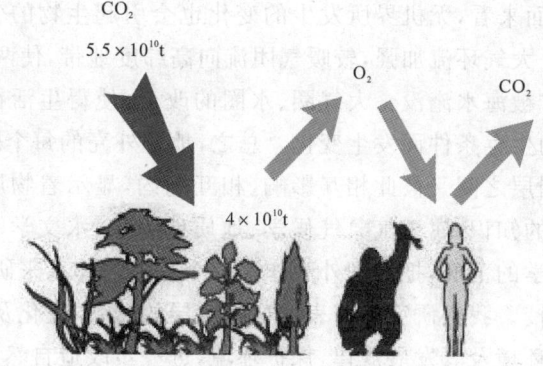

图1-14 大气圈与生物圈相互作用

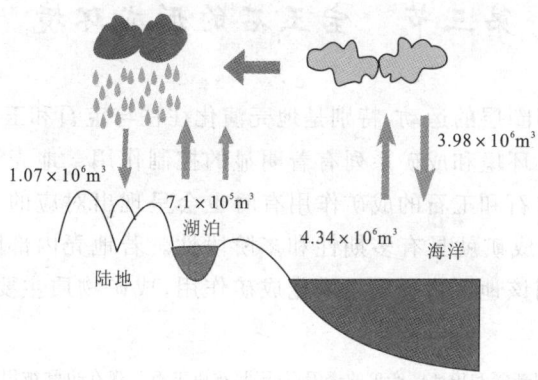

图1-15 大气圈与水圈相互作用

生物对地理外壳产生巨大的作用。生物生命活动会使岩石圈、水圈和大气圈发生变化。地壳的石灰岩质软泥和硅藻土都是由各种动物的骨骼形成的,岩石圈上层的土壤发育也必须有生物的活动。水圈中,生物活动改变了水体化学成分。植物的光合作用改变了大气的成分。人类活动对地理外壳的影响更为重要。在工业发达的今天,工业废水、废气污染了大气、水圈和土壤。例如,工业废气 CO_2 不断增加,将导致全球平均气温的增高,气温过分增高还会导致水体释放溶解其中的 CO_2;大气中 CO_2 含量大幅度增加又会增强大气的温室效应,使气候向不适于生物生存的方向发展。又如,汽车放出的一氧化氮,火箭和超音速飞机在高空放出的氟利昂(氟氯化合物)都会破坏臭氧层,臭氧层的破坏将使紫外辐射长驱直入,威胁有机体的生存。因此,如何保护地理环境,已经成为人类不可忽视的问题。

从另一个方面来看,无机界所发生的变化也会引起生物的变化。例如近几十年来,极地地区大气环流加强,较暖气团流向高纬度地带,使两极气温变暖,冰雪融化,一些地方被海水淹没。大气圈、水圈的改变,使得生活在一定环境的生物,为了适应新的生存条件而发生变化。总之,地理外壳的每个圈层都有它自己的独特性,而各圈层之间又彼此相互影响、相互制约,显示着物质的辩证发展过程。有关各圈层的知识,属于气象气候学、地质地貌学、水文学、土壤学、植物地理学和动物地理学的范畴,把地理外壳作为一个完整的体系来研究,则将在综合自然地理学中讲授。我们研究地球表面这些圈层的运动、变化及其之间的关系,是为了认识自然环境及其发展规律,保护环境,进一步改造自然,为人类造福。

第三节　宝玉石的形成环境

地球内、外部圈层的运动,特别是地壳演化往往与宝石和玉石的成矿作用紧密相连,并对成矿环境和成矿系列有着明显的控制作用。地壳演化具有旋回性和阶段性,因此宝石和玉石的成矿作用有时也会呈现出对应的多期性和多阶段性,如和田玉[①]的成矿就具有多期性和多阶段性。若地壳内部圈层的构造运动导致地壳上升,则该地区将会发生风化成矿作用,成矿物质主要来源于地表;若

---

① 自古专指中国新疆和田地区产出的透闪石-阳起石质玉石。现在也常被用来泛指与其基本矿物组成相同的玉石,隐去了它的产地意义,但尚存异议。历史上,在矿物学发展的早期阶段,因认识的局限性,仅依据最初和田玉和翡翠的微小硬度差异,一度将和田玉称为"软玉",将翡翠称为"硬玉"。而现在硬玉仅指翡翠的主要组成矿物,软玉尚在矿物学领域中使用。

构造运动使地壳板块汇聚,则会导致含矿建造褶皱成山或发生断裂,此时成矿环境如温度、压力、介质条件等都将发生剧烈变化,从而导致含矿建造发生强烈的区域变质作用,形成像透闪石、透辉石、红柱石、蓝晶石等宝石和玉石矿床;若使地壳板块发生背离运动,则会导致大陆内产生裂谷,压力骤降,将产生大陆玄武岩喷溢,从而形成与之有关的一系列非金属矿床,其中就包含了一些重要的宝石矿床,如蓝宝石矿床。所以宝玉石的形成与地球的圈层运动有着密切的联系。

一、内部圈层运动形成的宝石

在地球内部圈层运动中所形成的宝石,主要来自于地壳演化中的内生成矿作用和变质成矿作用。两者是两种不同类型的宝石成矿作用。地球内部热能是内生成矿作用的动因,有多种来源,如地球内部放射性元素的蜕变能、地幔及岩浆的热能、地球重力场中物质调整过程中释放出的位能等。内生成矿作用多数发生在有较高的温压条件的地壳中,也有少数会发生在地壳上部的沉积盖层中。而变质作用主要是指受到地球内力影响,使固态的岩石或矿石不经过熔融阶段而直接发生矿物成分和结构构造改变的各种作用,其中不包括岩浆岩的自变质作用和岩浆期后气水溶液的交代作用,也不包括沉积物在成岩阶段或表生阶段的各种后生变化。先期已形成的岩石在变质环境下,原岩、原矿中的成矿物质发生重新迁移、分布、组合、富集,形成新的矿物或新的矿床,这种变化就是变质作用的本质。因此变质作用是在原岩、原矿成分结构的部分改造或全部改造的基础上生成新矿物的过程。总之,两者的成矿动因都来自于地球内部的圈层运动。两种成矿作用在漫长复杂的地质演化过程中很可能在某一地区交替出现,形成更为复杂的宝玉石叠生矿床。

(一)内生成矿作用形成的宝石

在地球内部圈层运动中,内生成矿作用是形成宝玉石资源的重要地质作用。按其物理化学条件的不同,可分为岩浆(火山)成矿作用、伟晶成矿作用、接触交代成矿作用和热液成矿作用等不同类型,可在不同地壳环境中对应形成不同的宝玉石矿床。

1. 岩浆作用形成的宝石

岩浆作用(magmatism)是在地壳深处的高温($650 \sim 1000$℃)高压下发生的,经过熔离和结晶分异作用,有用矿物从岩浆直接结晶。在岩浆冷却结晶的最初阶段,所形成的有用矿物及其晶出顺序、富集条件,依据不同的岩浆类型而变化,该过程属于岩浆成矿作用。

宝石和玉石的岩浆矿床，就是岩浆冷却结晶形成的矿物或者是岩浆捕获的矿物（如金伯利岩中的金刚石）达到宝石要求并富集形成的矿床。宝石矿物一般赋存于岩浆岩的岩体中，如南非产于金伯利岩中的钻石矿，澳大利亚产于钾镁煌斑岩中的钻石矿，中国产于玄武岩内的橄榄石、蓝宝石矿等。玉石矿体有时就是岩浆岩岩体的某个部分，如梅花玉矿床。

2. 伟晶作用形成的宝石

伟晶作用（pegmatitization）常发生在深度为 3～8km 的地壳中，作用温度为 400～700℃。一般分为岩浆伟晶成矿作用和变质伟晶成矿作用两类。岩浆伟晶作用发生在岩浆作用的晚期，由于熔体中富含挥发分，在外压大于内压的封闭条件下缓慢结晶，形成晶体粗大的矿物。最有工业价值的为花岗伟晶岩。当花岗伟晶岩与花岗岩、花岗闪长岩等中酸性岩相关时，可生成电气石、黄玉、绿柱石、石榴石、刚玉、碧玺、锂辉石、锂云母、金绿宝石、磷灰石、天河石、冰长石、晕彩拉长石、水晶、芙蓉石等。当花岗伟晶岩与基性、超基性岩或碳酸盐岩围岩相接触时，若从围岩中吸取 Al，可形成红柱石、蓝晶石；若从围岩中吸取 Ca、Mg、Fe 时，则可形成角闪石、方柱石等宝石矿物。由伟晶作用形成的宝石绝大部分产于伟晶岩的内核、膨胀部位及晶洞中，或伟晶岩与其他岩石的接触带中。伟晶岩中形成的宝石矿床在宝石原生矿的来源中占有重要地位，是大颗粒宝石级的各种宝石的重要来源。

3. 接触交代形成的宝石

接触交代变质（contact metasomatic metamorphism）成矿作用是指当中酸性岩浆岩同碳酸盐类岩石接触时，会在接触带上发生接触交代作用。在岩浆成因的热液作用下，岩浆岩体与碳酸盐类岩石之间发生化学成分的交换，在接触带上，形成了各种 Mg、Ca、Fe 的硅酸盐矿物，形成镁质或者钙质矽卡岩。在结晶条件有利时，能形成晶体粗大的矿物，成为宝玉石原料。其中镁矽卡岩是由岩浆侵入白云岩或白云质灰岩形成的。镁矽卡岩中能形成的主要宝玉石有镁橄榄石、尖晶石、透辉石、镁铝榴石、和田玉等。而钙矽卡岩是由岩浆侵入以石灰岩为主的围岩形成的。钙矽卡岩中可能形成的主要宝石矿物有钙铝榴石、钙铁榴石、透辉石、方柱石、符山石等。

4. 热液作用形成的宝石

热液作用（hydrothermal process）是指含矿热液通过溶解、萃取，将地壳深部的矿质或分散在岩石中的成矿元素进行初步富集，随后运移到某一特定的部位，通过充填、交代等方式，把矿质留住而成矿。另一种情形是含矿热液和其携运的矿质，在迁移过程中会与围岩发生相互作用，导致围岩发生蚀变而成矿。其中与宝玉石成矿有关的是岩浆期后热液成矿作用。通常可按成矿热液的温度高低划分为：①高温成矿热液（300～500℃），形成的主要宝石品种有石英、黄玉、电气石、绿柱石；②中温成矿热液（200～300℃），形成的主要宝石品种有石英、玛瑙；③低温成矿热液（50～200℃），形成的主要宝石品种有石英、蛋白石、祖母绿。

5. 火山成因形成的宝石

火山成因作用（volcanogenic）是指地壳深部的岩浆沿地壳脆弱带上升至地表或直接溢出地表，甚至喷向空中。喷发体形成的宝石主要品种有火山玻璃、黑耀岩、部分欧泊等。

（二）变质作用形成的宝石

地球内部圈层运动中另一个重要的宝石成矿作用是变质作用。它是指地壳中已经形成的岩石和矿石，由于地壳构造运动和岩浆、热液活动的影响，温度和压力发生改变，使其在矿物组分、结构构造上发生改变的作用。按其产生的地质环境不同，可分为接触变质作用、区域变质作用、动力变质作用和混合岩化作用，它们分别可以形成不同的宝玉石及其矿床。

1. 接触变质作用形成的宝石

接触变质作用（contact metamorphism）是指以岩浆为主体的热源而引起的局部变质作用，也叫接触热变质作用。接触变质作用通常发生在地壳的浅部，温度范围为 300～1000℃，压力范围为 0.02～0.3GPa，变质作用的主要方式是重结晶和变质结晶，交代作用不显著。常见接触热变质作用的矿物有大理岩玉、堇青石、蓝晶石、红柱石。

2. 区域变质作用形成的宝石

区域变质作用（regional metamorphism）是伴随区域构造运动而发生的大面积的变质作用，造成区域变质作用的主要影响因素有温度、压力，以及以 H_2O、CO_2 为主要活动性组分的流体，可使原岩矿物重结晶，并常常伴有一定程度的交代作用，形成新矿物。与宝石有关的成矿有以下几种。① 低级区域变质成矿作用，形成含 OH^- 的硅酸盐宝玉石矿物，如蛇纹石玉、碧玉（软玉中的绿色品种）等玉石矿床。② 中级区域变质成矿作用，形成斜长石、石英、堇青石、透辉石等，有铬透辉石、堇青石等宝石矿床。③ 高级区域变质成矿作用，形成不含 OH^- 的矿物，如石榴石、矽线石、刚玉和尖晶石等，有石榴石、红宝石、蓝宝石等宝石矿床。

3. 动力变质作用（dynamic metamorphism）形成的宝石

动力变质作用是在构造运动产生的定向压力作用下岩石所发生的变质作

用,它与岩石的断裂相伴随,并出现在断裂带两侧。岩石受到压力,尤其是剪切力发生变形破碎,导致其结构、构造的变化。同时,挤压力或剪切力引起的高温也能造成局部的重结晶作用,使原岩矿物的成分变化,动力变质作用的代表岩石是碎裂岩和糜棱岩,涉及的宝玉石品种有翡翠等。

4. 混合岩化作用形成的宝石

混合岩化作用(migmatization)是变质作用和典型的岩浆作用之间的超深度的变质作用,也是从变质作用向岩浆作用转变的过渡性地质作用。它是由不同性质流体参加的造岩作用和成矿作用的总称。受区域变质深处高温的影响或受岩浆高温的影响,岩石部分熔融所产的"混浆",与不同类型的原岩经过一系列相互作用和混合,包括两者间的渗透、注入、重结晶和混合交代等复杂的变质过程,从而使岩石的矿物组成、结构、构造发生深刻的改变,生成一系列特殊类型的岩石,总称"混合岩",这种转化作用称为"混合岩化作用"。新疆帕米尔高原阿克陶县红蓝宝石矿床、云南哀牢山与缅甸 Mogok、越南 Yen Bay 等地红蓝宝石矿床都具有混合岩化作用过的地质特征。

二、外部圈层运动形成的宝石

地球的外部圈层系统包括大气圈、水圈和生物圈,与宝石的形成和分布密切相关,由太阳能、水、大气和生物等外部圈层物质所产生的作用,包括风化作用和沉积作用,也称为"表生作用"。地球外部圈层系统的物质运动及能量转化,产生了一系列的外动力地质作用。

1. 风化作用形成的宝石

风化作用(weathering)指岩石在地表或接近地表的地方,在温度变化、水及水溶液的作用、大气及生物等的作用下发生的机械崩解及化学变化过程,包括物理风化、化学风化和生物风化。硫化物、碳酸盐最易风化,硅酸盐、氧化物较稳定,金刚石是最稳定的矿物。与风化成矿作用有关的宝石种类有欧泊、绿松石、孔雀石、绿玉髓。

2. 沉积作用形成的宝石

沉积作用(sedimentation)包括以下几种。① 机械沉积,是指当风化产物被水流冲刷和再沉积时,物理和化学性质稳定、相对密度大的矿物就形成机械沉积和富集,形成的宝石矿床有钻石砂矿、红蓝宝石砂矿、翡翠水石、水晶砂矿、和田玉籽料等,几乎所有种类的宝石都可能形成砂矿。② 化学沉积,是由溶液直接结晶的沉积作用。多在干旱炎热气候条件下,在干涸的内陆湖泊、半封闭的潟湖及海湾中,各种盐类溶液因过饱和而结晶,如石膏、硬石膏、石盐等,其中漂亮的晶体可用作观赏石。③ 生物沉积，是生物有机体作用的结果。常由生物的骨骼和遗骸堆积而成，如珊瑚、琥珀、猛犸象牙、三叶虫、角石等（图1-16、图1-17）。

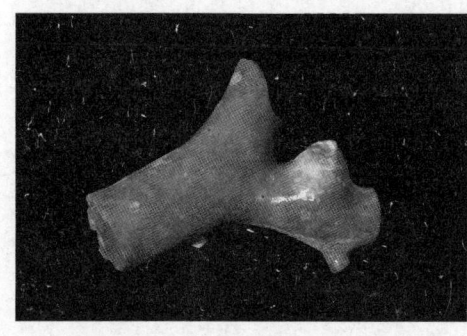
图1-16 生物沉积形成的珊瑚

图1-17 沉积在煤层中的琥珀

3. 生物作用形成的宝石

生物作用（biogenic sediment），生物圈中的化学成分是极其丰富的，其中最主要的是 C、H、O、N 四种元素。生物圈时自然界的各种元素不断通过生物、光合作用和呼吸作用产生复杂的化学循环，使地表物质成分发生变化，导致在大气圈、水圈和生物圈的共同作用下，一些生物在生命活动过程中可直接形成宝石，如珊瑚、琥珀、象牙等有机宝石。

总之，在地球内部圈层和外部圈层的不断运动中，经历几百万年甚至数亿年，宝石才能形成。通常按岩石性质，宝石的形成环境可分为3类：火成岩（岩浆岩）、变质岩和沉积岩。后面的章节会针对这三大类岩石与宝石的关系做详细介绍。

复习思考题

1. 恒星的演化经历了哪几个阶段？
2. 太阳系是由哪些行星构成的？
3. 热核反应是如何产生太阳能的？
4. 何为光谱？光谱如何分类？它们在宝石鉴定中有哪些应用？
5. 请具体描述地球的圈层系统如何划分。
6. 地理外壳的圈层之间是如何相互作用的？
7. 试述地球的内、外圈层运动与宝玉石产出之间的关系。
8. 地球内、外圈层运动生成宝玉石的成矿作用有哪些？请列举典型宝玉石品种。

第二章 地质年代与宝玉石

地质年代系指地质体形成或地质事件发生的时代。它有两层含义:地质体形成或地质事件发生的先后顺序及地质体形成或事件发生距今有多少年。前者称为"相对年代"(relative age),后者称为"绝对年代"(absolute age)。在描述地质体或地质事件的年代时,两者都是不可缺少的。

第一节 相对地质年代的确定

一、地层层序律

地层(stratum)是在一定地质时期内所形成的层状岩石(含沉积物)。层状岩石泛称为"岩层"。地层形成时是水平的或近于水平的,并且,较老的地层先形成,位于较下部位,较新的地层后形成,覆于较上部位。简而言之,原始产出的地层具有下老上新的规律。这就是地层层序律(law of superposition)或称"叠置原理"。它是确定地层相对年代的基本方法(图2-1a)。如果地层因构造运动而倾斜,则顺倾斜方向的地层新,反倾斜方向的地层老(图2-1b)。

有时,因发生构造运动,地层层序倒转,即上下关系颠倒。此时必须利用沉积岩的沉积构造(泥裂、波痕、雨痕、交错层等),来判断岩层的顶面和底面,恢复其原始层序,以确定其相对的新老关系(图2-2)。

二、生物层序律

(一)概念

埋藏在岩层中的古代生物遗体或遗迹称为化石。动物的骨骼、甲壳、足迹、蛋、粪以及植物的根、茎、叶或其痕迹也均可成为化石。一般保存为化石的生物实体,都已不同程度地受到地质作用改造,如被某种矿物质(如碳酸钙、二氧化硅、黄铁矿等)充填或交代而石化,或生物遗体中所含不稳定成分挥发逸去,仅留下碳质薄膜等。尽管如此,生物遗体的结构可以保持不变。生物的演变是从简单到复杂、从低级到高级不断发展的。因此,一般说来,年代越老的地层中所含生物越原始、越简单、越低级,年代越新的地层中所含生物越进步、越复杂、越高级。另一方面,不同时期的地层中含有不同类型的化石及其组合,而在相同时期且在相同地理环境下所形成的地层,只要原先的海洋或陆地相通,都含有相同的化石及其组合,这就是生物层序律。

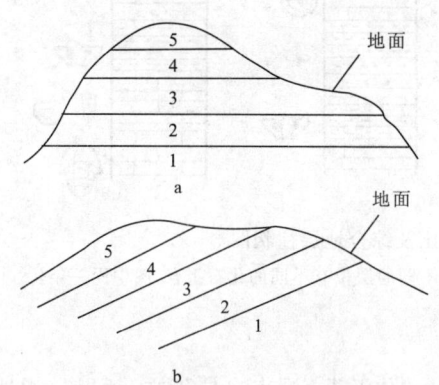 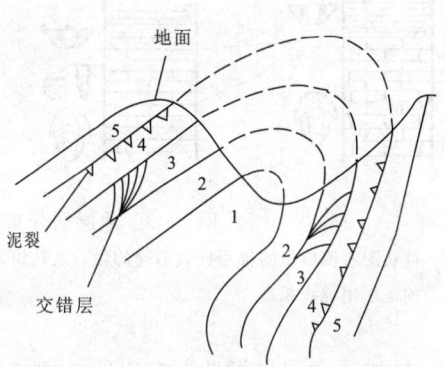

图 2-1 地层层序正常时相对年代的确定
　　a.地层水平;b.地层倾斜
　　1—5 表示地层从老到新的顺序

图 2-2 地层层序倒转时相对
年代的确定(遭受剥蚀)
1—5 表示地层从老到新的顺序

综合地层层序律与生物层序律的规律并加以运用,就成为系统地划分和对比不同地方的地层,恢复地层形成顺序的基本方法,从而为研究生物的演化阶段和全过程奠定了基础。图 2-3 表示了根据岩性、化石和地层层序等特征,划分和对比甲、乙、丙 3 个地区地层的情况,以及在地层划分和对比的基础上,通过恢复 3 个地区完整的地层形成顺序而建立起来的综合地层柱状图(图 2-3)。

应该指出,有些生物对环境变化的适应能力很强,虽经过漫长的地质历史,但它们的特征没有明显变化。如舌形贝(lingula)在 5 亿多年前即已在海洋中出现,至今仍然存在。因而这种化石对于确定地层年代意义不大。对于研究地质年代有决定意义的化石,应该具有在地质历史中演化快、延续时间短、特征显著、数量多、分布广等特点,这种化石称为"标准化石"(index fossil)。

(二)古生物化石确定地质时间

1. 古生物化石的概念

通常使用的"化石"一词实际上是一个贬义词。但正像我们现在了解的一

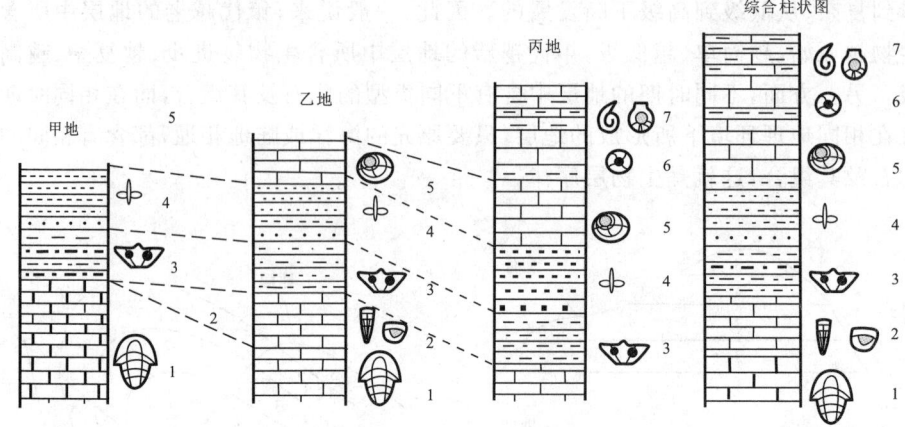

图 2-3　地层划分与对比及综合地层柱状图
柱状图右侧标出的符号代表不同的化石及其组合,不同的层位有不同的化石组合,图中同一年代的地层用虚线相连

样,最初这个词是指地下挖出的一切物体。"化石"一词来自拉丁文,意思是指地下挖出的东西,因此地下挖出的各种岩石和矿物以及动植物的遗体都称为"化石"。后来"化石"一词就只限于指岩石中那些石化了的动植物遗体。最初,人们把各种各样的生物化石视为珍宝或古董。1769 年,贝林格教授发表了《维尔茨堡石印》一书,在这本书中他认真系统地"描述"和"说明"了 200 个"化石"。但遗憾的是,所描述的标本都是伪造品。这些"化石"很可能是他的学生安排的"恶作剧",把这些标本埋于教授的"化石"采集地。《维尔茨堡石印》一书一出版,贝林格教授就发现自己上当了,为了挽回影响和自己的名誉,他几乎买下了出版商的全部库存书,并把这些书封藏起来。不过,当贝林格教授死亡以后,仍有不少书留在世上。这些伪造品就是德国著名的 Lügensteine,字面的含义是"骗人的石头"。1731 年,谢切尔把一个巨大的爬行动物描述为"类人猿"(Homo tristis),他认为这个爬行动物是人类的骨架。类似这样的误解和错误还能例举出许多。不过,正是类似这种有意义的发现,引起了人们对地球上栖息过的生命演替的了解。著名的地质学家史密斯指出,地层中含有的某些特有化石分子能指示出比较确切的地质年代,故把它们称为"标准化石"。

2. 古生物化石的形成

现在,我们有必要了解一下生物的遗体是如何在漫长的地史时期保存下来的。一般来说,生物一旦死亡,其有机部分就会很快腐烂。在有氧的情况下,氧化作用就会缓慢地进行,最后的产物是氧与氢、碳、氮、硫、磷的简单结合物。然而在缺氧的情况下,可能会出现发酵现象,从而产生碳和氮的混合物。有时有机物腐烂气体的释放通道孔还保存在沉积岩中。此外,生物死亡堆附近生活的细菌以及其他有机生命也能引起生物遗体的腐烂。一般来说,生物体的硬体部分较软体部分耐腐蚀,也容易保存和埋藏于沉积物之中。在比较好的保存条件下,一些完整的生物体或者是部分生物体可以它们的原有形态保存下来(图2-4、图2-5)。这种现象常发生在永久的冻土地区,如西伯利亚冰期保存下来的完整猛犸象化石。盐类渗入、石油和石蜡对生物组织的浸染能起到类似的效果。波兰南部斯塔鲁尼亚发现了保存十分完好的披毛犀就是其中一例。当生物遗体经搬运以后,就会出现破损或侵蚀现象,以致变得难以辨认。但是,在适当的环境下,大量的动物遗体能够堆积下来埋藏于沉积岩中。典型的实例有浅水或近岸壳滩、多种贝壳化石层和"贻贝带"。

图2-4 保存完好的三叶虫化石标本　　图2-5 保存完好的狼鳍鱼化石标本

在多数情况下,化石往往又是岩层中比较重要的组成部分。随着上覆沉积物的不断覆盖,下伏沉积物就渐变为致密状,尔后经沉积压实作用成为岩石。化石也参与了这一系列的变化。随着压力的增加,岩石发生的最重要的变化表现在岩石孔隙度缩小和岩石的脱水作用,这个过程伴有一系列的化学反应。在这里我们不去深入讨论,但我们要知道这个过程就是岩石的成岩作用和化石的石化作用。值得一提的是,这种过程要历经漫长的地质时期。很显然,化石只保存在最良好的环境下,而且只限于沉积环境之中,不会在火成岩中出现。火成岩是岩浆冷凝结晶以后形成的,沉积岩则主要形成于海水或湖泊,且大多数化石曾生活于水体中。大陆上的动物死亡以后,就会马上分解掉,保存为化石的情况往往很少。

3. 古生物化石的用途

绝大多数化石是埋藏于沉积物中的生物遗体的硬体部分,并且经历了化学作用的改造。比如硅化或钙化后的化石,常经得起敲打。生物遗体迅速埋藏以后,就会被矿物的微小颗粒转换。有时,生物的硬体部分也可能被分解掉,在围岩中留下有机体形态的空洞。比如,软体动物的外壳分解以后,常充填了泥、黏土和砂等物质,但这些铸模仍保持了原来化石结构和构造的特征。碳化作用对于植物化石的保存起着特别重要的作用。在空气缺乏的情况下,植物的纤维组织可以还原为碳质,煤就是以这种方式形成的。含煤地层中含有极丰富的动植物化石遗体,特别是晚古生代石炭纪煤层和早新生代第三纪(古近纪+新近纪)的褐煤地层中。煤层的顶底板页岩中常保存有十分完好的植物叶、果实、枝和茎的印痕。有的化石很小,往往只有借助显微镜才能看到它们,我们把它们称为"微体化石"。别小看这些很小的化石,它们对于寻找石油等沉积矿产具有十分重要的价值。因为它们可以确定沉积地层,特别是对中生代以来的地层极为有用。地球上一切生命的单向发展或演化均为地质年代提供了极其宝贵的"日历",因此地质学能够和生命的演替紧密结合起来,构成生物地层学。

化石不仅仅是保存在沉积岩中引人注目的"古董"或美丽的"物品",更重要的是它能够记录整个生物世界的演变过程,而且还能提供"地史日记"以及沉积岩所记录地质事件的线索。今天的古生物学再也不是中世纪私人收藏化石标本的时代了。比如说,现在已能够借助质谱仪测出某些化石外壳的两个氧同位素的含量。同位素具有相同的质子数,但中子数却大不相同,因此它们的原子质量数各有千秋、相互迥异。有机质体系中轻、重同位素的比率取决于温度的高低,因此根据化石外壳同位素的比率就可以测出当时其生活的温度。

三、切割律或穿插关系

就侵入岩与围岩的关系来说,总是侵入者年代新,被侵入者年代老,这就是切割律(law of dissection)。这一原理还可以用来确定有交切关系或包裹关系的任何地质体或地质界面的新老关系(图2-6):即切割者新,被切割者老;包裹者新,被包裹者老。如侵入岩中捕房体的形成年代比侵入体老,砾岩中砾石形成的年代比砾岩的年代老。

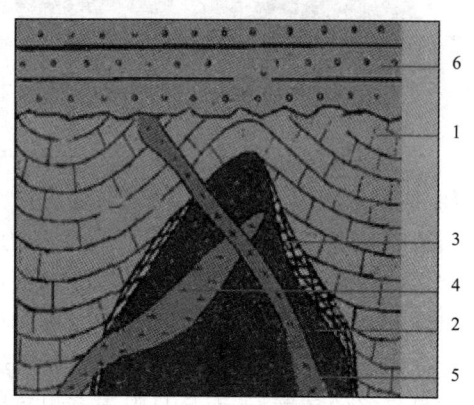

图2-6 运用切割律确定各种岩石形成顺序示意图

1.石灰岩,形成最早;2.花岗岩,形成晚于石灰岩;3.矽卡岩,形成时代同花岗岩;4.闪长岩,形成晚于花岗岩;5.辉绿岩,形成晚于闪长岩;6.砾岩,形成最晚

第二节 绝对地质年代

一、绝对地质年代的概念

绝对地质年代指通过对岩石中放射性同位素含量的测定,根据其衰变规律而计算出该岩石的年龄。绝对地质年代是以绝对的天文单位"年"来表达地质时间的方法,绝对地质年代学可以用来确定地质事件发生、延续和结束的时间。在人类没有找到合适的定年方法之前,对地球的年龄和地质事件发生的时间更多含有估计的成分。例如采用季节-气候法、沉积法、古生物法、海水含盐度法等不同方法,学者会得到不同的结果,和地球的实际年龄也有很大差别。较常见也较准确的测年方法是放射性同位素法。其中主要有铀-铅法、钾-氩法、氩-氩法、铷-锶法、钐-钕法、碳法、裂变径迹法等,根据所测定地质体的情况和放射性同位素的不同半衰期选用合适的方法可以获得比较理想的结果。

二、同位素年龄的测定法

人们很早就在探索测定绝对年代的方法,然而直到 20 世纪 30 年代发现了元素的放射性以后,科学的测年方法才告诞生。其原理是基于放射性元素都具有固定的衰变常数 λ(decay constant),且矿物中放射性同位素蜕变后剩下的母体同位素(parent isotope)含量(N)与蜕变而成的子体同位素(daughter isotope)含量(D)可以测出,这样根据公式:

$$t = \frac{1}{\lambda}\ln(1+\frac{D}{N})$$

就可计算出该放射性同位素的年龄(t)。它若包含该放射性元素的矿物形成年龄,称为"矿物的同位素年龄"(isotope age),它相当于包含该矿物并和该矿物同时形成的岩石的绝对年龄。

放射性同位素种类很多,然而能够用来测定地质年代的必须具备以下条件。

(1)具有较长的半衰期,那些在几天或几年内就蜕变殆尽的同位素是不能使用的。

(2)该同位素在岩石中有足够的含量,可以分离出来并加以测定。

(3)其子体同位素易于富集并保存下来。

通常用来测定地质年代的放射性同位素如表 2-1 所示。在上述放射性同位素中，钾-氩(K-Ar)(potassium-argon)，铷-锶(Rb-Sr)(rubidium-strontium)和铀-铅(U-Pb)(uranium-lead)等，主要用以测定较古老岩石的地质年龄，而碳-14的半衰期短，专用于测定最新的地质事件和大部分考古材料的年代。

表2-1 用于测定地质年代的放射性同位素

母体同位素	子体同位素	半衰期	母体同位素	子体同位素	半衰期
铀-238(^{238}U)	铅-206(^{206}Pb)	45亿年	铷-87(^{87}Rb)	锶-87(^{87}Sr)	490亿年
铀-235(^{235}U)	铅-207(^{207}Pb)	7.13亿年	钾-40(^{40}K)	氩-40(^{40}Ar)	13亿年
铀-232(^{232}U)	铅-208(^{208}Pb)	141亿年	碳-14(^{14}C)	氮-14(^{14}N)	5730年

同位素年龄测定方法的原理是科学的，但是在运用中存在若干问题。如母体同位素含量与子体同位素含量有时不易精确测定，因为子体同位素可以因后来的地质作用而部分丢失，母体同位素也可能因各种地质作用而被混杂。且在一般矿物中上述放射性同位素的含量均很低，对测定的精度要求很高，故测定难度很大，测量时可能有人为的误差。此外，有些沉积岩不含有与沉积作用同时形成的放射性同位素，因而还不能用这种方法求其同位素年龄。因而，人们还在不断开拓新的技术与方法以确保同位素测年的准确性。

利用古地磁的方法测年是新近发展起来的技术。地质历史中地磁场的南北极是不断变换的，而且每一磁性时期的延续时间也不相同。因此，测定岩石的极性，确定该极性的延续时间，并通过与已知的标准值对比，就可以推算该岩石的形成年代。这就是古地磁测年法的基本原理。这一方法目前只限于测定中生代以来的岩石年代，因为对更老年代的岩石测定尚未建立起可以比较的"标准"。有关古地磁法原理还将在其他教材中做较详细介绍。

三、地质年代表的建立与应用

1. 地质年代表的设定

按年代先后把地质历史进行系统性编年，列出"地质年代表"(geologic time scale)(表2-2)。它的内容包括各个地质年代单位、名称、代号和同位素年龄值等。它反映了地壳中无机界(矿物、岩石)与有机界(动、植物)演化的顺序、过程和阶段。地质年代表的建立，是根据对世界各地的地层进行系统划分对比的结果。地质年代表中具有不同级别的地质年代单位。最大一级的地质年代单位为"宙"(Aeon)，次一级单位为"代"(Era)，第三级单位为"纪"(Period)，第四级单位为"世"(Epoch)。与地质年代单位相对应的年代地层单位为：宇(Eonothem)、界

(Erathem)、系(System)、统(Series)，它们是在各级地质年代单位内形成的地层。兹将两者的级别和对应关系表示如下。

表 2-2 国际地质年代表

相对年代					底界绝对年龄 (Ma)	生物开始出现时间	
宙(宇)	代(界)	纪(系)	世(统)	代号		植物	动物
显生宙(宇)	新生代(界) Cz	第四纪(系) Q	全新世(统)	Qh			现代人
			更新世(统)	Qp	2.588		
		新近纪(系) N	上新世(统)	N_2			古猿
			中新世(统)	N_1	23.03		
		古近纪(系) E	渐新世(统)	E_3			
			始新世(统)	E_2			
			古新世(统)	E_1	66.0		
	中生代(界) Mz	白垩纪(系) K	晚(上)白垩世(统)	K_2		被子植物	
			早(下)白垩世(统)	K_1	145.0		
		侏罗纪(系) J	晚(上)侏罗世(统)	J_3			
			中侏罗世(统)	J_2			
			早(下)侏罗世(统)	J_1	201.3 ± 0.2		哺乳类
		三叠纪(系) T	晚(上)三叠世(统)	T_3			
			中三叠世(统)	T_2			
			早(下)三叠世(统)	T_1	252.17 ± 0.06		
	晚古生代(界) Pz_2	二叠纪(系) P	乐平世(统)	P_3			
			瓜德鲁普世(统)	P_2			
			乌拉尔世(统)	P_1	298.9 ± 0.15		
		石炭纪(系) C	宾夕法尼亚亚纪(亚系)	C_2		裸子植物	爬行类
			密西西比亚纪(亚系)	C_1	358.9 ± 0.4		
		泥盆纪(系) D	晚(上)泥盆世(统)	D_3			
			中泥盆世(统)	D_2			两栖类
			早(下)泥盆世(统)	D_1	419.2 ± 3.2	蕨类植物	
	早古生代(界) Pz_1	志留纪(系) S	普里道利世(统)	S_4			鱼类
			罗德洛世(统)	S_3			
			温洛克世(统)	S_2			
			兰多维列世(统)	S_1	443.4 ± 1.5		
		奥陶纪(系) O	晚(上)奥陶世(统)	O_3			无颌类
			中奥陶世(统)	O_2			
			早(下)奥陶世(统)	O_1	485.4 ± 1.9		
		寒武纪(系) ϵ	芙蓉世(统)	ϵ_4			
			第三世(统)	ϵ_3			
			第二世(统)	ϵ_2			无脊椎动物
			纽芬兰世(统)	ϵ_1	541.0 ± 1.0		
元古宙(宇)Pt[分为古、中、新元古代(界)]					2500	菌藻类	
太古宙(宇)Ar[分为始、古、中、新太古代(界)]					4000	原始菌藻类	
冥古宙(宇)					4600		

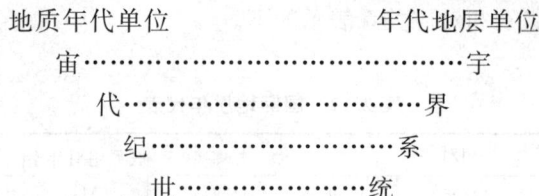

由表2-2可见,各个代、纪的延续时间是不一样的,年代越老者延续时间越长,年代越新者延续时间越短。造成这种情况的一个原因是由于年代越新者保留下来的地质记录越全、划分得越细致,另一个原因是在地质年代单位划分时考虑到生物进化的阶段性。跨度较短的各年代单位时间乃是与生物的进化速度逐步加快有关,这也是地质环境演化速度逐步加快的反映。应该指出,显生宙中各级单位的划分及其名称和代号都是国际统一的。纪以下一般分为早、中、晚3个世,只有寒武纪和志留纪四分,白垩纪、新近纪、第四纪和石炭纪两分,并各有专门名称。此外,前寒武纪(Precambrian)地层由于形成时间早,研究工作难度较大,划分对比较粗略,故长期未能统一起来。

我国前寒武纪晚期地层极其发育,剖面好,研究程度高。2005年全国地层委员会召开全国地层会议将中国前寒武纪晚期地层划分如下(表2-3,章森贵等,2005)。

表2-3 我国前寒武纪晚期地层的划分

界	系	统	底界参考年龄值(Ma)
古生界(Pz)	寒武系(∈)	下寒武统	542
新元古界(Pt$_3$)	震旦系(Z)	上震旦统(Z$_2$)	630
		下震旦统(Z$_1$)	680
	南华系(Nh)	上、下南华统	800
	青白口系(Qn)	上、下青白口统	1000
中元古界(Pt$_2$)	蓟县系(Jx)	上、下蓟县统	1400
	长城系(Ch)	上、下长城统	1800
古元古界(Pt$_1$)	滹沱系(Ht)		2300
			2500

2. 地质年代名称的由来与含义

了解地质年代表中各地质时代名称的来源和含义，对于深刻理解地质年代表的性质是有益的。

太古宙（Archaeozoic Eon）：最古老的地质年代，仅有原始的菌藻生物。

元古宙（Proterozoic Eon）：古老的地质年代，生物主要为菌藻类。

震旦纪（Sinian Period）："震旦"是我国的古称，该纪地层在我国极为发育，而且发现早，研究细，这一名称目前仅在国内通用，其他国家还有不同的名称。

显生宙（Phanerozoic Eon）：开始出现大量较高等动物以来的阶段，包括古生代、中生代和新生代。

古生代（Palaeozoic Era）：意为"古老生物"的时代，它标志着生物已开始大量发育，主要为原始海生无脊椎动物、原始的鱼类和两栖类、蕨类等孢子植物。

寒武纪（Cambrian Period）："寒武"是英国威尔士的拉丁文名称，在这里首先研究了这一地质时代的地层。

奥陶纪（Ordovcian Period）：最早在威尔士研究了该时代的地层，威尔士有一个古代民族叫"奥陶"。

志留纪（Silurian Period）：最早研究该时代的地层出露于威尔士边境，这里生活过一个不列颠部族叫"志留"。

泥盆纪（Devonian Period）：最早研究该时代的地层出露于英格兰的泥盆郡。

石炭纪（Carboniferous Period）：该时代地层中富含煤层，该名创始于英国。

二叠纪（Permian Period）：最早研究的该纪地层出露于乌拉尔山西坡彼尔姆城，按音译应为"彼尔姆纪"，但因该地层在一些地区具有明显的二分性，故意译为"二叠纪"。现据最新研究将该纪分为早、中、晚世，分别为乌拉尔世、瓜德鲁普世和乐平世。

中生代（Mesozoic Era）：意为"中期生物"的时代，以陆上爬行动物繁盛为特征，是恐龙繁盛的时代，中生代以前生物主要为水生动物。

三叠纪（Triassic Period）：对该纪地层的研究最早始于德国南部，岩层具有明显的三分性。

侏罗纪（Jurassic Period）：在法国和瑞士交界的侏罗山脉首先研究了这一时代的地层。

白垩纪（Cretaceous Period）：位于英吉利海峡北岸，这一时代的地层中产出白色细粒的碳酸钙，拉丁文称之为"Creta"，意为"白垩"。

新生代（Cenozoic）：意为"近代生物"的时代，哺乳动物和被子植物非常繁盛。

第三纪(Tertiary Period)和第四纪(Quaternary Period):最早对全部地层自下而上分为四套,其中最上面的两套,分别称为第三系和第四系,代表年轻的和最新的地层。目前第三纪已经被取消,取而代之的是古近纪(Paleogene Period)和新近纪(Neogene Period)。

地质年代表中代(界)、纪(系)的代号取自其英文名称的第一个字母或第一个加上后面的某一个字母,仅寒武纪用∈、白垩纪用K,比较特殊。这是为了与石炭纪的C相区别。此外,世的代号是在该世所属纪的代号右下角注以1、2、3或1、2、3、4或1、2,分别代表三分为早世、中世、晚世或四分为一、二、三、四世,或二分为早世、晚世等。如中泥盆世以D_2表示。

3. 岩石地层单位概念

在一个新的地区进行地层工作时,首先应根据地层的岩性特征在垂直方向上的差异,将地层分层,建立起地层系统和层序。这样划分出来的地层单位,称为"岩石地层单位"(Rock‑strati‑graphic unit),又称"地方性地层单位",它可分为群、组、段等不同级别。

群(Group)是岩石地层的最大单位。它包括厚度大、成分不尽相同但总体外貌一致的一套岩层。如南京附近有黄马青群、青龙群等。

组(Formation)是岩石地层的基本单位。它由一种岩石组成,也可以由两种或更多种的岩石互层组成,如南京附近有栖霞组、龙潭组等。

段(Member)是组内次一级的岩石地层单位。代表组内岩性相当均一的一段地层。如南京附近栖霞组内分出梁山段、臭灰岩段等。

层(Bed)是最小的岩石地层单位。指一层特殊的岩层、化石层或矿层。

应该指出,岩石地层单位的划分,不是以化石为依据,它与年代地层单位之间,没有对应的关系。只有在岩石地层单位中找到了可以确定时代的化石时,岩石地层单位的年代才可以确定。

第三节 成矿年代与宝玉石探矿

作为地壳组分的成矿元素随着地壳的演化而不断分异,在地壳的不同历史发展阶段形成了各种矿床,这个过程便是成矿。成矿时代是指在地质历史上,矿床形成比较集中的时代。成矿时代的确定对于我们的地球科学研究、地质勘探工作以及对于宝玉石矿产的勘探开发均具有重要的意义。

一、成矿年代是地球科学研究的基本思路

(一)成矿年代的基本概念

成矿年代是指矿床的形成在地质历史发展中有一定的时间规律性。因此,矿床的形成年代是研究矿床成因和成矿地质构造背景的重要基础资料,也是研究成矿规律、评价成矿远景和寻找新的成矿靶区的重要依据之一。依据地质标志确定的矿化时代显示了一定的规律,随着同位素地质年代学引入地质学和矿床学的研究,又大大提高了矿化时代资料的精度和广度。

(二)成矿年代的时序规律

不同的矿产通常成矿于不同的年代。我国的矿床学家冯景兰教授(1965)曾指出:"在不同的地质时期,在不同的地点和地区,只要成矿的控制条件都完全适宜,都有形成矿床或某种规模的矿床的可能性。但在某一地质时代的某一地区,或某一地区的某一时代,对于某些矿种、矿床或某种规律的矿床形成来说,可能表现出特殊的重要性和集中性"。矿产在成矿时代上分布的不均匀性,如前寒武纪集中了全世界70%左右的黄金,60%以上的镍、钴和铁矿。又如80%左右的钨矿形成于中生代,50%左右的锡矿形成于中生代末期,85%以上的钼矿形成于中、新生代,40%左右的铜矿形成于新生代。外生矿床中类似的例子有:在世界上煤主要形成于石炭纪—二叠纪,石油主要形成于新生代,岩盐和钾盐却主要形成于二叠纪。

(三)成矿年代的空间影响

成矿时间与成矿空间共同影响矿床的形成。矿床形成集中在某一特定的地史时间,原因很复杂,既与地球在历史上不同时代的演化有关,又与不同时代、不同地区控矿地质条件的演化、形成有关。因而我们既要研究各种矿床的形成在地史上分布的一般共同规律,又要分析成矿具体地区的地质条件和成矿条件。这样才能充分地利用成矿时间规律来预测矿床靶区。

(四)中国矿床的成矿年代

我国所处的大地构造特征具有多旋回性。而矿床形成的时间分布规律与地壳构造发展演化及构造运动有密切关系。一般将我国的成矿时代划分为5期。

1. 前震旦纪成矿期(太古代—元古代成矿期)

该期是我国的一个重要成矿期,主要有分布在北方诸省的变质铁矿(如鞍山

式铁矿)、绿岩带金矿床、变质磷矿床、滑石菱镁矿床(辽宁)、石墨矿床(山东莱阳)、刚玉矿床(太行山)等。内生矿床有河北的钒钛磁铁矿床、山西铜矿床、内蒙古和新疆等地的稀有金属伟晶岩矿床等。

2. 加里东成矿期(早古生代成矿期)

我国东部以外生沉积矿床为主,如宣龙式铁矿、瓦房子锰矿、湘潭式锰矿、昆阳式磷矿、襄阳式磷矿以及湘西沉积钼镍矿床等。我国西部以内生矿床为主,也有变质矿床如黄铁矿型铜矿(白银厂式)、铬镍矿床、伟晶岩矿床以及气成热液矿床,还有镜铁山式铁矿(北祁连山)等。

3. 海西成矿期(晚古生代成矿期)

海西成矿期与加里东成矿期相近似,但在我国更为重要。我国东部以沉积矿床为主,如北方的石炭纪山西式铁矿、云贵豫鲁的铝土矿和黏土矿床、巩县式铝土矿,南方的泥盆纪宁乡式铁矿、西南地区二叠纪遵义式锰矿,南北方各省的石炭纪、二叠纪煤田是我国最主要的成煤期。内生矿床有秦岭和内蒙古的铬、镍矿床,内蒙古白云鄂博式稀土-铁矿床。我国西部则以内生矿床为主,如阿尔泰、天山地区的稀有金属伟晶岩矿床,与花岗岩有关的钨、锡、铜、铅锌矿床,南祁连山的有色金属矿床,川滇地区许多铜、铅、锌矿床以及四川力马河铜镍矿床等。

4. 印支—燕山成矿期(中生代三叠纪成矿期—侏罗纪、白垩纪成矿期)

这一时期是我国东部最主要的内生矿产成矿期,形成一大批与中酸性岩浆岩有关的,具有重要经济意义的钨、锡、钼、铋、铍、铜、铅、锌、汞、锑、金、铌、钽、稀土、稀散金属以及非金属萤石、明矾石和黄铁矿等气成-热液矿床,此外矽卡岩型和火山岩型铁矿床也具有重要的工业价值。外生矿床也具有较重要的价值,如有东北、西北、华南等一些省的煤田和油田,华南、西南一些中新生代盆地中的盐和石膏矿床,还有滇中地区的含铜砂岩矿床等。

5. 喜马拉雅成矿期(新生代成矿期)

新生代的内生矿床在我国比较局限,主要有西藏喜马拉雅超基性岩带中的铬铁矿与台湾火山岩中的金矿和铜矿床,以及新疆西南部的少数铅锌矿床。外生矿床相对却较重要,主要有塔里木盆地和柴达木盆地某些边缘地带的层状铜矿床,各地的砂金矿床、砂锡矿床,西北许多地区的硼砂和盐类矿床,西南地区的钾盐和岩盐矿床,以及第三纪的煤田和油田等。

二、成矿年代是地质勘探工作的基本依据

既然矿产在时间分布方面是有规律的,那么运用这一规律就可以帮助我们

发现矿产矿床,与此同时,可以进一步揭示有利于成矿的时代。由于成矿作用是与整个地质发展史相联系的,因而在成矿预测中运用成矿时间规律应注意以下几项。

(1)深入的研究各种地质作用和地质体在各个地史时期的形成及发展过程,其中特别要注意与矿产有关的那些找矿地质条件的形成及发展的时间和过程。总结各种矿产在各个地史时期中形成和演化的普遍规律,也要注意特殊规律。因此,成矿时代控制成矿从某种意义上来说是在某一时代形成具体的有利于成矿的地质条件,从而控制成矿。

(2)在某一特定地区预测矿产时,应注意在大范围内揭示上述规律,以便从时间规律联系转移到矿产分布的空间规律。这是极其重要的一个转移。例如南北美洲科迪勒拉新生代有利于斑岩铜矿的构造-岩浆带的研究和揭示,扩展到环太平洋西南的东南亚岛屿新生代类似的构造-岩浆带的分析和预测,从而发现新的大规模斑岩铜矿成矿带等,就是鲜明的实例。此外,在某一特定地区要充分研究成矿时代的多旋回性和继承性。揭示了某一成矿时代的成矿条件之后,一方面应分析在其他时代(包括早、晚)可能形成类似成矿有利条件的可能性;另一方面应注意在某一时代形成的矿产组合,在另一些时代可能重复出现或以其他类型的形式出现相同的矿种组合。也就是说,利用已揭示的规律由此及彼地预测新矿产。

(3)注意矿产形成的阶段性和不均匀性。分析某一地区成矿的阶段性并与全球成矿的不均匀性加以对比,从中发现和预评可能潜在的矿产。

(4)为了准确地揭示整个地区的地质发展史、地质作用、地质体和矿产形成的时间分布规律,必须在野外和室内应用一切知识系统观察和利用先进技术手段,如同位素绝对年龄的测定等方法,精确地测定地质年龄。

三、成矿时代确定有利于宝玉石矿产勘探开发

需要注意的是,宝玉石的成矿时代与宝玉石的形成时代是两个完全不同的概念。例如全世界钻石形成年代集中在3个时间段,南非地区的钻石大约形成于33亿年前,而澳大利亚的阿盖尔矿山所产的钻石及博茨瓦纳共和国所产的钻石则分别已经形成了15.8亿年和9.9亿年,最年轻的钻石也已经形成了几千万年。从形成年代上来说,钻石比绝大多数宝石的形成年代都要久很多。钻石的年龄指钻石形成的时间,钻石的矿龄指钻石形成后被带到地表形成钻石矿的时间。很显然,钻石的年龄是大于甚至远远大于钻石矿龄的,如矿龄约为12亿年的南非普列米尔已经是最古老的钻石矿山之一。

明确了宝玉石的年龄和矿龄概念的区别后,成矿年代确定的意义如下:

(1) 可帮助确立宝玉石矿床的找矿方向。在宝玉石矿产勘探开发过程中,可对宝玉石矿床的成因类型进行综合研究,提出成因类型的划分方案,总结不同类型宝玉石矿床的主要特征,揭示其时空分布规律。例如在云南红宝石矿床中,在国内首次发现了罕见富铝贫硅钙质闪石——镁砂川闪石,并对其进行了系统的成矿时代研究,确认了它的找矿标型及矿物学意义,研究认为该矿床为造山带区域变质作用成因且红宝石为变晶作用形成机制。

(2) 对认识造山过程与宝石成矿的关系具有重要意义,对于今后的找矿评价具有参考价值。例如,新疆阿尔泰的稀有金属-宝石矿床长期以来被认为是海西期造山过程的产物,但越来越多的资料表明造山之后仍然可以成矿,而且是主要的成矿期。通过野外调查和同位素年代学研究认为阿尔泰的稀有金属-宝石矿床经历了漫长的演化历史,不只是在海西期才成矿,还具有时代越新、成矿规模越大的趋势。其中阿尔泰造山带腹地海蓝宝石质量最好的阿祖拜稀有金属-宝石矿床的 Ar-Ar 法坪年龄为 154.1 ± 0.1 Ma,等时线年龄为 151.41 ± 2.05 Ma,属燕山期成矿。

(3) 可帮助预测宝玉石矿床的空间分布规律。例如通过对贵州罗甸地区软玉[①]矿的成因分析,初步认为软玉矿的形成时间应与辉绿岩体的侵入时间基本相同。依据围岩时代与岩体的构造变形样式,将其暂置于海西期较为适宜,其理由是:岩体侵入层位均限于早—中二叠世四大寨组,围岩发生了接触变质作用,岩体内含有四大寨组灰岩捕虏体,表明岩体形成于中二叠世之后。同时,岩体大多顺层侵入,产状与围岩基本一致,其浅部出露部分与赋矿地层同步褶皱,组成印支期和燕山期的构造形迹,说明岩体形成于印支期及燕山期褶皱之前。因此根据矿床的形成时代,可大致推测成矿机制和成矿规律。

复习思考题

1. 相对地质年代是如何确定的?
2. 什么是切割律?它有什么地质意义?
3. 何为绝对地质年代?怎样测定绝对地质年代?
4. 试述地质历史是如何用地质年代表示的,并画出地质年代表。
5. 岩石的地层单位有哪些?请具体描述并举例。
6. 成矿年代对于宝玉石矿产的勘探开发有什么重要意义?试举例说明。

---

① 透闪石-阳起石质玉石,宝石学名称为"和田玉",尤指中国新疆产和田玉。

第三章 构成地壳的基本单位——矿物

宝石矿物(gem minerals)是具有宝石价值的天然矿物的总称。宝石矿物都是天然形成的。决定宝石价值的主要因素是美观、耐久和稀少性。要了解宝石矿物，就必须先了解什么是矿物，矿物的化学组成、物理性质以及矿物的形态等。

第一节 矿物的化学组成及物理特性

一、矿物的基本概念

我们人类居住和生活的地球是一个微扁的椭球体，它的平均半径长约6371km。地球从里到外，构造很复杂，根据其物质状况的不同常简单归纳为3个层圈构造：最里面的一层为地核，平均厚度为3471km；中间一层为地幔，平均厚度约为2900km；最外面一层为地壳，平均厚度为33km(图3-1)由此可见，地球的构造就好像一个鸡蛋，有蛋黄、蛋白和蛋壳。地壳是由岩石构成的。岩石是由矿物组成的。那么，什么

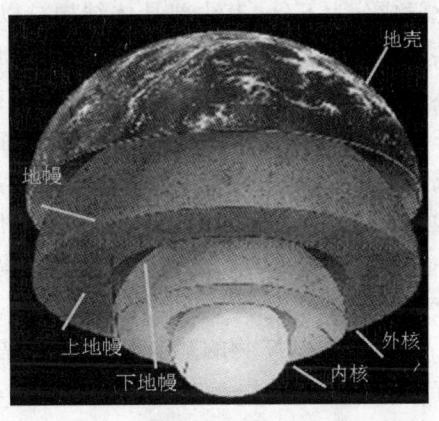

图3-1 地球的层圈构造示意图

是矿物呢？矿物是在各种地质作用中所形成的单质或化合物，它们具有一定的化学成分和内部结构，从而具有一定的形态、物理性质和化学性质，它们是在一定的地质和物理化学条件下形成、稳定和变化的，是组成岩石和矿石的基本单位。

1. 矿物是化合物或单质

绝大多数矿物是由两种或两种以上的元素化合而成的。例如，石英是由硅元素的1个原子和氧元素的2个原子化合而成的二氧化硅(SiO_2)，方铅矿是由

铅元素和硫元素的1个原子化合而成的硫化铅（PbS），磁铁矿是由铁元素的3个原子和氧元素的4个原子化合而成的四氧化三铁（Fe_3O_4）等。除此以外，还有少数矿物是由单质元素组成的。例如：金刚石由碳（C）元素组成，石墨也是由碳（C）元素组成；金（Au）和银（Ag）等元素分别组成自然金和自然银；铜（Cu）元素可以形成自然铜等。所以我们说：自然界绝大多数的矿物都是由几种元素的原子化合形成，只有少数矿物才是以单质元素的形式出现的。

2. 矿物是自然地质作用的产物

矿物是在自然地质作用中形成的，而不是人造的。矿物是在漫长的地质历史时期，在自然界里慢慢形成的。最近几十年来，人们利用结晶学的知识，模拟天然晶体生长的条件，可以在工厂或实验室里用人工的方法，制造出晶体，如合成金刚石、合成石英等，人们通常称它们为"人造矿物"。

3. 矿物具有特定理化属性

任何一种矿物都具有特定的化学组成、内部结构、物质形态。以石英为例：化学成分为 SiO_2，其内部晶体结构是以硅氧四面体[SiO_4]为基元，相同基元间共用角顶连接成的架状结构，这种架状结构符合三方晶系的对称。正是上述晶体内部的结构形式，决定了石英常形成由六方柱和菱面体等组合而成的晶体形态，且晶体外观上常会出现横纹。由于硅氧四面体基元间的共角顶连接方式，造成连接力较强，因此石英的硬度较大，摩氏硬度为7。架状晶体结构不紧密，结构中有较大的孔洞，因此其相对密度较低为2.65，光泽较弱，折射率较低（1.544～1.553）。石英的化学成分和晶体结构决定了它具有不易溶于水，不与盐酸反应等化学性质。

显而易见，矿物的基本理化特性，是其宏观物质形态和特征表现的基础。如有的矿物易溶于水，有的矿物不溶于水；有的易溶于酸，有的不溶于酸；有的咸，有的苦；有的硬，有的软；有的导电，有的绝缘等。这些性质恰恰是我们鉴别和使用矿物的依据。

4. 矿物是组成岩石和矿石的基本单位

在宝石学领域，我们所学习和研究的矿物，通常是指固体矿物。矿物同宝石专业的关系密切，许多纯净的矿物本身就是宝石。然而，在自然界，矿物是以岩石形态呈现，矿物组成了岩石。不少色彩绚丽、资源稀有、质地坚韧、接触安全的矿物成为了宝石原料。还有许多矿物，成为了工业生产上不可或缺的重要原料。

那么，什么是岩石呢？岩石有哪些种类呢？岩石一般由几种矿物组成，如花岗岩主要是由石英、长石、云母等矿物组成的。有的岩石仅由一种主要矿物组成，如纯橄榄岩主要由橄榄石组成。岩石按成因可分为火成岩、沉积岩和变质岩三大类。火成岩(又叫岩浆岩)是由地壳深处高温高压、成分复杂的硅酸盐熔融体——岩浆冷凝形成的岩石。其中由火山爆发时喷出地表的岩浆所形成的岩石,叫作火山岩;如果岩浆未喷出地表,只是上升到地壳上部形成的岩石,叫作侵入岩。火成岩按二氧化硅(SiO_2)和其他组分含量的多少,又可分为超基性岩、基性岩、中性岩、酸性岩等。沉积岩(又叫水成岩)是原岩(即原来的火成岩、沉积岩和变质岩)经过风化破碎,经流水或风力搬运、沉积或化学沉淀作用,在河流、湖泊和海洋中形成的岩石。常见的沉积岩有砂岩、页岩、灰岩等。变质岩(又叫变成岩)是上述火成岩和沉积岩在温度、压力和化学成分条件变化下引起变质所形成的岩石,亦可是早先的变质岩再经过新的变质作用形成的岩石。常见的变质岩有大理岩、矽卡岩、片岩、片麻岩等。总之,各种岩石都是由矿物组成的,矿石是由有用矿物组成的。要认识岩石和矿石,必须首先认识矿物。

二、矿物的化学组成

1. 化学元素的组成

要知道矿物的化学组成,首先还是谈谈地壳是由哪些化学元素组成的,因为它们是密切联系着的。整个地球的化学成分我们无法直接知道,但是地球表面的化学成分,我们却可以用化学分析的方法计算出来。许多地质学家长期研究证实了如下的事实:组成地壳的化学元素很多,化学元素周期表上的元素几乎应有尽有,但是,各种元素的含量是不均匀的,有的很多,有的很少,有的集中,有的分散。氧、硅、铝、铁、钙、钠、钾、镁、钛、氢、碳这 11 种元素,占了地壳总量的 99.45%(其中氧 46.95%、硅 27.88%、铝 8.13%、铁 5.17%),其他近 80 多种元素才占 0.55%。可见地壳中的矿物主要是由上面这些元素组成的,而且多以氧化物和含氧盐的形式存在(表 3-1)。

表 3-1 矿物的主要化学组成(%)

矿物种类	占矿物总量	占地壳总量
硅酸盐	24	75
氧化物	14	17
碳酸盐	5	1.7
磷酸盐	18	0.7
其他	39	5.6

矿物的化学成分一般比较固定,一种矿物往往由一定的化学元素所组成,变

化不大。例如,石英由二氧化硅(SiO_2)组成,方铅矿由硫化铅(PbS)组成,方解石由碳酸钙($CaCO_3$)组成等。通常矿物往往含有少量的混入杂质,如铁质、锰质、碳质、黏土,甚至有的还混入水分、气体等物质,成为包裹体。这些混入的杂质,有些是替代矿物中的某种或某些化学成分进入晶体结构的成分,被称为"类质同象混入物",有些是包裹在矿物中不进入晶体结构的杂质,被称为"机械混入物"。矿物中混入物的存在是相当普遍的。由此,常使一些原来为无色透明的矿物呈现各种颜色。例如,刚玉(Al_2O_3)本来是无色透明的,但混入一定量的Cr^{3+},则变成红色;混入一定量的Fe^{3+},则变成黄色;混入一定量的Fe^{2+}和Ti^{4+},则变成蓝色。

2. 矿物的类质同象

什么叫作类质同象呢?为了说明这个问题,让我们先举一个例子来看一看。闪锌矿的化学成分为硫化锌(ZnS)。从理论上说,Zn^{2+}和S^{2-}在数目上的比例是1∶1。但自然界产出的闪锌矿中常含有铁(Fe^{2+})、镉(Cd^{2+})、锰(Mn^{2+})等,而且在不同产地的闪锌矿中,铁、镉、锰等的含量又是很不相同的。每当闪锌矿中含有这些元素时,Zn的含量就低于理论值,比例就不是1∶1。但($Zn^{2+}+Fe^{2+}+Cd^{2+}+Mn^{2+}\cdots\cdots$)与$S^{2-}$之比还是1∶1。对含铁量不同的闪锌矿进行研究后还发现,随着闪锌矿含铁量的增加,它的性质和晶胞的大小都发生规律性的变化(表3-2):颜色由浅变深,相对密度由大变小,晶胞由小变大等。这些现象说明铁、镉、锰等成分,在闪锌矿中不是无规律的机械混入物,而是一种类质同象混入物。

表3-2 含铁量不同的闪锌矿物理性质变化表

物理性质	FeS的含量(%)			
	0.16	10.31	18.25	26.2
颜色	无色	棕黑色	黑色	铁黑色
条痕	白色	浅黄色	绿褐色	褐色
透明度	透明	半透明	薄片不透明	
光泽	金刚光泽		半金属光泽	
晶胞大小($\times 10^{-10}$m)	5.423	5.432	5.442	5.450
比重	大————————→小			

从上述例子中可以得出类质同象的概念:晶体中某种质点被性质相似的质

点所代替(置换、取代),而保持原有晶体结构类型,仅使晶格常数和物理化学性质发生不大的变化,这种现象称为"类质同象"。

类质同象是在晶体形成过程中发生的。例如闪锌矿在其形成过程中,成矿溶液中不仅含 Zn^{2+} 和 S^{2-},而且还含有 Fe^{2+}、Cd^{2+}、Mn^{2+} 等离子。锌(Zn^{2+})与铁(Fe^{2+})的化学性质相似,离子半径相近,因此,铁(Fe^{2+})占据部分锌(Zn^{2+})的位置而形成含铁闪锌矿。闪锌矿与含铁闪锌矿的内部构造没有显著的变化(图3-2、图3-3)。因此闪锌矿中的铁,被称为类质同象混入物。但是它的置换只局限于一定的范围,一般不能超过20%。这种有代替量限制现象称为不完全的类质同象。

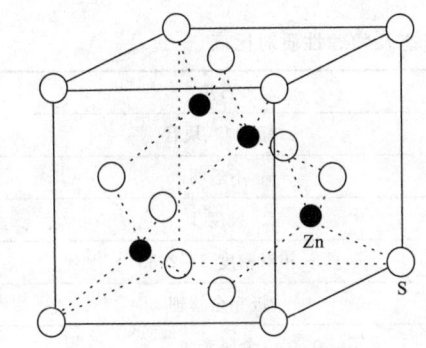 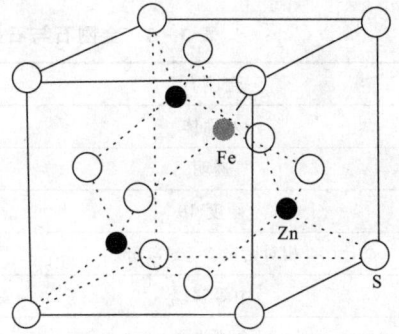

图3-2 闪锌矿晶体结构　　图3-3 含铁闪锌矿晶体结构

再如,在菱镁矿的形成过程中,成矿溶液中不只含镁(Mg^{2+})而且还含有亚铁(Fe^{2+})。Mg^{2+} 与 Fe^{2+} 的化学性质相似、离子半径相近,所以菱镁矿($MgCO_3$)中的镁(Mg^{2+})可以被任意数量的铁(Fe^{2+})所代替或者菱铁矿($FeCO_3$)中的 Fe^{2+} 可以被任意数量的 Mg^{2+} 所代替,而两者的晶体结构类型无明显不同。因此,菱镁矿中的铁或菱铁矿中的镁都称为"类质同象混入物"。这种任意量代替的现象称为"完全类质同象"。不管是完全类质同象替代,还是非完全类质同象替代,它们的产生都需要两个方面的条件:一是离子本身的性质,即半径大小相近、类型基本相同、相互替代的离子总电价相等;二是外部物理化学条件,即最主要的是矿物结晶时所处的温度、压力和溶液或熔体组分的浓度。

研究矿物的类质同象,不仅因为这种现象很多,而且类质同象可以说明矿物组分的多变性,更能清楚地阐明元素共生的规律,从而大大加强找矿工作的预见性和对矿产综合利用的评价。实践证明,大多数稀散元素是以元素类质同象替换的方式存在于矿物之中。如闪锌矿中含镓、锗、铟、镉、铊等;辉钼矿中常含铼;锆矿物中常含有铪等。

3. 矿物的同质多象

化学成分相同的物质(同质)，在不同环境下，可以形成在性质和晶体结构上完全不同的晶体(异象体)，这一现象称为同质异象(即同质多象)。金刚石和石墨是最常见的同质多象变体，有人称它为碳元素的两兄弟。金刚石和石墨都是由单质碳(C)元素组成的，但是，它们的性质却完全两样(表3-3)。金刚石无比坚硬，色泽绚丽，形体规则(多成立方体、八面体、菱形十二面体)；而石墨则硬度很小，甚至染手，颜色钢灰，成片状和块状集合体出现。同一种元素成分具有两种同质多象变体的，叫做同质二象；具三种同质多象变体的，叫做同质三象；以此类推。在矿物中以同质二象最为普遍。

表3-3 金刚石与石墨形态及物理性质对比表

金刚石	石墨
八面体	鳞片状、块状
透明	不透明
硬度10	硬度1
相对密度3.5~3.53	相对密度2~2.33
中等解理	极完全解理
金刚光泽	金属光泽
仅含硼元素者具半导性	导电性强

导电性：矿物对电流的传导能力。它和矿物的内部构造有关。导体，如自然金属及一部分硫化物等；半导体，如黄铁矿、含硼金刚石；绝缘体，如石棉、白云母等。

同质多象形成的最根本原因是外界条件(主要是温度和压力)的变化引起晶体内部结构的不同。

金刚石晶体中的碳原子排列紧密，而且每个碳原子周围都有四个距离相等的碳原子，以共价键连接，构成最紧密的四面体堆积，这就决定了它的硬度大、熔点高等性质；而石墨中的碳原子成层状分布，层内以共价键和金属键连接，层与层之间距离大、以微弱的分子键连接，这就决定了石墨硬度低、成片状等性质(图3-4、图3-5)。外界条件(主要是温度和压力)的变化，是同质多象体形成的主要原因。例如金刚石在真空条件、压力恒定(高压或低压)的情况下加热至1900℃时变为石墨，但石墨冷却时不能变成金刚石，故称为单变性的同质多象。

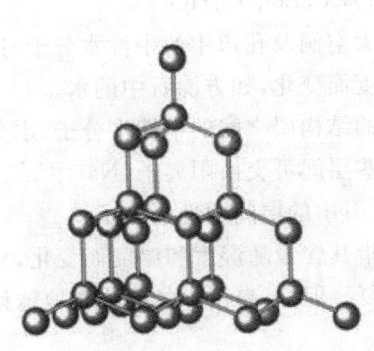
图3-4 金刚石的晶体结构

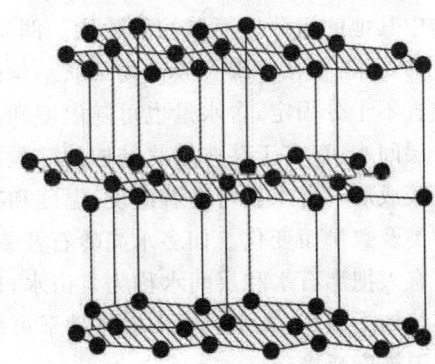
图3-5 石墨的晶体结构

4. 矿物中的水

固体矿物里含有水吗?回答是:有的矿物含水。例如蛭石放在火上灼烧后体积要膨胀18~25倍,相对密度也有明显的减小,能在水面上漂浮,好像蛭虫在水中游动一样。为什么蛭石被火烧后体积膨大,相对密度减小呢?这是因为它原来含水,灼烧后失去了水分的缘故。自然界有许多矿物是含水的,如滑石、蛇纹石、高岭石、褐铁矿等。根据水在矿物中存在的状态,可分为五种类型(表3-4)。

结构水:是以氢氧根(OH^-)和氢离子(H^+)形式存在于晶体结构中的固定位置。例如白云母 $KAl_2[AlSi_3O_{10}][OH]_2$。

表3-4 几种含水矿物

矿物名称	化 学 式	含水类型
滑　　石	$Mg_3[Si_4O_{10}](OH)_2$	结 构 水
蛇 纹 石	$Mg_6[Si_4O_{10}](OH)_8$	结 构 水
高 岭 石	$Al_4[Si_4O_{10}](OH)_8$	结 构 水
胆　　矾	$Cu[SO_4]\cdot 5H_2O$	结 晶 水
石　　膏	$CaSO_4\cdot 2H_2O$	结 晶 水
光 卤 石	$KMgCl_3\cdot 6H_2O$	结 晶 水
方 沸 石	$Na_2[AlSi_2O_6]_2\cdot 2H_2O$	沸 石 水
多水高岭石	$Al_4[Si_4O_{10}](OH)_8\cdot 4H_2O$	层间水($4H_2O$)、结构水$(OH)_8$
蛋 白 石	$SiO_2\cdot nH_2O$	吸 附 水

结晶水：是以水分子(H_2O)的形式存在于矿物晶胞的固定位置，水分子数与矿物中其他的组分成简单的整数比。例如石膏 $CaSO_4 \cdot 2HO_2$。

沸石水：存在于沸石族矿物架状结构的大空洞及孔道中的中性水分子，这种水位置不十分固定，含水量也可随湿度和温度而变化，如方沸石中的水。

层间水：存在于某些层状结构的硅酸盐的结构层之间的中性水分子，水分子亦连接成层。含水量可随着湿度、温度和某些层间可交换阳离子（Na^+、Ca^{2+}等）的种类及数量而变化。如多水高岭石及蒙脱石中的层间中性水分子。

有人把沸石水和层间水称为自由水，是指其含量随湿度和温度而变化，只要晶体结构不破坏，失水后在潮湿条件下可恢复。但是，自由水的提法在地球科学领域未被广泛接受。

吸附水：矿物中存在的与内部结构无关的水，存在于颗粒表面、微细裂隙中，含量不定。吸附水依靠表面张力维持，加热到110℃时大部分水都能失去。

5. 矿物的假象

我们在野外识别矿物的时候，需要认真观察和研究它的特征，否则会被一些假象所迷惑。例如黄铁矿氧化后部分物质溶解流失，而其中的氢氧化铁（褐铁矿）被残留下来并充填在原硫化物矿物的空间位置，于是氢氧化铁（褐铁矿）就依黄铁矿的形态出现，我们称之为褐铁矿呈黄铁矿的假象。总之，一些矿物不以它本身的形态，而以他种矿物的外形出现，通常就称之为矿物的假象。

矿物假象的成因有两种：一种是原来的矿物被地下水溶蚀而成为空洞，后来被其他矿物所充填。如立方体状的石盐被淋蚀后形成了空洞，后来被黏土矿物充填进去，这样黏土矿物就形成立方体的假象。这种假象称为充填假象。另一种是交代假象。如褐铁矿呈黄铁矿假象，就是黄铁矿（FeS_2）中的部分组成保存下来，而另一部分组成发生变化，最后形成褐铁矿（$Fe_2O_3 \cdot nH_2O$）。

三、宝石矿物的物理特性

我们认识任何东西，都是以这些东西所具有的特征为根据的。譬如，根据咸味、甜味和涩味来认识和分辨食盐、白糖和明矾。同样，认识矿物也是如此。不同的矿物具有不同的特性，如不同的颜色、光泽、硬度、相对密度等物理性质。我们必须详细观察矿物的这些特征。下面选择一些具有鉴定意义的物理性质加以叙述，为鉴定矿物打下一定的基础。

（一）宝石矿物的光学性质

矿物的光学性质就是矿物对光的吸收、反射、折射以及光在矿物中传播的性质。下面着重谈谈矿物的颜色、条痕、光泽和透明度等。

1. 颜色

许多矿物尤其是宝石矿物具有绚丽多彩的颜色，十分引人注目，甚至有些矿物的名称就是根据颜色得来的。如赤铁矿即红色的铁矿，孔雀石即颜色像孔雀羽毛上斑点绿的铜矿，等等。矿物的颜色是鉴定矿物的最大特征之一。而宝石矿物的颜色最为丰富多彩，几乎涵盖了所有的颜色。如红、橙、黄、绿、蓝、紫、黑、白及无色。根据颜色分布特征，人们将宝石划分为彩色宝石和非彩色宝石系列。但钻石则自成体系。

(1)彩色宝石系列，当宝石对不同波长的可见光选择性吸收时，宝石就产生了颜色。宝石所呈现的颜色，实际上是未被宝石吸收的剩余光中各色光的混合色。在剩余光中所占比例最大的光波决定了宝石颜色的主色调；次要波段的光决定着宝石的辅色调。如红宝石，大部分波段的光被吸收，剩余为红色光和蓝色光透过。红色为主色调，蓝色光和红色光混合后，使红宝石为红中带紫色调。

(2)非彩色宝石系列，也称黑、白、灰系列。当宝石对可见光中不同波长的吸收率一样，没有吸收或均匀吸收时，宝石呈现出白、灰、黑色。如基本不吸收时呈现白色；吸收率在80%～90%以上时呈现黑色；介于二者之间则呈现不同程度的灰色。

(3)钻石系列，因自然界用于首饰中的钻石主要为无色至淡黄色，或淡灰色，或淡褐色，加之钻石的颜色也有独立的评价体系，尽管钻石也有红色、紫红色、绿色、蓝色，由于自然界产出十分稀少，因此，彩色钻石作为钻石中的稀有品种具有特殊的价值。一般所说的彩色宝石不包括钻石。

宝石对某些波长光的吸收，或对某些波长光的透射与反射，由于有了这种选择性的吸收，未被吸收的光线使得宝石呈现出丰富多彩的颜色和质感。正是因为宝石的颜色实际上是一定波长的光，以电磁波辐射方式映入人的眼帘，当这种电磁波刺激人眼神经时，人才产生了对颜色的感觉。

我们通常所讲的矿物的颜色都是在自然光下或相当于自然光的白光照射下所看到的颜色。在矿物学上，通常分为自色、他色和假色3种。

(1)自色：是指在成因上，由矿物本身固有的化学成分直接导致的颜色。对一种矿物而言，自色的颜色是相当固定且具有特征性的，如赤铁矿(Fe_2O_3)，由其本身的组成成分三价铁(Fe^{3+})致色，显铁红色；孔雀石$Cu_2[CO_3](OH)_2$，由组成成分中的二价铜(Cu^{2+})致色，呈孔雀绿色。它们都是由矿物固有化学成分中的色素离子引起的颜色，这种颜色称为自色(表3-5)。自色矿物的颜色都较固定，具有特征性，可成为宝石矿物的重要鉴定特征。

表 3-5　由色素离子引起的几种矿物颜色

离　子	Cu^{2+}	Ni^{2+}	Fe^{3+}	Fe^{2+}	$Fe^{2+}Fe^{3+}$	Mn^{4+}	Mn^{2+}
颜　色	蓝	绿	褐	红	绿	黑	黑	玫红
矿物名称	蓝铜矿	孔雀石	镍华	褐铁矿	赤铁矿	绿泥石	磁铁矿	软锰矿	菱锰矿 蔷薇辉石

（2）他色：指不是由矿物本身固有成分而是由外来的杂质物质引起的颜色，包括广泛的类质同象混入物和机械混入物引起的颜色。如在刚玉中有一定量的 Cr^{3+} 替代 Al^{3+} 时呈现红色（红宝石），有一定量的 Fe^{2+} 和 Ti^{4+} 同时替代 Al^{3+} 时呈现蓝色（蓝宝石）。在无色透明的水晶里，含有大量金红石包裹体时呈棕黄、棕红或金黄色；含有大量阳起石包裹体时呈灰绿色。这些颜色称为他色。矿物由他色呈色的，颜色常变化。

（3）假色：由矿物表面的氧化膜以及裂缝面上经光线干涉所出现的虹彩，以及其他类似光学现象引起的颜色就称为假色。

在判断矿物的颜色时，应该利用它的新鲜面来进行观察，因为陈旧面上常常会受到各种污染，使我们产生错误的认识。我们一般采取下列两种方法来描述矿物的颜色。一是采用比色法，将矿物的颜色同大家所熟悉的实物颜色相比。如乳白、橄榄绿、稻草黄、金黄、柠檬黄色、铅灰色等。二是双色描述法，如黄绿色、灰白色、黄褐色等。描述时把主要的基本颜色放在名称后面，次要的颜色名称放在前面。如黄绿色，是以绿色为主，带一点黄色。

2. 条痕

用白粉笔在黑板上写字时，显出白色字迹，用红粉笔写字时，显出红色字迹。黑板上的字迹就是粉笔的条痕。矿物的条痕，实际上就是矿物粉末的颜色。矿物的条痕一般是看矿物在白瓷板上或白瓷碗底上划出线条的颜色，或者是看矿物粉末放在白纸上显现出来的颜色。

有些矿物的颜色与条痕是一致的，如自然金的颜色和条痕都是金黄色。但有些矿物的颜色同条痕的颜色不相同，如黄铜矿的颜色是铜黄色，而条痕色却是绿黑色；闪锌矿同锡石的颜色差不多，都是黑褐或棕黑色，但锡石的条痕是白色，闪锌矿的条痕是棕黄色；赤铁矿不管外表是暗红色还是钢灰色、铁黑色，但它的条痕总是樱红色的；褐铁矿则总是黄褐色的条痕等。根据矿物条痕去识别矿物，比根据颜色去识别矿物更有效、更可靠。因为条痕可以消除假色，减弱他色，突出自色。

3. 光泽

大家所熟悉的自然银、纤维石膏和高岭石,它们的颜色都是白色的。但它们的光亮程度却各不相同,可以作为识别它们的特征之一。我们所感知到的光亮程度在矿物学中就叫"光泽",它是指光线照射到矿物表面上反射光的能力。矿物固有的光泽,是指新鲜矿物表面(如平坦的晶面、解理面或抛光面)对可见光的反射能力。由于表面受到溶蚀、风化等作用影响,光泽会变暗淡。

按矿物新鲜表面反光的强度,由强到弱可以把光泽分为四级。

金属光泽:反射很强。矿物新鲜面上的反光,有如雪亮的不锈钢小刀或抛光后的金、银成品表面一样,这种反光称为金属光泽。如方铅矿、黄铁矿、黄铜矿、辉钼矿等,都是金属光泽。

半金属光泽:反射较强。矿物的光泽比金属稍弱一些,好像在没有磨光的铁器上的那种反光,这种光泽称为半金属光泽,如黑钨矿、赤铁矿等。

金刚光泽:透明且反射较强而有耀眼感,像金刚石一样光彩夺目。如金刚石、锡石、锆石、闪锌矿晶面上的光泽。

玻璃光泽:反射较弱,像普通玻璃板表面那样的反光。自然界的矿物多数是玻璃光泽,如石英晶面上的光泽,长石、方解石等矿物晶面的光泽,大约70%的矿物呈现玻璃光泽。

前两种光泽在金属矿物表面常见,后两种光泽多见于非金属矿物,特别是单晶体矿物中多见。若矿物表面不平坦或为集合体时,它的断面或抛光面上的光泽就会减弱,或出现一些特殊的光泽,一般可分为如下几种。

丝绢光泽:纤维状集合体所特有的光泽。反光像丝绸一样,如石膏、石棉等。

油脂光泽:颜色浅的矿物表面不平坦时所呈现的光泽。反光像猪板油(脂肪)那样,如石英断口上就出现油脂般的光泽。

松脂光泽:光亮像松香、松树油,如闪锌矿断口处光泽。

珍珠光泽:片状集合体或片状解理发育时所呈现的光泽。像珍珠一样反光,如云母解理面上的光泽。

土状光泽:光泽暗淡,像土块一样,如高岭石等。

初学矿物的人对鉴定矿物的光泽有一定的困难,但如果采取对比的方法,在对比的基础上去进行鉴别还是不难识别的。鉴定矿物的光泽时应注意以下四点:① 应注意在解理面上观察;② 应注意在光滑面(如晶面或打磨抛光后的面)上观察;③ 应注意在断口面上观察;④ 观察时应反复转动矿物。

还有些矿物的光泽总是介于两种光泽之间,属于过渡类型。

4. 透明度

透明度即矿物透过光线的程度。根据矿物透过光线的程度,可分为三级。

透明：能容许绝大部分光透过，当隔着矿物观察其后面的物体时，可以看到清晰的轮廓和细节，如纯净无色的水晶、金刚石、黄玉（托帕石）和玻璃种翡翠等能容许绝大部分的可见光透过。

半透明：能容许部分光透过，当隔着矿物观察其后面的物体时，仅能见到物体轮廓的阴影。如：黄褐色橄榄石、纯净铁铝榴石和玛瑙、芙蓉石等能容许部分光透过。

不透明：基本上不容许光透过，光线被矿物全部吸收或反射，如磁铁矿、黄铜矿等金属矿物，黑色电气石以及孔雀石、青金石、绿松石等集合体矿物。

也有人将矿物的透明度分为五级，在透明和半透明之间，加了亚透明一级，在半透明与不透明之间，加了微透明（也称为亚半透明）一级。

亚透明：能容许较多的光透过，当隔着矿物观察其后面的物体时，虽可以看到物体的轮廓，但无法看清其细节。如绿柱石、方柱石、冰种翡翠等。

微透明（亚半透明）：仅在矿物边缘棱角处可有少量光透过，隔着矿物已无法看见其背后的物体。如普通辉石、普通角闪石、绿辉石玉（墨翠）、和田玉中的青玉等。

矿物的透明程度常与矿物的光泽有关，一般玻璃光泽、油脂光泽、金刚光泽的矿物都是透明至半透明的矿物；金属光泽和半金属光泽的矿物都是不透明矿物。透明度对宝石的质地、颜色起着烘托作用，尤其是多晶质宝石品种，透明度好时可以把宝石材料的质细、色美衬托得更完美；反之就会减弱质细、色美的光彩。另外，宝石的颜色深浅直接影响透明度的强弱。我国玉器行业中，常把透明度好的称为"水头足""地子灵"或"坑灵"。透明度差的称为"干""地子闷""闷坑"。

（二）宝石矿物的力学性质

矿物的力学性质是指矿物受到外力作用，如刻划、摩擦、打击、弯曲时所显示出来的性质，也就是矿物受力后的反映。

1. 硬度

矿物抵抗刻划、摩擦、压入的能力，叫硬度。当鉴定矿物的硬度时，通常用一已知硬度的矿物去刻划被鉴定的矿物，确定其相对硬度大小。人们用这种互相刻划的方法，经过反复的实践，挑选了十种矿物作为标准，叫做摩氏硬度计（表3-6）。

表 3-6 摩氏标准矿物硬度计

硬度	标准矿物名称	代用品及其相当硬度
1	滑石	指甲容易刻动
2	石膏	指甲可以刻动
3	方解石	指甲刻不动,小刀容易刻动
4	萤石	小刀可刻动
5	磷灰石	小刀、玻璃可刻动
6	长石	小刀、玻璃刻不动
7	石英	小刀、玻璃刻不动
8	黄玉	小刀、玻璃刻不动
9	刚玉	小刀、玻璃刻不动
10	金刚石	小刀、玻璃刻不动

在野外工作时,硬度计矿物不易配齐,也不便随身携带,因此我们常用一些可以随身携带的,轻便的东西做代用品。例如用指甲(硬度相当 2.5)、小刀(5.5)、玻璃(5.5),做硬度试验的工具。

试验矿物的硬度必须注意以下几个问题:第一,必须针对被鉴定的矿物来进行,在鉴定岩石中的一些细小矿物时尤其要注意这一点;第二,试验矿物的硬度,应选择在矿物新鲜面上来进行,因为矿物风化面的硬度往往是不真实的;第三,若用代替物来鉴定矿物的硬度时,代替物本身的硬度事先应予测定;第四,应当要求自己养成一种用力均匀去刻划矿物硬度的习惯。精确测定矿物的硬度(绝对硬度),需要使用专门仪器。上述测定矿物硬度的方法只能测相对硬度。一般教科书上对矿物硬度的描述,都是采用相对硬度,而不是绝对硬度。

2. 解理和断口

矿物被敲打后,沿一定结晶学方向规则破裂成光滑平面的性质,叫做解理,这种破裂面就叫做解理面。解理面一般非常平滑而有闪光。具有解理的矿物在没有敲开之前,从侧面上常常可以看出一些平整的裂纹,这些平行而平整的裂纹就是受力后留下的解理纹。具有解理的矿物,没有受到机械力作用时,不一定表现出解理。

不同矿物或同一矿物的不同方向上,解理发育情况是不一样的。有些矿物的解理只有一个方向,成薄片状,如云母、蛭石;有些矿物的解理有两个方向,成块状,如辉石、角闪石、长石;有些矿物有三个方向的解理,如方解石、方铅矿;有些矿物有四个方向的解理,如金刚石、萤石等。根据解理发育的程度和解理面的光滑程度,把解理分为如下五级。

极完全解理:矿物极易裂成薄片,解理面光滑平整,如云母,俗称"千层皮"(图3-6)。

图3-6 云母的极完全解理

完全解理:矿物能分裂成平滑的小块,解理面平整。如方铅矿打碎后成四四方方的小块,叫立方体解理(图3-7);方解石成菱形小块,叫菱面体解理(图3-8);萤石成八面体解理等。

图3-7 方铅矿的立方体解理　　　图3-8 方解石的菱面体解理

中等解理:矿物部分地方能分裂成规则的小块,而部分地方不规则,解理面清楚但不很平整。如角闪石。

不完全解理:矿物受力后很难出现光滑平整的解理面,大部分断裂面均成参差状、贝壳状、不平坦状。如磷灰石。

极不完全解理：实际上没有解理。断裂面全是不规则的断口，如石英、刚玉、磁铁矿等。

断口是矿物受打击后所产生的不规则的破裂面。按断口面的形状可分为如下几种。

贝壳状断口：矿物破裂后具有弯曲的凸面或凹面和同心状构造（图3-9），断面很像贝壳，如石英的断口。

平坦状断口：断口面虽然粗糙，但比较平整，如高岭石的断口。

图3-9 石英的贝壳状断口

参差状断口：断口面粗糙极不平整。许多矿物都具有此种断口，如电气石。

锯齿状断口：断口面狼牙锯齿，突起尖锐，如自然金属矿物的断口。

在同一种矿物上，解理与断口的存在是互为消长的关系。即：解理发育的矿物，断口就不发育；没有解理和解理不发育的矿物，断口就会相对较发育。

在观察矿物的解理时，必须区别解理面与晶面，其区别点如下：一般晶面上有晶面条纹；解理面没有晶面条纹，而且较新鲜，光泽较强。矿物受力后，沿着矿物的一定方向连续平行出现若干光滑闪亮的平面，这些平面就是解理面；而晶面只是晶体表面的平面。观察时应反复转动标本，才能判定有无解理。

3. 相对密度

大家知道，许多东西掉进水里就会沉下去。矿物也是这样，一般都比水重，都会沉下去。矿物的密度，是指其单位体积的质量。密度准确测量计算很复杂。一般是通过矿物在空气中的质量与同体积的水在4℃时的质量之比来近似测定，称为相对密度。相对密度与密度数值非常接近。密度单位为g/cm^3，相对密度没有单位。

在室内具体测定相对密度的方法如下：用秤先在空气中称一下矿物的质量，然后放在水中再称一称矿物的质量，用下列公式计算：

$$相对密度 = \frac{矿物质量}{矿物质量 - 矿物在水中的质量}$$

在野外鉴定矿物的相对密度时，通常是把矿物拿在手上掂一掂，粗略地估计相对密度的大致范围就可以了。根据相对密度大小，一般把矿物分为三类：

第一，轻的，相对密度小于2.5；

第二，中等的，相对密度为2.5～4；

第三,重的,相对密度大于 4。

大多数矿物的相对密度都在 2.5～4 之间,特别轻的和特别重的矿物都很少,因此可以利用这些特殊的相对密度作为它们的鉴定特征。

矿物相对密度的大小决定于它的化学成分和内部构造。如硬石膏($CaSO_4$),相对密度为 2.9;重晶石($BaSO_4$)相对密度为 4.5,这两种矿物的化学成分不同,相对密度也就不一样。上面提到过的金刚石和石墨,二者化学成分虽然相同,但内部构造不同,相对密度也不同,金刚石相对密度为 3.5,石墨相对密度为 2.2。矿物的相对密度既具有鉴定意义,又具有实用意义。如重力选矿,就是利用矿物相对密度的不同,用重力法把它们分开,使有用矿物集中以提高含矿量。

4. 其他的力学性质

矿物经压力、切割、打击或弯曲后显示的抵抗能力。

脆性:用锤子敲打矿物时,矿物极易破碎的性质,称为脆性。如方解石、黄铜矿、黄铁矿等矿物具有这种性质。

韧性:有的矿物或矿物集合体结构或质地坚韧,受到打击不易破碎的性质,称为韧性。如黑金刚石和细粒透闪石集合体(软玉)。

挠性:矿物受力后产生弯曲而不至折断,外力去除后,不能复原,仍保持弯曲状态的性质,称为挠性。如石棉、蛭石、片状绿泥石。

弹性:矿物受力时发生弯曲,外力去除后立即复原的性质,称为弹性,如云母片就具这种性能。

延展性:有的矿物可拉成细丝,可锤成薄片,这种性质称为延展性。如自然金、自然银、自然铜等都富有这种性能。

(三)矿物的其他性质

当我们识别矿物的时候,还应该注意矿物有没有磁性、放射性、发光性,有时还可以尝尝矿物的味道,或用火烧一烧,用手摸一摸。总之,需要我们大胆地去实践加深感性认识。下面谈谈矿物的这些性质。

1. 磁性

矿物的磁性是指矿物能被磁铁吸引或排斥的性质,前者叫做顺磁性,如磁铁矿;后者叫做逆磁性,如自然铋。逆磁性矿物很少。磁性是某些含 Fe、Co、Ni(尤其是 Fe)的矿物所特有的性质,因此它是重要的鉴定特征。矿物的磁性还被用于选矿和找矿,这就是所谓的磁选和磁法找矿。测试矿物的磁性,一般是用磁铁或磁针来进行的。

2. 发光性

矿物在外来能量的激发下,如太阳曝晒,更重要的是在紫外线、阴极射线的照射下,能发出可见光。激发源撤除后,便停止不发光的现象称为荧光。而有的矿物当外来能量停止照射后,还继续发光,这种现象称为磷光。常见矿物的发光性如表 3-7 所示。

表 3-7 常见矿物的发光性

矿物名称	作用因素	光的颜色	发光性质
白钨矿	紫外光	鲜明的天蓝色	荧光
闪锌矿	紫外光	中等的红色	荧光
方解石	紫外光	红、紫、黄、淡天蓝色	磷光
白铅石	紫外光	黄色	荧光
萤石	紫外光	很强的紫红、紫色等	荧光或磷光
金刚石	紫外光	鲜明的天蓝色或淡的黄绿色	荧光

3. 放射性

含铀、钍、镭等放射性元素的矿物,因放射性元素的蜕变,放出 α、β、γ 射线,这种性质称为放射性。测量矿物有无放射性,常需用专门的仪器。根据某些矿物具有放射性的特点,可以用来寻找尖端工业迫切需要的放射性元素矿床。

4. 味、嗅、感

在识别可溶性矿物时,还可用舌头舔一下它的新鲜面,尝尝它的味道,用味道来区别不同的矿物,例如,石盐有咸味,钾盐有麻辣味,明矾有涩味,高岭石粘舌,自然硫、雄黄和雌黄有特殊的臭味等。

5. 导电性

矿物对电流的传导性能,叫导电性。根据矿物传导电流的强弱可分三种情况:一是绝缘体,如石棉、云母等,根本不传导电流;二是导体,如自然金属及一部分硫化物,传导电流的性能很好;三是半导体,如黄铁矿、含硼金刚石等。

矿物的导电性具有实际意义,电法勘探,就是根据矿物的导电性找矿的。还可以利用矿物导电率的不同来选矿、分离重砂以及鉴定矿物。

第二节 矿物的形态

自然界矿物的形态是很复杂的,它是矿物内部晶体结构、生成环境等多种因素相互作用的结果。例如,当生成环境良好时,矿物单晶体发育就比较完好,成自形晶出现,甚至可形成理想晶体;如果生成环境复杂多变,则矿物晶体发育不完整,或成他形粒状出现。因此,无论是矿物的单晶体,或是矿物集合体的形态,都对鉴定矿物并了解矿物的成因具有重要的意义。

一、晶体的基本概念

在自然界里,我们常常看到许多矿物具有规则的多面体形态,如石英常呈柱状,石榴石常呈菱形十二面体,长石也常呈柱状出现(图3-10)等,它们都仿佛是经过人工琢磨而成的一样,那么整齐、那么规则,这些呈几何多面体的矿物就是由地质作用生成的矿物单晶体。

图3-10 石英、石榴石、长石晶体

晶体分布很广泛,地壳上的矿物绝大多数是结晶物质,就连最近从月球上采回的月岩,绝大部分也是结晶物质。因此认识晶体,不仅是为其他更深入的地质知识打基础,而且还可以加深我们对于物质世界的认知,从而扩大我们的眼界。

结晶学是专门研究晶体的一门学科,也是地质学科中一门重要的基础课程。它是专门研究晶体的发生、成长、晶体结构、外部形态、物理性质和化学性质的科学。在这里我们先扼要地介绍一些关于晶体的知识,包括什么是晶体、晶体内部结构的特点、晶体的基本性质、晶系和晶体的理想形态等结晶学的基础知识。

(一) 晶体的定义

晶体是指内部质点排列具有格子构造的固体,也就是内部质点在不同方向做周期性规则排列的固体。一般地说,具有规则的多面体外形(它反映了内部质点的规律排列)的固体,是结晶体;由于生长环境和条件的制约,没有能生长成规则几何多面体,但其内部具有格子构造的矿物颗粒,也是结晶体。晶体是结晶体或晶质体的简称。例如立方体的石盐、八面体的磁铁矿、菱形十二面体的石榴石,花岗岩中不规则的石英、微斜长石等……这些都是晶体(图3-11)。

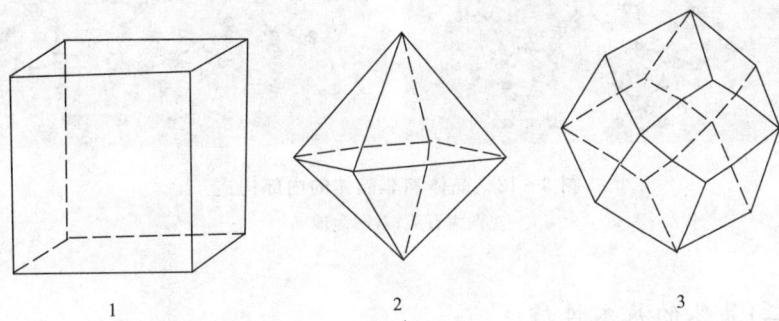

图3-11 自然晶体
1.石盐晶体;2.磁铁矿晶体;3.石榴石晶体

晶体有大有小,而且大小很悬殊。大的晶体长达几米,重达一百多吨。如在江苏发现的一块水晶,重达2700kg;湖南有一块绿柱石重达2300kg;云南有一块云母,面积有$4m^2$,这都是世界上罕见的。一般常见的晶体长数厘米,但更为普遍的还是一些细小的晶体。这些细小晶体,有的在放大镜下才能看清楚,有的在显微镜下才能看清楚。

自从1912年开始采用X射线研究细小物质内部结构以来,发现绝大多数固体物质都是结晶质的,如雪花、冰块、钢锭、白糖、蜡等,都是由极细小的晶体组成的。不过,这些晶体不但十分细小,而且由于生长条件的影响,它们有时不具备整齐的多面体外形。那么,怎么知道它们是否为晶体物质呢?这就需要用X射线来研究物质的内部结构。

根据X射线研究结果表明,组成晶体的内部质点(原子、离子和分子)是作规律地排列的。换句话说,晶体具有规律的内部格子构造,如图3-12所示,石英(SiO_2)的内部构造,硅(红点示Si)和氧(绿点示O)作规则的六边形排列。相反,石英质玻璃的成分也是SiO_2,但它的硅和氧呈不规则地、杂乱无章地排列。

这种内部质点杂乱无章排列的"固体",称为非晶质体。非晶质体包括液体、气体和某些固体物质,如玻璃、琥珀、松香和凝固的胶体等,都是非晶质体。

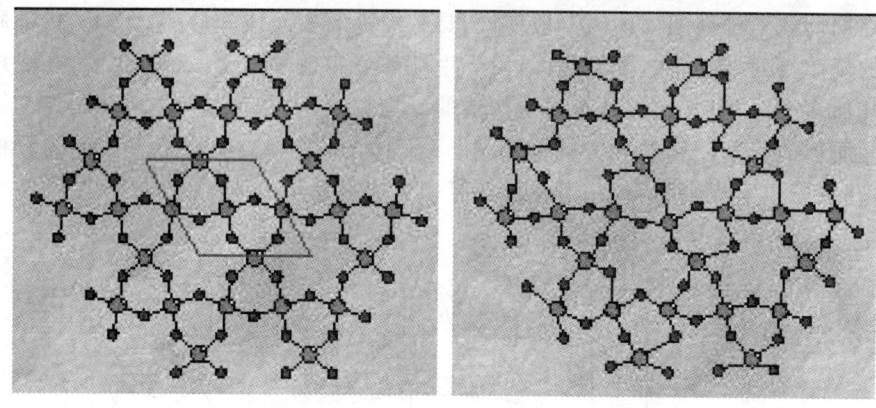

图 3-12 晶体和非晶体的内部构造
左图为石英;右图为玻璃

(二)晶体的基本性质

由于晶体内部质点作有规律的排列,而非晶体内部质点呈杂乱无章地排列,所以晶体具有许多与此相关的基本性质。

1. 自限性

晶体在自由空间生长时,往往能自发地形成整齐而规则的多面体形态。非晶质体是不具备这种性质的。

2. 均一性

在一个晶体的不同部位上,其物理性质和化学性质是相同的。比如说,测定它们的相对密度以及热和电的传导能力,在不同部位的小块上是完全一致的,这就是晶体的均一性。

3. 异向性

例如蓝晶石,又叫二硬石,沿着这个柱状矿物的延长方向用刀可以刻划,硬度4.5。但垂直延长方向,小刀却刻划不动,硬度为6。也就是说,二硬石在不同的方向上具有不同的硬度。晶体在不同的方向上,具有性质不同的特性,这种性质称为异向性。一些矿物的解理、硬度、颜色等都体现有异向性。

4. 对称性

在自然界和我们日常生活中,对称现象很普遍。如鸟的左翅和右翅是对称的,否则鸟就不能飞或飞起来不能平衡。晶体的对称反映在晶形上也是十分明显的,它是结晶学的主要内容之一(详见"晶系"一节)。

5. 最小内能和定熔性

晶体具有规则排列的格子构造,是一种质点作有序排列的物体。这种有序的结构,具有最小的内能,能量状态是最稳定的。在正常的情况下,随着时间的推移,晶体不会变为非晶体,除非受到外来能量的作用,如:热能、辐射能等原因,才会发生非晶化作用。

晶质体的定熔性:稳定的晶体结构,使得特定的矿物晶体,常具有稳定的物理和化学性质。通常矿物晶体都具有稳定的熔点。如辉锑矿的熔点为 525℃,石英的熔点为 1723℃。晶体的稳定性是因为晶体内部各质点的排列,符合能量最低原则所致;定熔性则因有特定外来能量的介入,加剧了晶体内部分子的热运动,晶格内的活跃分子最终产生逃逸,打破原晶体稳定架构造成的。晶体的解聚,其内部构造全面破坏所需特定温度,就是晶体的熔点。

非晶质体则内部质点有的地方密,有的地方稀,加热时稀的部分先受破坏,密的部分需要更高的温度才能破坏,所以没有一定的熔点。如玻璃加热时,首先变软,然后慢慢变成黏稠的液体,最后才变成真正的液体。非晶体的固体内部,相对于晶体不稳定得多,随着时间的推移会自然发生能量状态的变化,逐步形成微小雏晶,这种现象称为脱玻化作用。

(三)晶系

虽然矿物单晶体的形态五花八门,繁杂多样,但是经过研究,它们也存在一定的对称性(即晶体上相等的部分有规律地重复出现)。根据这种对称特点,我们可以把数以千万计的矿物晶体分为七个晶系。在结晶学里,对矿物晶体的划分,是根据晶体的对称性,选择通过晶体中心的三根或四根假想交于一点的直线来进行的。晶体中这些假想直线,称为晶轴。其轴次多少,以及晶面与晶轴相交的距离和晶轴相交的角度等,都是划分晶系的依据。晶轴可分为纵轴(直立轴)和两个或三个横轴(水平轴)(图 3-13)。一般的晶体有三根晶轴,即两根水平轴和一根直立轴;有些晶体则有四根晶轴,即三根水平轴,一根直立轴。根据晶轴之间的彼此关系(图 3-14~图 3-20),将自然界所有矿物晶体分为三个晶族,七个晶系,见表 3-8。

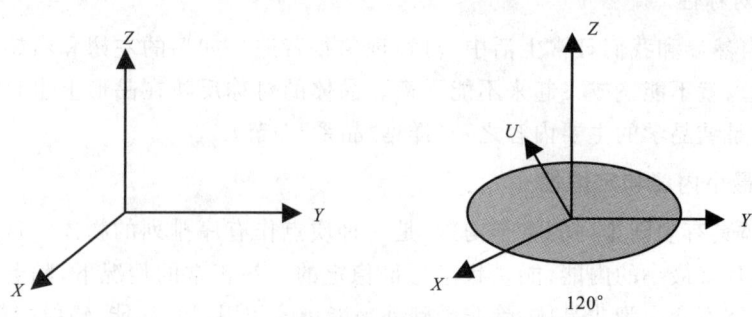

图 3-13 晶轴

表 3-8 晶族、晶系及其特点

晶 族	晶 系	特 点
低级晶族	三斜晶系	三轴不等长,三轴互相斜交(图 3-14)
	单斜晶系	三轴不等长,一个轴角不等于 90°,其他两个轴角垂直(图 3-15)
	斜方晶系	三轴不等长,三轴互相垂直(图 3-16)
中级晶族	三方晶系	有一个直立轴,三个水平轴与相互直立轴垂直,水平轴正方向间交角为 120°(图 3-17)
	四方晶系	三轴互相垂直,只有两个水平轴等长(图 3-18)
	六方晶系	三轴在水平方向等长,正方向间相交为 120°,与直立轴垂直(图 3-19)
高级晶族	等轴晶系	三轴等长且互相垂直(图 3-20)

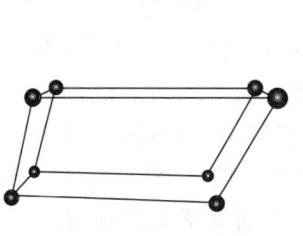

图 3-14 三斜晶系

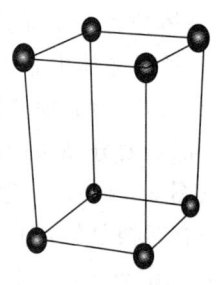

图 3-15 单斜晶系

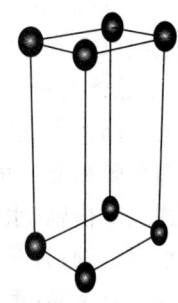

图 3-16 斜方晶系

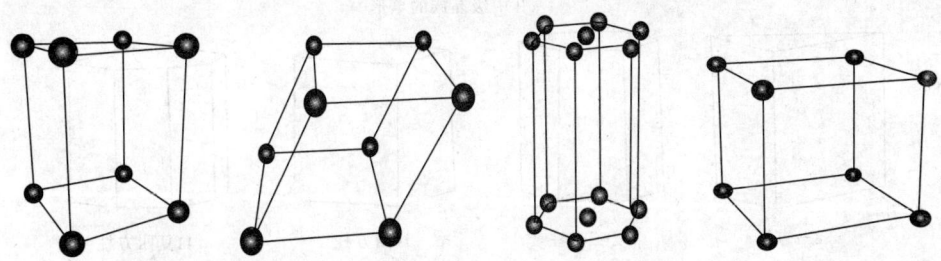

图 3-17 四方晶系　图 3-18 三方晶系　图 3-19 六方晶系　图 3-20 等轴晶系

(四) 晶体的理想形态

自然界矿物晶体的实际形态很多,奇形异姿,无所不有。这是由各种矿物晶体的成分不同,内部质点的排列方式不同,以及生成环境的复杂性所造成的。研究和熟悉晶体的形态,具有很重要的意义。第一,晶体的形态是识别矿物的重要特征;第二,晶体的形态可以用来说明它的内部构造和生成环境。晶体形态可分为三类。

1. 单形

一个立方体的石盐晶体,由六个同等大小的正方形的晶面组成,一个八面体的萤石晶体,由八个同等大小的正三角形晶面组成。凡是同形等大的一组晶面构成的晶体,称为一个单形。经过数学上的严密推导,几何单形的种类总共有47种。然而在这 47 种单形中,常见的又只有 30 多种。现按晶体的不同把常见的单形列在图 3-21 里。

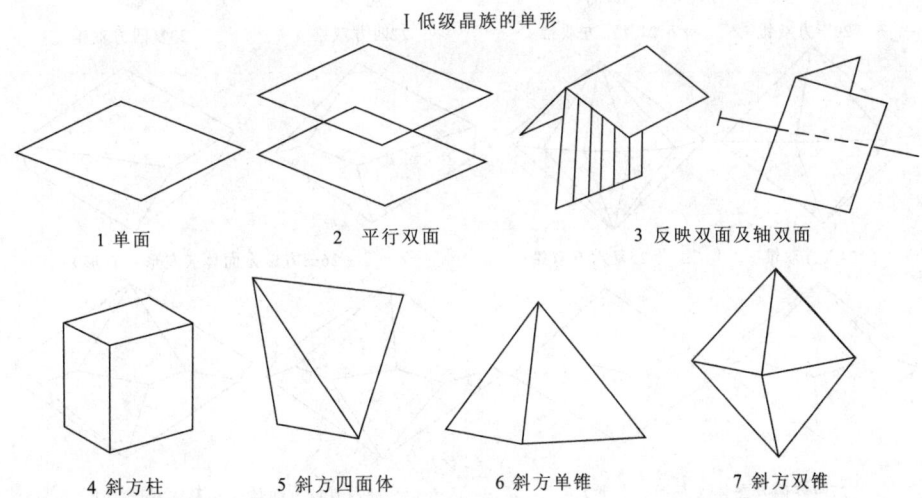

Ⅰ 低级晶族的单形

1 单面　　2 平行双面　　3 反映双面及轴双面

4 斜方柱　5 斜方四面体　6 斜方单锥　7 斜方双锥

Ⅱ 中级晶族的单形

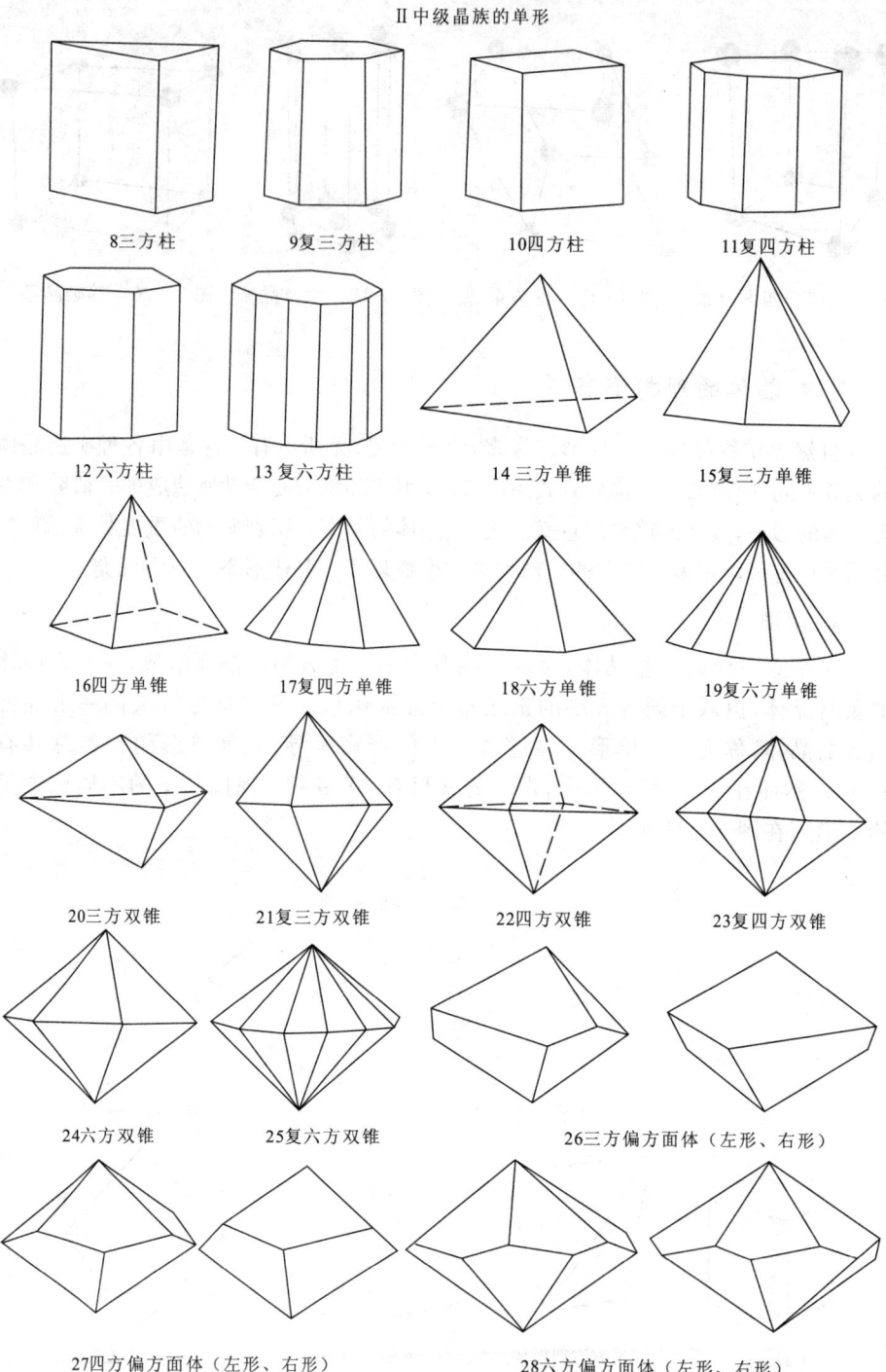

8 三方柱　　9 复三方柱　　10 四方柱　　11 复四方柱

12 六方柱　　13 复六方柱　　14 三方单锥　　15 复三方单锥

16 四方单锥　　17 复四方单锥　　18 六方单锥　　19 复六方单锥

20 三方双锥　　21 复三方双锥　　22 四方双锥　　23 复四方双锥

24 六方双锥　　25 复六方双锥　　26 三方偏方面体（左形、右形）

27 四方偏方面体（左形、右形）　　28 六方偏方面体（左形、右形）

第三章　构成地壳的基本单位——矿物

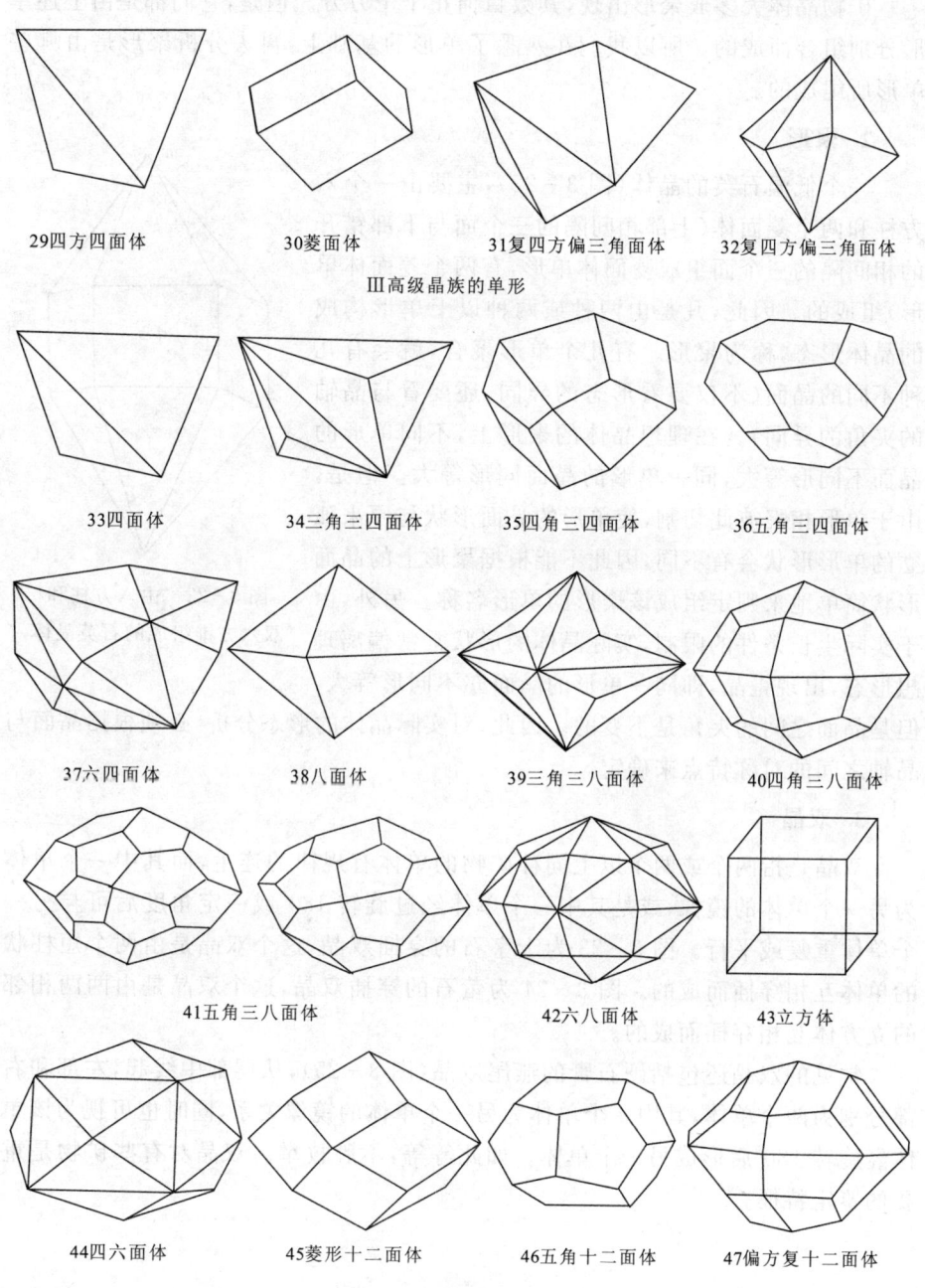

29 四方四面体　　30 菱面体　　31 复四方偏三角面体　　32 复四方偏三角面体

Ⅲ 高级晶族的单形

33 四面体　　34 三角三四面体　　35 四角三四面体　　36 五角三四面体

37 六四面体　　38 八面体　　39 三角三八面体　　40 四角三八面体

41 五角三八面体　　42 六八面体　　43 立方体

44 四六面体　　45 菱形十二面体　　46 五角十二面体　　47 偏方复十二面体

图 3-21　47 种几何单形

矿物晶体大多成聚形出现,其数目何止千千万万。但是,它们都是由上述单形分别组合而成的。所以我们在熟悉了单形的基础上,再去分析聚形是由哪些单形所组成的。

2. 聚形

一个低温石英的晶体(图3-22),主要由一个六方柱和两个菱面体(上部相间隔的三个面与下部错开的相间隔的三个面组成菱面体单形,有两个菱面体单形)组成的。因此,凡是由两种或两种以上单形构成的晶体形态,称为聚形。有几个单形聚合,就会有几种不同的晶面(不仅要看形态的异同,还要看与晶轴的夹角的异同)。在理想晶体的聚形上,不同单形的晶面不同形等大,同一单形的晶面同形等大。但是,由于单形相聚彼此切割,使单形的晶面形状与原来孤立的单形形状会有不同,因此不能根据聚形上的晶面形状简单地来判定组成该聚形的单形名称。另外,由于实际生长条件的限制,实际晶体的形状常常偏离理想形态,出现歪晶,即同一单形的晶面亦不同形等大,

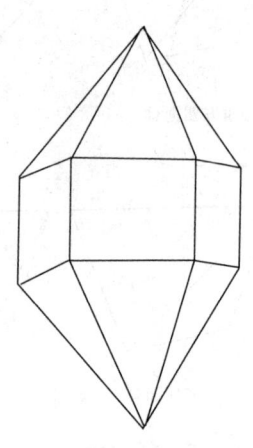

图3-22 由六方柱和双六方锥组成的石英晶体

但是晶面之间的夹角是不变的。因此,对实际晶体的形态分析,必须根据晶面与晶轴之间的对称特点来确定。

3. 双晶

双晶是指两个或两个以上同种矿物的单体有规律的连生,而其中一个单体为另一个单体的镜像,或是其中一个单体经过旋转180°或一定角度后可与另一个单体重复或平行。图3-23为十字石的穿插双晶,这个双晶是由两个短柱状的单体互相穿插而成的。图3-24为萤石的穿插双晶,这个双晶是由两两相邻的立方体互相穿插而成的。

常见的双晶还包括硬石膏的燕尾双晶(图3-25),从尾部中线起,左部和右部分别为两个单体,其中一个单体为另一个单体的镜像关系,同时也可视为该单体经旋转180°后形成另一个单体。如此等等,不胜枚举。双晶对有些矿物是重要的鉴定特征。

图3-23 十字石的穿插双晶

图3-24 萤石的穿插双晶

图3-25 硬石膏的燕尾双晶

二、矿物的形态

（一）矿物单体的形态

1. 结晶习性

矿物晶体的生长往往是沿着它经常出现的习惯形态发展的,这种性质称为结晶习性。根据矿物晶体在长、宽、高三度空间发育程度的不同,可分为以下三类。

(1)一向延长:矿物晶体沿着一个方向延伸。如柱状(图 3-26)、杆状、针状、毛发状。电气石、石棉、绿柱石等矿物具有此种结晶习性。

(2)二向延长:矿物晶体沿着两个方向延伸。如片状(图 3-27)、板状、鳞片状等。重晶石、绿泥石、云母等矿物具备这种结晶习性。

图 3-26 一向延长柱状晶体(辉锑矿)　　图 3-27 二向延长片状晶体(云母)

(3)三向等长:矿物晶体在三度空间上发育大致均等。如粒状、等轴状。石榴石(图 3-27)、黄铁矿等都具此种结晶习性。

上述矿物结晶习性的分类,是为鉴定矿物单体形状而采用的。三者之间的划分,不是绝对的,而是相对的。介于上面主要类型之间的晶体也很多。如成桶状的刚玉就介于一向延长和三向等长之间;石膏的板柱状晶体则介于二向延长和一向延长之间。

2. 晶面条纹

矿物晶体的晶面上常带有细条纹和多种纹饰(图 3-28),这也是重要的鉴定特征之一。有的矿物晶面条纹平行晶体的延长方向,叫做纵纹。如电气石、绿柱石、黄玉、辉锑矿、毒砂等晶面上都具有纵纹;有的矿物晶面条纹垂直柱状晶体的延长方向,叫做横纹(图 3-29),如石英晶体面上的横条纹即是,有的晶体条纹互相交错。而立方体的黄铁矿则相邻的晶面上的条纹互相垂直。

(二)矿物集合体的形态

绝大多数矿物,往往由许多晶体聚集在一起形成集合体。矿物集合体的形态多样,而且十分好看。每种矿物集合体的形态都是一幅极其精美的图案。有的像盛开的菊花;有的像分出枝杈的鹿角;有的像鱼子、葡萄、猪腰子;有的则成

图3-28 晶面条纹

图3-29 蓝刚玉晶体的晶面横纹

一圈一圈的图案。此外,还有成一粒一粒的、一块一块的集合体。总之,矿物集合体的形状形形色色,奇妙万千,无所不有。为了便于研究,将矿物集合体的形态大致归纳如下。

(1) 粒状:大致为三向等长的晶粒组成。按颗粒大小可分为粗粒、中粒、细粒。肉眼难以区分颗粒界限的集合体叫致密块状。

(2) 柱状、纤维状、放射状:由柱状晶体聚集而成的,叫柱状集合体。当组成集合体的单体细小如纤维时,叫纤维状集合体;稍大如针者,叫针状集合体。有时则成放射状集合体(图3-30),如菊花石、阳起石、硅灰石等。

(3) 片状、鳞片状:由二向延长的矿物单体组成的集合体,大的叫片状,如云母,需要在放大时才能分辨的叫鳞片状,如绢云母。

(4) 晶簇:晶簇是指生长在同一基底上的柱状单晶的集合体(图3-31)。晶簇中常常形成有工业价值的矿物晶体,如石英、黄玉、绿柱石等。

 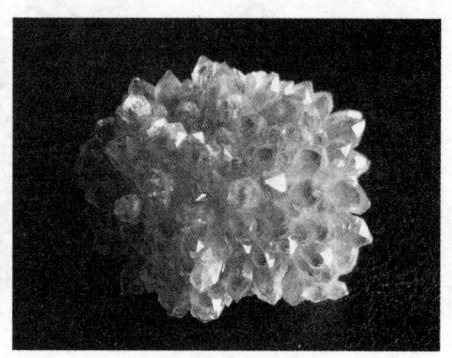

图3-30　放射状集合体(透闪石)　　　图3-31　石英晶簇

(5)葡萄状、肾状:集合体的形态像葡萄者,称葡萄状(图3-32)集合体的形状像猪腰子肾状者,称为肾状(图3-33)。

图3-32　葡萄状(硬锰矿)　　　图3-33　肾状(硅孔雀石)

(6)鲕状集合体:矿物的细小颗粒像鱼子一样,称鲕状。如鲕状赤铁矿。矿物颗粒有如黄豆大小的称为豆状。

(7)钟乳状集合体:矿物集合体的形态像洪钟、竹笋。如硬锰矿方解石的集合体常以石钟乳、石笋、石柱等形状出现(图3-34)。

(8)同心圆状集合体:矿物集合体成一圈一圈的形态(图3-35),如玛瑙的同心圆状,又称晶腺。

(9)土状集合体:矿物成粉末状,松散集合。如高岭石,有些褐铁矿也是如此。

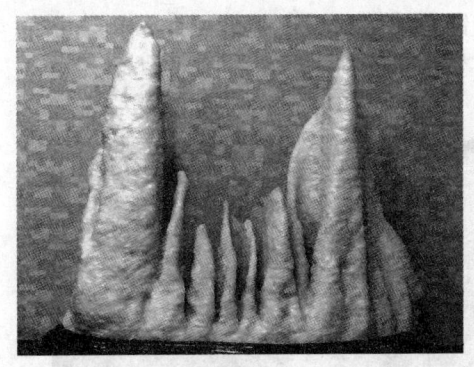
图3-34 钟乳状(方解石)
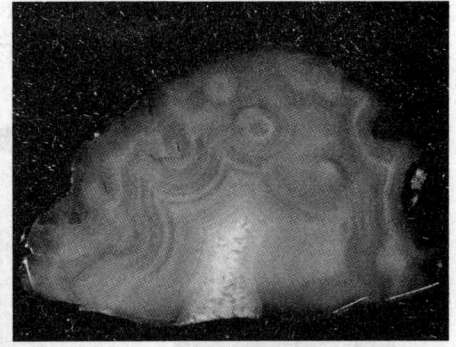
图3-35 同心圆状(玛瑙)

(10)被膜状、皮壳状:有些矿物有时成薄膜覆盖在其他矿物的表面上,这层薄膜叫做被膜。如水晶晶面上的褐色氢氧化铁薄膜;在某些铜矿附近的岩石上往往被覆上一层铜绿(孔雀石),均是薄膜状。其中有薄膜较厚而致密并可见圈层者,则叫皮壳状。

三、宝石矿物的形态

宝石有晶体和非晶体之分。不同矿物晶体结构不同,在一定的外界条件下,晶体有总是趋向于形成某一种形态的特征,晶面上发育不同的晶面特征,这种性质称为结晶习性。如钻石、萤石(图3-36)常呈八面体,绿柱石常呈六方柱,石榴石常呈菱形十二面体或四角三八面体等。

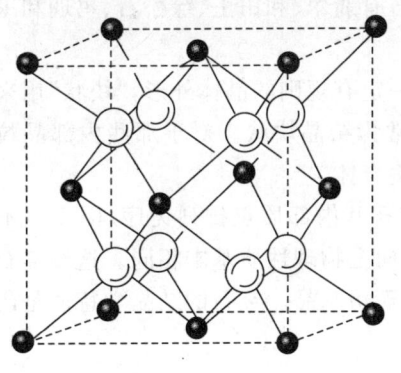 

图3-36 萤石晶体的结晶习性

同一宝石矿物不同变种的晶体,其结晶习性可能不同,如红宝石常呈板状结晶习性产出,蓝宝石常呈六方柱、六方双锥叠加成"桶状"结晶习性(图3-37)。不同产地或不同色彩的同种宝石晶体形态也可能各异。

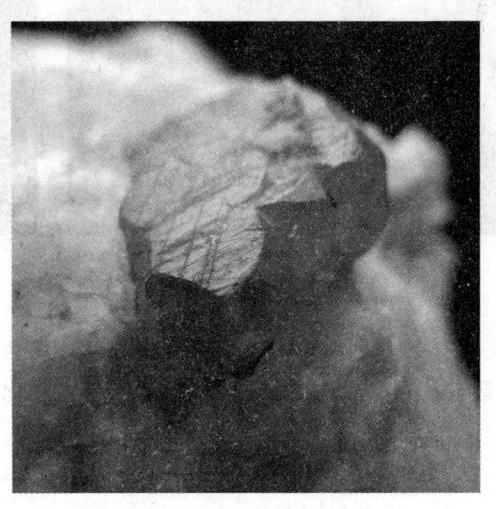

蓝宝石桶状晶体
(顶面可见三角形生长标志)　　　　　　红宝石板状晶体
(表面可见双晶纹)

图3-37　刚玉晶体的不同结晶习性(据黄作良,2010)

大多数宝石都是单晶体,也称单晶体宝石。有一些宝石由无数同种矿物单体或不同矿物聚集在一起,称为多晶质集合体宝石。对于多晶质集合体宝石,当肉眼可以辨别矿物单体时,称为显晶质;一些晶体极小,甚至在普通显微镜下也看不清的晶粒,这时称为隐晶质。这类宝石有翡翠、和田玉、绿松石、玛瑙和玉髓等。

结晶质宝石有规则的晶体结构,但不一定有规则的晶体外形,"块状"用来描述这种无一定规则形态的块体,如芙蓉石常为结晶块状。对于那些内部晶粒界限不清的致密的集合体,常称作致密块状集合体。

非晶体也称为非晶质体。非晶质体宝石其内部质点排列无序,因而也不具有规则的几何外形。非晶质宝石在各个方向上物理性质基本相同。这类宝石有欧珀、黑曜岩、玻璃陨石以及常见宝石的玻璃仿制品。宝石的结晶学特征是研究宝石物理性质的基础。

第三节 矿物的形成

地质工作者的一项重要任务,就是要找出矿产资源,同时还必须研究这些矿产资源的生成环境、变化情况和分布规律,从而不断地建立和扩大工农业生产及人民生活所必需的矿物原料基地。矿物学也担负着这项光荣的任务,但更深入、更详细的研究还是要靠矿床学来完成。下面概括地谈谈矿物是怎样生成的,以及它们的共生组合规律等问题。

一、矿物的形成方式

自然界的矿物由哪些方式生成呢?归纳起来不外乎下面三种情况。

1. 从液体中形成

在海边利用海水晒成食盐,称为海盐。海盐是从液体——海水中结晶出来的一个实例。矿物从液体中形成的方式有两种情况:一是从一般溶液形成,主要由于溶液受到蒸发作用,浓度越来越大,达到过饱和状态,最后便结晶形成矿物;另一种是从灼热的熔融体(岩浆)中形成。

2. 从气体中形成

冬天玻璃窗上的冰花是直接由气态水蒸气形成的;火山口附近所形成的硫磺(S)、雄黄(AsS)也是由火山喷发出的气体冷却形成的。由气体凝成固体的作用,称为凝华作用。

3. 从固体中形成

原来的固体矿物在温度、压力等条件变化的情况下,往往会产生新的矿物。如非晶质的蛋白石在高温高压条件下转变成晶质的石英;微粒或细粒的方解石在高温高压条件下转变成粗大的结晶颗粒等,都是从固体形成矿物的实例。

二、矿物的形成机制

如果我们只了解到矿物的生成方式,尚不能说明矿物的成因和变化规律。为此,还必须谈谈矿物形成的地质作用。

矿物的种类虽然很多,但按形成矿物的地质作用来分,可分为三种成因类型。

(一) 形成矿物的内生地质作用

黑龙江省德都县五大连池火山群,是我国著名的现代火山之一。它于 1719—1721 年最后一次喷发,喷发时热气直逼三十里。喷出物堆积成 14 座马蹄形的圆锥,火烧山火山就是其中的一座火山锥(图 3-38)。大量的熔岩流从火山口喷出,向四面八方流去,形成了东西长 36km,南北宽 25km,周围 800 多平方千米的熔岩台地。灼热的铁水般的熔岩流还阻塞了这 14 座火山锥旁边的白河河道,形成了全国第二大火山堰塞湖,一个事实:即地壳的深处温度很高,压力很大,那里的物质已经成为熔融状态。这种熔融状态的、高温的、饱含挥发性物质(其中主要含 H_2O、CO_2)成分复杂的、但主要是硅酸盐的熔融体,就叫做岩浆。当岩浆受到地壳运动的影响,侵入到地壳的上部时,温度和压力渐渐降低,大部分物质陆续结晶出来,即形成岩浆岩(火成岩)。在整个岩浆活动过程中所形成的矿物,叫做内生矿物。按其生成环境,又可分为下面几个时期(阶段)。

图 3-38　五大连池火山群中的火烧山火山

1. 岩浆期及其矿物

当岩浆受到地壳运动的影响,侵入到地壳的上部时,压力慢慢减小,温度渐渐降低,因此,矿物将按其熔点由高至低顺序析出,这样结晶形成的矿物,称为岩浆矿物。如橄榄石、辉石、铬铁矿、自然铂、金刚石等都是岩浆矿物。常见的岩浆矿物列入表 3-9 中。形成岩浆矿物的时期,称为岩浆期。此类矿物多产在超基性岩和基性岩中。

表 3-9 常见的岩浆矿物

与岩浆期关系	常见代表矿物	矿物化学成分
只由或几乎只由岩浆形成的矿物	霞石	$Na[AlSiO_4]$
	白榴石	$K[AlSi_2O_6]$
	金刚石	C
	自然铂	Pt
通常系由岩浆期中形成但也可以在其他作用下产生的矿物	橄榄石	$(Mg,Fe)_2[SiO_4]$
	普通辉石	$Ca(Mg,Fe,Al)[(Si,Al)_2O_6]$
	普通角闪石	$(Ca,Na)_{2-3}(Mg,Fe)_5(Al,Fe)[(Si,Al)_4O_{11}]_2[OH]_2$
	正长石	$K[AlSi_3O_8]$
	钾微斜长石	$K[AlSi_3O_8]$
	斜长石	$Na[AlSi_3O_8]-Ca[Al_2Si_2O_8]$
	白云母	$KAl_2[AlSi_3O_{10}](O,F)_2$
	石墨	C
	黄铁矿	FeS_2
	镍黄铁矿	$(Fe,Ni)_9S_8$
	磁黄铁矿	$Fe_{1-x}S$
	黄铜矿	$CuFeS_2$
	磷灰石	$Ca_5(PO_4)_3(F,OH)$
	磁铁矿	Fe_3O_4
	铬铁矿	$FeCr_2O_4$

2. 伟晶-气化期及其矿物

岩浆在上升运动的过程中,一些矿物结晶出以后,在剩下的一些没有凝结的残余岩浆中,二氧化硅(SiO_2)越富集,碱质(K,Na,Ca)和挥发性物质(H_2O,Cl,F,CO_2,B_2O_3 等)含量很高,具有很大的活动性,可以促进矿物质的结晶作用,因而形成巨大的矿物晶体。如果残余岩浆的挥发性物质大量逸出,那就可与周围的岩石发生作用,生成一系列的接触交代矿物。伟晶-气化期形成的常见矿物见表 3-10。

表 3-10 常见伟晶-气化矿物

石　　英	SiO_2
正　长　石	$K[AlSi_3O_8]$
钾微斜长石	$K[AlSi_3O_8]$
白　云　母	$KAl_2[AlSi_3O_{10}](OH)_2$
黄　　玉	$Al_2(SiO_4)[F,OH]_2$
绿　柱　石	$Be_3Al_2[Si_6O_{18}]$
电　气　石	$(Na,K,Ca)(Al,Fe,Li,Mg,Mn,)_3(Al,Cr,Fe,V)_6[Si_6O_{18}][BO_3]_3$
锂　辉　石	$LiAl[Si_2O_6]$
磷　灰　石	$Ca_5[PO_4]_3(F,Cl)$
晶质铀矿	UO_2
磁　铁　矿	Fe_3O_4
石　榴　石	$(Fe,Mg,Ca,Mn)_3(Al,Fe^{3+},Cr)_2[SiO_4]_3$
锡　　石	SnO_2

3. 热液期及其矿物

随着岩浆的上升运动,残余熔浆的温度不断下降,当下降到400℃时,大量的水蒸气产生液化,成为热水溶液(或称热液)。在这种热液里溶解有各种各样的有用矿物组分,因而在热液不断的演化过程中,便可以形成各种各样的矿物。这一时期,称为热液成矿时期。按期形成温度又可分为高温热液时期、中温热液时期、低温热液时期三个阶段见表3-11。

4. 火山作用及其矿物

地下的岩浆如果遇到地壳某处有了裂隙,压力减小的情况下,便会沿裂隙上升。有的以猛烈的形式冲出地表,有的静静地流出来,就形成了火山岩。如有名的长白山岭上的白头山火山,地史上曾多次喷发,形成大量的玄武岩。近代也曾于1597年和1702年喷发过,天池就是火山喷发时的火山口。火山喷发时,在火山口以及周围都有可能形成火山矿物。如硫磺、赤铁矿、方解石、石英、蛋白石等。1912年美国万烟谷的玛亚和诺氏鲁普特两个火山喷出了岩浆。其中有一部分侵入到疏松的凝灰岩中,形成了磁铁矿、赤铁矿、辉钼矿、方铅矿、闪锌矿等。

表 3-11 热液期矿物

热液种类	常见的金属矿物	常见的非金属矿物
高温热液	磁铁矿 Fe_3O_4 磁黄铁矿 $Fe_{1-x}S$ 毒 砂 $FeAsS$ 黑钨矿 $(Mn,Fe)WO_4$ 锡 石 SnO_2 辉钼矿 MoS_2 辉铋矿 Bi_2S_3	石 英：SiO_2 电气石：$(Na,K,Ca)(Al,Fe,Li,Mg,Mn,)_3$ $(Al,Cr,Fe,V)_6[BO_3]_3[Si_6O_{18}](OH,F)_4$ 黄 玉：$Al_2(SiO_4)[F,OH]_2$ 白云母：$KAl_2(AlSi_3O_{10})[OH]_2$
中温热液	黄铁矿 FeS_2 黄铜矿 $CuFeS_2$ 方铅矿 PbS 闪锌矿 ZnS 自然金、自然银 Au,Ag	石 英：SiO_2 方解石：$CaCO_3$ 白云石：$CaMg[CO_3]_2$ 绢云母：$KAl_2[AlSi_3O_{10}][OH]_2$
低温热液	辉锑矿 Sb_2S_3 辰 砂 HgS 雄 黄 AsS 雌 黄 As_2S_3 辉银矿 Ag_2S 金和银的碲化物	冰长石：$K[AlSi_3O_8]$ 玉 髓：SiO_2 石 英：SiO_2 方解石：$CaCO_3$

（二）外生形成矿物的地质作用

外生成矿作用发生在地表或地下不太深的地方。主要生成矿物的方式是溶解和沉淀。阳光、雨水、空气和生物都是促成新矿物形成的主要外界因素。因此，外生成矿作用，实际上就是指风化作用和沉积作用。由风化作用和沉积作用所形成的矿物，叫做外生矿物，也有叫表生矿物的。

1. 风化成矿

自然界的岩石和矿石，无论多么坚硬，风吹雨淋受热膨胀，遇冷收缩，天长日久，最后使整块岩石四分五裂，部分变成大大小小的碎块、砂粒和泥土（机械风化产物），部分被水溶解（化学风化结果）。这些现象都称为风化现象。当岩石受到机械破碎后，所产生的碎屑物质残留下来时，即形成所谓的残积层。但当岩石遭受化学风化时，易溶物质被溶解后，以溶液状态被带走了，难溶物质往往残留下来，形成风化型矿物。如黄铁矿风化变成褐铁矿；闪锌矿变成菱锌矿、异极矿；方铅矿变成白铅矿、硫酸铅矿；黄铜矿变成孔雀石、蓝铜矿等。常见的硫化矿床氧化后形成的表生矿物见表 3-12。

表 3-12　几种硫化矿床氧化形成的表生矿物

矿床类型	表 生 矿 物
铜　矿	自然铜、黑铜矿、赤铜矿、孔雀石、蓝铜矿、硅孔雀石
锌　矿	菱锌矿、水锌矿、异极矿
铅　矿	白铅矿、硫酸铅矿、钒铅矿、彩钼铅矿、铬铅矿
锑　矿	锑华、黄锑华、锑赭石、红锑矿
钼　矿	钼酸钙矿、钼华

2. 沉积成矿

沉积矿物有两种：即化学沉积和机械沉积。水溶液中溶解的物质达到过饱和时，这些物质就沉淀下来形成矿物。如石盐、石膏、硬石膏、方解石、白云石等可由这种形式形成，叫作化学沉积。其次，机械沉积作用可形成砂矿或漂砂矿床，但机械沉积不生成新的矿物，仅是将原矿物，机械破碎再搬运沉积。这些机械破碎物经过千百万年的淘洗，把比较重的矿物，比较坚硬、稳定的矿物冲在一起，形成了很有经济价值的漂砂矿床。例如石英、金、金刚石、锡石、金红石、锆石等。外生成矿作用生成的常见矿物列于表 3-13。

表 3-13　外生作用形成的常见矿物

化学风化作用生成的常见矿物	化学沉积作用生成的常见矿物
褐铁矿 $Fe_2O_3 \cdot nH_2O$	石　膏 $CaSO_4 \cdot 2H_2O$
软锰矿 MnO_2	硬石膏 $CaSO_4$
硬锰矿 $mMnO \cdot Mn_2O_3 nH_2O$	石　盐 $NaCl$
铝土矿 $Al_2O_3 \cdot nH_2O$	钾石盐 KCl
高岭石 $Al_4[Si_4O_{10}][OH]_8$	芒　硝 $Na_2SO_4 \cdot 10H_2O$
孔雀石 $CuCO_3 \cdot Cu[OH]_2$	白云石 $CaMg[CO_3]_2$
蓝铜矿 $2CuCO_3 \cdot Cu(OH)_2$	菱镁矿 $MgCO_3$
硅孔雀石 $CuSiO_3 \cdot nH_2O$	软锰矿 MnO_2
胆　矾 $CuSO_4 \cdot 5H_2O$	磷灰石 $Ca_5[PO_4]_3(F,OH)$
铜轴云母 $CuUO_4[PO_4]_2 \cdot 12H_2O$	方解石 $CaCO_3$
菱锌矿 $ZnCO_3$	褐铁矿 $Fe_2O_3 \cdot nH_2O$
白铅矿 $PbCO_3$	赤铁矿 Fe_2O_3
铅　矾 $PbSO_4$	黄铁矿 FeS_2
锑　华 Sb_2O_3	菱铁矿 $FeCO_3$
	菱锰矿 $MnCO_3$
	铝土矿 $Al_2O_3 \cdot nH_2O$
	石　英 SiO_2
	海绿石 $K_{1-x}(Fe^{3+},Fe^{2+},Al,Mg)_2[(Si,Al)Si_3O_{10}](OH)_2 \cdot nH_2O$

（三）变质形成矿物的地质作用

地球在宇宙中转动，地壳也在发生变化。古书有沧海变为桑田的记载，就是对地壳运动的描述。从地壳发展史来看，它的此起彼伏，高山低谷，沧海桑田，正是因为地壳运动的结果。地壳运动给地下深处的岩浆向上侵入带来了有利条件。由于岩浆（化学活动性强的流体）侵入和地壳运动所产生的高温、高压，对它周围的岩石和矿物都产生着一种巨大的影响。许多矿物就是在这种环境下重新生成的。按变质矿物的生成环境，可划分为下列几种类型。

1. 接触变质

由于岩浆从地下深处上升时，带来了高温、高压或物质成分的改变，致使周围的岩石发生变化，在接触部位形成接触变质矿物。

（1）接触交代型（即矽卡岩型）：中酸性岩浆侵入时与碳酸盐类岩石发生交代作用而产生新矿物组合。此类矿物常见者有石榴石、透辉石、透闪石、阳起石等。

（2）接触热变质型：围岩受势力影响而产生新矿物。如硅灰石、红柱石、堇青石、阳起石等。

2. 区域变质

由强烈的地壳运动所产生的高温、高压以及化学活动性强的流体，综合作用于原来的矿物和岩石上，从而产生一系列的新矿物。常见的区域变质矿物有：角闪石、白云母、黑云母、蓝晶石、石榴石等，变质作用形成的常见矿物如表 3-14 所示。

表 3-14 变质作用形成的常见矿物

接触变质矿物	区域变质矿物
透辉石 $CaMg[Si_2O_6]$	铁铝石榴石 $(Mg,Fe)_3Al_2[SiO_4]_3$
透闪石 $Ca_2Mg_5[Si_4O_{11}]_2[OH]_2$	硅线石 Al_2SiO_5
阳起石 $Ca_2(Mg,Fe^{2+})_5[Si_4O_{11}]_2[OH]_2$	蓝晶石 Al_2SiO_5
钙铁石榴石 $Ca_3Fe_2[SiO_4]_3$	十字石 $FeAl_4[SiO_4]_2O_2[OH]_2$
钙铝石榴石 $Ca_3Al_2[SiO_4]_3$	石 墨 C
符山石 $Ca_{10}(Mg,Fe^{2+})_2Al_4[Si_2O_7]_2[SiO_4]_5(OH,F)_4$	滑 石 $Mg_3[Si_4O_{10}][OH]_2$
硅灰石 $Ca_3[Si_3O_9]$	硬玉 $NaAl[Si_2O_6]$
日光榴石 $Mn_8[BeSiO_4]_6S_2$	白云母 $KAl_2[AlSi_3O_{10}][OH]_2$

三、矿物的存在方式

矿物在自然界里往往是成组出现的,有的甚至是相依为伴的。在辽宁省清源县红透山铜矿区,可看到以黄铁矿、黄铜矿、斑铜矿、方铅矿、闪锌矿等原生硫化矿物的组合,还可看到有赤铜矿、黑铜矿、孔雀石、硅孔雀石、胆矾和褐铁矿等的表生矿物组合。这两组矿物在一个矿区出现不是偶然的巧合,而是有规律的组合。原生硫化物是热液期形成的矿物;表生矿物则是由原生硫化矿物经氧化作用而形成的。

矿物组合:无论矿物生成时间的先后如何,只要共同存在于同一空间,就叫矿物的组合。例如红透山铜矿区内,热液期和表生期的所有矿物就构成一个矿物组合,它们彼此之间则为伴生关系。

共生组合:属于同一成因类型的、在同一成矿期所形成的矿物组合,叫共生组合。例如红透山的原生硫化矿物都属于内生成矿作用热液期生成的,所以它们为共生关系。

伴生组合:不同成因或不同成矿期所形成的矿物组合称为伴生组合。如辽宁省红透山矿区内的热液期矿物和表生期矿物,它们虽不同成因,不同成矿期,但总是相伴产出的。

研究矿物的组合,共生和伴生关系,具有很大的意义。它不仅可以说明矿物的成因关系,而且对找矿也起指导作用。

第四节 矿物的分类及其利用

一、矿物的分类

为了对矿物作系统、全面地研究,必须对矿物做科学的分类。

矿物分类的方法很多。目前在许多矿物学教科书中比较常用的是晶体化学分类,它是以矿物的成分、晶体结构作为分类依据的,将矿物分为大类、类、亚类、族、亚族、种、变种等。

目前看来,晶体化学分类是比较合理的。它是从矿物的本质和内在联系着眼,把矿物的成分、晶体结构作为分类依据。这种分类在一定程度上也反映了自然界化学元素的结合规律。但是也要指出:晶体化学分类也有不足之处,因为它不能全面反映矿物的共生组合、生成环境,同时在矿物的利用等方面也存在着缺点。

根据对象不同,从普及矿物知识着眼,可采用矿物原料的工业分类方法。首先将矿物分为两大类,即金属矿物与非金属矿物。金属矿物是用以提炼各种金属元素的矿物。早在古代,人类就已经知道应用金属了。但最先只是从自然金属(自然元素)中取得的。在现代,由于冶金工业的发展,人们可以从各种金属化合物中提取金属了。根据金属在工业上的利用情况,又将金属矿物作如下分类:①钢铁工业常用矿物;②有色金属工业常用矿物;③稀有及放射性矿物。非金属矿物的分类在工业上大部分是利用其物理性质,如光学性质、电学性质及力学性质等。依据其在各种不同工业部门及农业上的应用,将非金属矿物做如下分类:①特种非金属矿物;②农业常用矿物;③工艺美术常用矿物;④常见的造岩矿物等。

根据矿物的上述分类原则,可把用途相近的矿物归纳在一起,学以致用。同时在一定程度上也反映了矿物的共生组合规律、次生变化情况。

二、矿物的利用

矿物无论在人类的发展史上,还是在现阶段的经济建设中,都发挥着巨大的作用。考古工作者曾在北京西南的周口店发现了距今 40~50 万年以前的人类化石,称为"北京猿人",同时还发现了当时猿人烧过的火堆和劳动用的石器,如石针、石锥、石刀等。据鉴定,这些石器是用石英一类的矿物或岩石做成的。它说明了我们祖先在"穴居野处"的时代,已经会利用矿物或岩石制成粗糙的石器,并用来作为工具和武器,以猎取食物和防预野兽的袭击。经考证,旧石器时代,人类曾经用过 13 种矿物及岩石制造石器,如石髓、石英、水晶、蛇纹石、黑曜岩、黄铁矿、碧玉、块滑石、琥珀、硬玉、方解石、萤石和紫水晶等。

1. 生活方面应用

很多晶体完整,颜色绚丽的石英也曾在古代人的坟墓中发现过,可能是他们很喜欢这些东西,所以用作殉葬的物品与他们共存。玉石在我国用得很早,古代石器中有不少都是玉。所谓玉,也就是各种致密坚硬而色泽漂亮的矿物集合体或岩石罢了(图 3-39)。

历史上有名的药物学家李时珍(公元 1518—1593 年),在他编著的《本草纲目》中,描述了 217 种药用矿物,这些矿物至今在中药里还占有一定数量。古代画家多直接采用有色矿物粉末做颜料。如用孔雀石作绿色颜料,蓝铜矿作青色颜料,雌黄作黄色颜料,赤铁矿作红色颜料等。北京城里保存着许多古代建筑群,它的朱门红墙,历代都是采用河北庞家堡的赤铁矿碾成粉末作颜料粉刷成的。辰砂(亦称"朱砂"),矿物名,旧称丹砂,是炼汞的主要原料。其色鲜红,可作颜料,亦供药用,以湖南辰州产者为最佳,故称辰砂(图 3-40)。

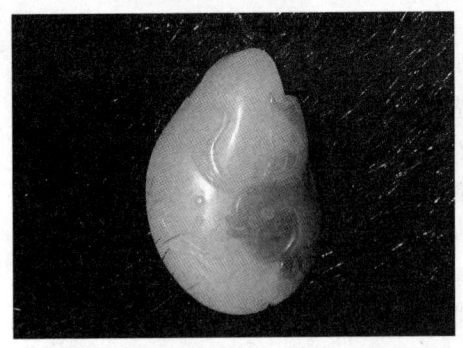 

图 3-39　新疆和田玉籽料雕琢的玉器　　　　图 3-40　辰砂天然矿物晶体

2. 文化方面应用

随着历史的演进,人们利用矿物的水平也越来越高。高岭石是陶瓷制品的坯体和釉料以及黏土质耐火材料的重要原料。它以江西景德镇高岭村所产的高岭石(瓷土)而出名,有名的江西景德镇的高岭石,曾被唐、宋、元、明、清各历史时代的劳动人民所利用,制作成各种陶瓷器具,盛销国内外(图 3-41)。铜器时代的古铜、响铜(即青铜)正是铜与锡的合金,称为青铜时代。春秋战国时代的名剑是用青铜铸造成的。黄铜是铜和锌的合金。古代用的壶、蜡台是用锡铸造成的。到了铁器时代,开始利用铁矿来冶炼铁,做成各种武器和劳动工具。

图 3-41　用高岭石为原料烧造的瓷器——清中期粉彩盖罐

我国是世界上最早用焰火来庆祝节日的国家之一。焰火的原料在古代多来自含锶的矿物。而今的焰火和信号弹的原料有很多种,如钛粉、锆粉燃烧后都能放出强光和高温,是制造焰火和信号弹的好原料。无数事实说明,我们祖先在利用矿物资源方面先于其他国家,对世界文明有卓越的贡献。解放后,我国社会主义工农业生产蒸蒸日上,金属矿物广泛地被用来提取金属,同时,为了适应各种工业对钢的要求,还必须在钢里加入不同比例的各种金属,如锰、铬、铜、铅、锌、铝、钨、钼、镍和钡等。据统计,制造一台汽车、一台拖拉机需要三十多种合金钢;制造一支枪、一门炮,需要一百多种合金钢;造飞机的材料有三分之二是铝和其他合金。超音速飞机、火箭和人造地球卫星的外壳,还需要钛和铍的合金,以增加它耐高温的性能及其强度性能。原子能工业离不开铀,因为铀在裂变时,可以放出巨大的能量,一公斤铀的能量约相当于二千五百吨煤的能量。因此,铀主要用于原子能工业。

3. 农业方面应用

农业的根本出路是机械化,农业机械化是需要从金属矿产中提取大量金属来制造农业机器的。同时肥料也是增产粮食的重要因素之一。"庄稼若要好,肥料要上饱",生动地说明了农作物与肥料的关系。俗话说:"农业肥料三大宝,氮、磷、钾不可少"。大量的氮肥来自空气和矿物原料,氮也可从钠硝石中获得;钾肥能提高农作物的产量,它来自矿物钾盐和含钾的长石;磷肥来自含磷矿物。在农业上大面积施用化肥,可使农业不断增产。由此可见,农业离开了矿物,就谈不上农业现代化,没有充足的化肥和水源,就等于靠天吃饭。农业发展和矿物利用的关系就是如此的密切。

4. 工业方面应用

钢铁工业的原料是矿物磁铁矿、赤铁矿和铬铁矿等。有色金属工业的原料是黄铜矿、斑铜矿、闪锌矿、方铅矿等。原子能工业的原料有晶质铀矿、沥青铀矿等。非金属工业大量使用石英、钾长石、石膏、方解石、白云母、重晶石、高岭石、蒙脱石、石墨、金刚石、自然硫、硅灰石、石盐等矿物原料。

第五节 宝石矿物及其代表性品种

一、宝石矿物的基本概念

1. 宝石与宝石矿物

决定宝石价值的主要条件如下。①必须给人以美感,因此,作为宝石的矿物必须颜色鲜艳,或者透明晶莹,无疵少瑕;若透明度稍差,则必须具有特殊的光学效应,如变彩、变色、星光、猫眼等。②必须耐久不变,因此,宝石矿物必须硬度大或韧性好、耐腐蚀、经久色泽不改,这类矿物主要是硅酸盐类,少量氧化物类和单质矿物。③必须产量稀少,物以稀为贵,若遍地分布,则难以称其为宝石。在自然界已发现3000多种矿物,但符合上述宝石条件的矿物,仅有230多种,常用的亦不过20余种,如金刚石、刚玉、绿柱石、金绿宝石等。而且即使是金刚石或刚玉等,若透明度不好、色泽不美,或含有杂质,或粒度不够,也不能做成钻石或红宝石、蓝宝石。

2. 宝石矿物的分类

按照美观、耐久、稀少三个因素综合考虑,宝石一般可以分为高档宝石和中—低档宝石,前者又称贵宝石或珍贵宝石,包括钻石(金刚石)、红宝石(刚玉)、蓝宝石(刚玉)、祖母绿(绿柱石)和金绿宝石(猫眼石、变石),即通常所谓的五大宝石。除此,质量好的翡翠(硬玉)亦属于珍贵宝石之列。中—低档宝石:坦桑石(蓝色黝帘石)、欧泊(贵蛋白石)、海蓝宝石(绿柱石)、碧玺(电气石)、托帕石(黄玉)、锆石、橄榄石、尖晶石、石榴石、月光石(长石的一种)、方柱石、绿松石、青金石、水晶、锂辉石等。中—低档宝石在过去又被称为半宝石,现在一些文献中还有人使用这一术语,但是国家标准《珠宝玉石名称》(GB/T16552)规定:禁止使用含混不清的商业名称,如:"蓝晶""绿宝石""半宝石"。

评价天然宝石必须依据很多条件,即便是同种宝石,其质量(如颗粒大小、色相、亮度、饱和度、透明度、净度、清晰度、特殊光学效应等)亦不相同,故优质中—低档宝石的价格往往比劣质高档宝石品种还要高。由于自然界产出的宝石矿物,一般颗粒均较细小,故宝石的价值通常以宝石个体重量的平方来向上增长,而特别大的宝石甚至成为无价之宝。

因适合制作高档宝石的天然宝石矿物十分稀少,故按照某些天然宝石矿物的化学组成,模拟在自然界中生成的物理、化学条件,用人工方法合成宝石,称人工宝石,其中在自然界有对应物存在的称为合成宝石,如合成红宝石、合成钻石、合成水晶,没有天然对应物的称为人造宝石,如人造钛酸锶、人造钇铝榴石等。以合成红宝石为例,其物理、化学特性皆与天然红宝石类同,甚至颜色更加艳丽,但在宝石界仍以天然红宝石为贵,这主要是因为天然资源极其稀少的缘故。

二、宝石矿物的主要品种

宝石矿物多是自然元素、氧化物或含氧盐类矿物,其中硅酸盐矿物占近半数。自然界已发现的矿物超过3000种,然而具有宝石价值者尚不及10%,其中的珍贵宝石矿物种属有钻石(金刚石)、祖母绿(绿柱石)、红宝石(刚玉)、蓝宝石

(刚玉)、猫眼(金绿宝石)、变石(金绿宝石)和翡翠(硬玉)等。

1. 金刚石

金刚石的化学成分为单质 C,可含有少量 N 和 B 等杂质。等轴晶系,碳原子之间以共价键紧密连接,键力很强。常呈八面体、菱形十二面体、立方体及它们的聚形,八面体表面常有三角形生长花纹。由于熔蚀使晶面、晶棱弯曲,晶形常呈浑圆状。纯净者无色透明,含杂质不同常略带有黄色调或其他色调,金刚光泽。平行八面体方向解理中等—完全,摩氏硬度10,相对密度3.52。导热性能很好。紫外灯下通常具有荧光,少数具磷光现象。

宝石级金刚石称为钻石。钻石以无色透明、光彩璀璨者为瑰宝;而祖母绿、红宝石和蓝宝石等,则以其瑰丽的色彩享得美名。国际宝石界把除钻石以外的宝石统称为有色宝石。这不仅是因为在价值和档次上有差别,而且从宝石质量评价、琢磨技术指标(如颜色分级和切工标准化)方面,钻石比有色宝石更有严格和特定的要求。

金刚石的宝石名为钻石,因其高硬度、高折射率($N=2.417$)和强色散(0.044)而坚硬无比、光艳绝伦,素有"宝石之王"美名,是最珍贵的宝石。钻石常呈黄、褐色,极少数为蓝、绿和粉红等色。世界上重量超过620ct(合124g)的特大宝石级金刚石共发现10粒,其中最大的名为库里南(Cullinan),重3106ct(合621.2g),大小 5cm×6.5cm×10cm,1905年发现于南非的普雷米尔岩管。中国常林钻石,重158.786ct,1977年发现于山东临沭县,列为世界名钻。世界金刚石主要产地有澳大利亚、扎伊尔、博茨瓦纳、俄罗斯、南非、巴西、纳米比亚、加纳、中非、塞拉利昂和中国等。

2. 刚玉

刚玉的化学成分为 Al_2O_3,可含有少量 Cr、Fe、Ti 等杂质。三方晶系,晶体结构紧密。常呈六方柱状、腰鼓状或板状晶形。一般为蓝灰色、黄灰色,有时呈红色、粉红色、蓝色、黄色等颜色。透明—微透明,玻璃光泽—亚金刚光泽,无解理,但有时具平行菱面体或底面方向的裂理。摩氏硬度9,相对密度3.95~4.10。化学性质稳定。

刚玉的宝石品种有红宝石、蓝宝石,均属珍贵宝石。红宝石因含微量的铬而呈鲜红色,以鸽血红最为名贵。蓝宝石则是除红色以外的各色(包括无色)刚玉宝石的通称。蓝宝石颜色与铁、钛的氧化物含量有关,以艳蓝、天蓝色的为上品,而矢车菊蓝色的为特优。红宝石主要产自缅甸、斯里兰卡、巴基斯坦、坦桑尼亚和泰国。蓝宝石主要产自澳大利亚、缅甸、柬埔寨、印度克什米尔、斯里兰卡、泰国和美国,中国也有发现。现已发现的最大红宝石重3450ct,最大的星光红宝石重138.7ct，均产自缅甸。著名星光蓝宝石"印度之星"重563ct，产于斯里兰卡。

3. 金绿宝石

金绿宝石的化学成分为$BeAl_2O_4$，常含有Fe、Cr、Ti等杂质。斜方晶系，属结构较为紧密的氧化物。呈短柱状、板状形态，常可见假六方的三连晶、六边形偏锥状。黄色、黄绿、灰绿和黄褐色。透明—半透明，较强玻璃光泽。中等—不完全解理。摩氏硬度8~8.5，相对密度3.631~3.835。一般无荧光，含Cr者发弱—中等红色荧光。

宝石品种有猫眼、变石和金绿宝石，前两者是宝石中的珍品。猫眼是一种呈蜜黄至褐黄色、微透明至半透明状，有微细针、管状包裹体（平行C轴排列）的金绿宝石变种，因其弧形抛光面呈现迷人的猫眼光学效应而享盛名（图3-42、图3-43）。自然界具猫眼现象的其他宝石矿物还有如海蓝宝石猫眼、碧玺猫眼等，唯金绿宝石猫眼质量最佳，最名贵，因斯里兰卡（原称锡兰）特产，故也称锡兰猫眼。变石也称亚历山大石，一种含微量氧化铬的金绿宝石变种，因其在日光下为绿色、在白炽光下呈紫红色的变色效应（或称变石效应）而出名。主要产地有斯里兰卡和俄罗斯，以及巴西、缅甸和津巴布韦等。

图3-42　金绿宝石矿物　　　　　　图3-43　猫眼

4. 黄玉

黄玉的化学成分为$Al_2[SiO_4](F,OH)_2$。斜方晶系，属结构较为紧密的岛状硅酸盐。呈斜方柱、斜方双锥和平行双面的聚形。无色或微带黄色、蓝色、黄褐色和红黄色，透明，玻璃光泽。平行底面解理完全。硬度8，相对密度3.52~3.57。

黄玉的宝石名称为托帕石，其宝石品种颜色也较丰富，有淡黄色、葡萄酒黄色、蓝、绿和粉红等色,以葡萄酒黄色和蓝色为上品。现在世界上已发现的最大宝石级黄玉单晶产自巴西,晶体黄色透明,重117kg,大小43cm×41cm×40cm。巴西也是世界上最主要的优质黄玉宝石原料来源地。其他产地有澳大利亚、缅甸、斯里兰卡、美国、俄罗斯、巴基斯坦和中国等。

5. 尖晶石

尖晶石的化学成分为 $MgAl_2O_4$,Mg 常被 Fe^{2+}、Zn、Mn 等替代,Al 常被 Fe^{3+}、Cr、V 等替代。等轴晶系,属结构紧密的氧化物。常呈八面体晶形,有时可见以八面体面结合的接触双晶。颜色为无色、红色、蓝色、黄色、绿色和褐色等,透明—不透明,较强玻璃光泽,解理不完全,硬度8,相对密度3.60。

宝石品种有红色、粉红色、蓝色、绿色和紫色等。主要品种:红色尖晶石,因含微量氧化铬而呈血红和玫瑰红色;蓝色尖晶石,颜色好似蓝宝石;绿黑色尖晶石,因含微量铁而呈绿黑色;具四道和六道星光的星光尖晶宝石。产地有斯里兰卡、缅甸和阿富汗等。

6. 绿柱石

绿柱石的化学成分为 $Be_3Al_2[Si_6O_{18}]$,常含有 Fe、Cr、V、Ti、Na、K、Li、Cs 等杂质。六方晶系,属六方环状硅酸盐,结构化学键力较强,但是结构不甚紧密。常呈六方柱、六方双锥和平行双面及其聚形。纯净者为无色透明,因含杂质常呈绿色、黄绿色、蓝色、粉红色、金黄色等颜色。透明—半透明,玻璃光泽。不完全底面解理,硬度7.5~8,相对密度2.6~2.9。

绿柱石由于含痕量或微量不同的过渡金属元素而呈不同的颜色,宝石品种:翠绿色的祖母绿,天蓝、蓝绿色的海蓝宝石,红、玫瑰红色的铯绿柱石,金黄色的金绿柱石,无色的透绿柱石。

绿柱石中以祖母绿最为珍贵,素有"绿色宝石之王"的美誉,产地中以哥伦比亚最为著名,还有巴西、俄罗斯、南非、阿富汗、赞比亚、津巴布韦、印度和巴基斯坦等。已发现巴伊亚祖母绿号称是世界上最大的祖母绿矿石,它重380余千克,含有约18万ct的祖母绿宝石。

海蓝宝石亦为常见宝石品种,以天蓝色为上品。世界上已发现的最大海蓝宝石晶体重110.5kg,长48.5cm,1910年发现于巴西。巴西也是世界上优质海蓝宝石的主要产地。美国、俄罗斯、中国、马达加斯加、巴基斯坦和印度等地也有产出。

7. 锆石

锆石的化学成分为 $Zr[SiO_4]$,常含 Hf、U、Th 和稀土元素等杂质。四方晶系,属结构较为紧密的岛状硅酸盐。常呈四方双锥、四方柱及其聚形。颜色为无色、淡黄色、黄褐色、紫红色、蓝色绿色和烟灰色等,透明—半透明,玻璃—亚金刚光泽,断口油脂光泽。不完全解理,硬度7～7.5,相对密度4.4～4.8。受所含放射性元素衰变辐射引起结构损伤影响,锆石会发生非晶化现象,透明度、光泽、硬度和相对密度都会降低。

主要宝石品种有红锆石、蓝锆石和无色锆石。无色透明锆石由于高色散(0.039)可充当钻石代用品。

世界上已发现最大的绿蓝色锆石宝石重208ct,产自斯里兰卡。宝石级锆石主要产自泰国等中南半岛诸国、澳大利亚、坦桑尼亚、挪威和中国等。

8. 电气石

电气石的化学成分为$(Na,Ca)(Mg,Fe,Mn,Li,Al)_3Al_6[Si_6O_{18}][BO_3]_3(OH,F)_4$,存在着广泛的类质同象替代现象。三方晶系,属复三方环状结构的硅酸盐。晶体呈柱状,柱面上常出现纵纹,横断面呈球面三角形,有时可见呈放射状、束针状等集合体。颜色丰富多彩,可呈现各种颜色,随成分不同而异。透明—不透明,玻璃光泽。无解理,硬度7～7.5,相对密度3.03～3.25。

电气石的宝石名称为碧玺,其宝石品种有粉红—红色碧玺、蓝色碧玺、绿色碧玺、双色—多色碧玺和碧玺猫眼等,以红色和蓝色品种为珍贵。

已知最大的碧玺晶体重12kg,长130cm,柱径40cm,1978年发现于巴西。主要产地有巴西、斯里兰卡、美国、俄罗斯、缅甸、坦桑尼亚和马达加斯加等。

9. 石榴石

石榴石的化学成分为$A_3B_2[SiO_4]_3$,A代表二价阳离子Mg^{2+}、Fe^{2+}、Mn^{2+}、Ca^{2+}等,B代表Al^{3+}、Fe^{3+}、Cr^{3+}、V^{3+}等三价阳离子或部分四价阳离子(如Zr^{4+}、Ti^{4+})。等轴晶系,属结构紧密的岛状结构硅酸盐。常呈菱形十二面体、四角三八面体单形及其两者的聚形。颜色各种各样,可出现除蓝色外的各种颜色。透明—不透明,较强玻璃光泽,断口呈油脂光泽。解理不完全或无解理,硬度通常为7～8,相对密度范围主要在3.5～4.2。

宝石品种的石榴石随其端员组分和所含过渡元素杂质的不同而呈现各种艳丽颜色,其中以鲜艳红色和娇翠绿色的为最佳。

主要宝石矿物种或变种石榴石有血红至紫红的镁铝榴石、紫红至棕红的铁铝榴石、绿至翠绿色的钒铬钙铝榴石、褐黄色至酒黄色的桂榴石(铁钙铝榴石)、绿或粉红色的水钙铝榴石、蜜蜡黄至橙红色的锰铝榴石、翠绿色的翠榴石(含铬钙铁榴石)和祖母绿色的钙铬榴石。优质钙铬榴石享有"乌拉尔祖母绿"之美称。捷克、斯洛伐克、俄罗斯、美国、肯尼亚、坦桑尼亚、斯里兰卡、巴西、印度和中国等都有产出(图3-44、图3-45)。

图 3-44　锰铝榴石　　　　图 3-45　含铬钒的钙铝榴石（沙弗莱石）

10. 锂辉石

锂辉石的化学成分为 $LiAl[Si_2O_6]$，化学组成较稳定，可含有少量稀有元素。单斜晶系，属单链结构的硅酸盐。呈柱状晶形，柱面常具明显的三角形表面印痕。灰白色、灰绿色、绿色和紫色等颜色，透明—半透明，玻璃光泽，解理面显珍珠光泽。具两组完全解理，夹角 90°，硬度 6.5～7，相对密度 3.03～3.22。

宝石品种有：紫锂辉石，一种含微量锰、铁的玫瑰红至丁香紫色变种；翠铬锂辉石，一种含微量铬的翠绿色变种；还有猫眼宝石品种。产地主要有美国、巴西、缅甸、马达加斯加和巴基斯坦等。

11. 石英

广义的石英包括 α-石英和 β-石英。通常未加特别说明的"石英"一词，是指 α-石英。透明度较好或者达到宝石级的单晶石英，被称为水晶。

水晶的化学成分为 SiO_2，可含有微量的 Al、Fe、Mg、Ca、Na、K 等杂质，从而出现不同的颜色。它也可含有各种固态和气液态包裹体，其中含有粗大的针柱状金色金红石包体的水晶被称为钛晶，含有绿泥石的水晶被称为"绿幽灵"，含有肉眼可见气液包裹体的水晶，被称为水胆水晶。水晶属三方晶系，是由硅氧四面体共用每一个角顶连接起来的架状结构的氧化物，结构内化学键力较强，但是架状结构不紧密。常见形态为六方柱和两个菱面体的聚形，柱面具横纹，在岩石中多呈不规则粒状。乳白色、灰白色、无色、紫色、黄色、烟色、粉色、绿色等颜色，透明—微透明，玻璃光泽，断口为油脂光泽，无解理，硬度 7，相对密度 2.65。具压电性。

达到宝石级的石英可分为单晶石英和多晶集合体石英两大类，前者中的主要品种有紫晶、黄晶、烟晶、发晶、绿幽灵、石英猫眼和星光石英等；后者又可根据集合体颗粒大小分为显晶质和隐晶质集合体两小类，显晶质中的主要品种有东陵玉、京白玉等各种石英岩玉,隐晶质中的主要品种有蓝玉髓(如台湾蓝玉髓)、绿玉髓(如澳玉)、黄玉髓(如黄龙玉)等及各色玛瑙(如水草玛瑙、缟玛瑙、缠丝玛瑙等)。其中以浓艳的紫晶、石英猫眼、蓝玉髓和绿玉髓及水胆玛瑙为上品。这些品种的石英矿物在中国和其他国家都有产出。

12. 橄榄石

橄榄石的化学成分为$(Mg,Fe)_2[SiO_4]$,可含有一定量的 Ca、Mn 和少量的 Ni、Zn、Co。斜方晶系,属结构较为紧密的岛状硅酸盐。晶体呈柱状或厚板状,一般呈粒状集合体。淡黄色、黄绿色、绿色、深黄色、墨绿色或黑色。透明—微透明,玻璃光泽,中等至不完全解理,硬度 6.5～7,相对密度 3.32～3.37。

宝石级橄榄石多为贵橄榄石(镁橄榄石),以透明并呈橄榄绿色、金黄绿色者为上品。世界上已知最大宝石级绿色橄榄石单晶重 319ct,发现于缅甸。主要产地有墨西哥、巴西、埃及、缅甸、美国、中国和挪威等。

13. 硬玉

硬玉的化学成分为$NaAl[Si_2O_6]$,可有少量 Mg、Fe、Cr、Mn 等替代 Al 进入晶体结构。单斜晶系,属单链结构的硅酸盐。纯净者为无色、白色,含有杂质元素时,可随杂质元素种类、含量的不同呈现出不同的色调。以微透明—亚透明为主,透明度随颗粒结构的细腻度、紧密度的不同而变化,玻璃光泽。两组完全解理,夹角 87°,细小柱状硬玉颗粒的星点状闪光,即所谓翠性,就是解理面反光所致。硬度 6.5～7,相对密度 3.24～3.43。

硬玉集合体的宝石名称为翡翠,通常是由很细小的晶体紧密结合而成的致密块状集合体。摩氏硬度 6.5～7。颜色有白色、粉红色、绿色、淡紫色、紫罗兰紫色、褐色和黑色等,以纯正匀净、浓艳翠绿色且质地细腻、温润为高档。缅甸素以出产优质翡翠著称于世,俄罗斯和危地马拉等地也有产出。

14. 透闪石-阳起石集合体(软玉)

软玉是透闪石 $Ca_2Mg_5[Si_4O_{11}]_2[OH]_2$-阳起石 $Ca_2(Mg,Fe^{2+})_5[Si_4O_{11}]_2[OH]_2$ 系列矿物的微细纤维状集合体。白色、青白色、灰绿色(青色)、黄白色,含 Cr 者可呈较鲜艳绿色,含有石墨、褐铁矿等矿物者可呈灰黑色、糖色。半透明—微透明,玻璃—油脂光泽。粗大透闪石或阳起石晶体可见两组中等解理,夹角 56°,硬度 5～6.5,细腻者韧性很强,相对密度 2.80～3.44。

和田玉与翡翠都属于名贵玉种,以其温润、纯朴赢得吉祥、纯洁和高贵象征,蜚声中外,我国对和田玉的开发利用有数千年的历史,精湛绝美的玉雕艺术堪称东方瑰宝。其主要品种有白玉、青玉、碧玉、黄玉和墨玉,以羊脂白玉为名贵品种。此外,中国的台湾也产出软玉,俄罗斯、加拿大、新西兰、澳大利亚和美国等地也有软玉产出,但尤以新疆和田玉著称于世。

15. 长石

长石是 K、Na、Ca 等的架状结构的铝硅酸盐矿物组成的一个矿物族的总称。主要端员矿物成分有钾长石 K$[AlSi_3O_8]$、钠长石 Na$[AlSi_3O_8]$和钙长石 Ca$[Al_2Si_2O_8]$,三个端员成分之间存在着广泛的类质同象替代。以前两者端员成分即钾长石(Or)与钠长石(Ab)之间的类质同象替代为主的系列,称为碱性长石或钾钠长石,包括高温条件下形成的透长石,较低温条件下形成的正长石,更低温度条件下形成的微斜长石等;以后两者端员成分即钠长石(Ab)与钙长石(An)之间的类质同象替代为主的系列,称为斜长石,包括钠长石(Ab$_{100-90}$ An$_{0-10}$)、奥长石(又称为更长石,Ab$_{90-70}$ An$_{10-30}$)、中长石(Ab$_{70-50}$ An$_{30-50}$)、拉长石(Ab$_{50-30}$ An$_{50-70}$)、培长石(Ab$_{30-10}$ An$_{70-90}$)和钙长石(Ab$_{10-0}$ An$_{90-100}$)六个矿物亚种。

长石属于单斜晶系—三斜晶系。呈短柱状、板状形态,透长石、正长石可见卡氏双晶,微斜长石具格子双晶,斜长石具聚片双晶。常见的颜色有无色、白色、灰白色、浅黄色、肉红色,其中透长石为无色透明,正长石和微斜长石常为肉红色或浅黄色,斜长石以白色、灰白色为主。透明—微透明,玻璃光泽。有两组完全—中等的解理,透长石和正长石中两组解理的夹角为 90°,微斜长石中两组解理夹角为 89°40′,斜长石中两组解理夹角为 86°。长石族矿物的硬度为 6~6.5,相对密度为 2.56~2.76。

该族矿物中的主要宝石品种:月光石,呈淡蓝白色,柔和晕彩闪光的透长石或更长石;拉长石,显现变彩的拉长石;还有钠长石猫眼和艳绿、天蓝色的天河石等品种。主要产地有俄罗斯、美国、加拿大、斯里兰卡、马达加斯加、印度、缅甸和挪威等。

16. 黝帘石

黝帘石的化学成分为 Ca$_2$Al$_3$$[Si_2O_7]$$[SiO_4]$O(OH),可含有微量 Fe、Mg、Mn、Ti、Cr。斜方晶系,属岛状结构硅酸盐。无色、灰色、浅绿色、紫色、蓝色,透明—微透明,玻璃光泽。一组完全解理,硬度 6~7,相对密度 3.15~3.37。

主要宝石品种为坦桑石,一种含微量钒的蓝至紫罗兰色透明的黝帘石变种。黝帘石也是"红绿宝石"中的绿色矿物,另外它还是独山玉中的主要矿物。

17. 方柱石

方柱石的化学成分为(Na,Ca)$_4$$[Al(Al,Si)Si_2O_8]_3$(Cl,F,OH,CO$_3$,SO$_4$)。四方晶系,属架状结构的铝硅酸盐。呈四方柱、四方双锥和平行双面的聚形,在岩石中呈柱状或粒状集合体。无色、灰色、蓝色、紫色或粉红色。透明,玻璃光

泽,中等—不完全柱面解理,硬度6,相对密度2.61~2.75。

宝石品种有呈海蓝色、紫罗兰色、粉红色、黄色的透明宝石和方柱石猫眼,后者由内部平行C轴排列的管状孔穴包裹体所致。主要产出地有缅甸、斯里兰卡、巴西、印度、马达加斯加、坦桑尼亚和莫桑比克等。

18. 蛋白石

蛋白石的化学成分为 $SiO_2 \cdot nH_2O$,其中 SiO_2 小球粒在不同的微观区域内做规则排列,水和空气充填于球粒空隙中,水的含量不定。呈隐晶质块状或葡萄状、皮壳状集合体。无色、白色、灰黄色或呈各种变彩,微透明,玻璃光泽或具蛋白光,某些品种具有变彩效应。因不是晶体故无解理,硬度5.5~6.5,相对密度1.99~2.25(由于受到吸附水的影响,变化范围较大)。

具有变彩效应的宝石级蛋白石称为欧泊(图3-46)。欧泊以色彩缤纷、变幻鲜明强烈的为优质。主要品种:白欧泊,一种底色透明、无色至乳白色的贵蛋白石;黑欧泊,另一种底色呈黑色或深绿色、深蓝色、深灰色或褐色的贵蛋白石,以黑色的最佳,为欧泊宝石中的名贵品种;火欧泊是一种底色黄色、橘黄色、紫红色的贵蛋白石。澳大利亚欧泊的质量和产量均居世界之首,其他产出地有捷克和斯洛伐克、墨西哥、印度尼西亚和巴西等。

19. 绿松石

绿松石也称为土耳其玉,化学成分为 $Cu(Al,Fe)_6(PO_4)_4(OH)_8 \cdot 4H_2O$。三斜晶系,属含水磷酸盐。较大晶体极少见,多为隐晶质块状、结核状或葡萄状产出。绿松石常因铁离子置换一定量的铝而呈现黄绿、蓝绿和苹果绿色,天蓝色的少见,而以呈均匀蓝色的为最佳,质地纯净密实的为优质。不透明,蜡状光泽,硬度5~6,相对密度2.60~2.90。著名产地有伊朗、美国、中国和埃及等。

20. 青金石

青金石(图3-47)本是一种矿物名称,化学成分为 $(NaCa)_{7-8}[AlSiO_4]_6(SO_4,Cl,S)_2$。等轴晶系,属架状结构的铝硅酸盐。晶体呈菱形十二面体、八面体、立方体及其聚形,发育完美的单晶体非常少见,常呈致密块状、细粒状集合体。深蓝色、紫蓝色,不透明—微透明,较暗淡玻璃光泽。中等至不完全解理,集合体不易见,硬度5~6,相对密度2.4~2.5(含黄铁矿杂质可明显增大)。

青金岩是一种以青金石为主要成分的多晶集合体玉石的名称。这种玉石除了主要成分青金石外,常含有黄铁矿、方解石等矿物,其中浅铜黄色金属光泽者为黄铁矿,有如繁星闪烁散布于青金石矿物集合体中,白色玻璃光泽者为方解石,呈浸染状或细脉状分布。阿富汗自古以来以盛产优质青金石著称。俄罗斯、智利、美国和加拿大等亦有产出。

图 3-46 欧泊原料

图 3-47 青金石原料

21. 方解石

方解石的化学成分为 $CaCO_3$,常含有少量 Mg、Mn、Fe、Zn 等成分。三方晶系,属碳酸盐。常呈菱面体、六方柱、平行双面、复三方偏三角面体及其聚形,亦多见粒状集合体呈条带状分布。无色或白色,无色透明者称为冰洲石,透明—半透明,玻璃光泽,解理面或微细层面呈珍珠光泽,具三组解理,受力后易裂成菱面体小方块,故名方解石,硬度3,相对密度2.6~2.9。遇冷盐酸反应剧烈起泡。

方解石是大理石玉(汉白玉及阿富汗玉)的主要成分,也是蓝田玉的主要矿物成分之一(蓝田玉是一种为蛇纹石化的大理岩);同时,方解石及其同质多象的变体文石(斜方晶系的 $CaCO_3$)也是有机宝石砗磲、珊瑚和珍珠的主要组成矿物。

22. 萤石

萤石的化学成分为 CaF_2,可含有少量 Ce 和 Y 等稀土元素。等轴晶系,属卤化物大类的氟化物。常呈立方体、八面体及菱形十二面体及其聚形,或细粒集合体呈条带状分布。无色、白色、绿色、黄色、蓝色、紫色及紫黑色,透明—半透明,玻璃光泽,解理面呈珍珠光泽,具四组完全解理,硬度4,相对密度3.18。常具很强的紫色荧光、紫红色荧光,少数具磷光。

各种颜色的萤石可加工成圆珠状用作手链或项链,也是所谓"夜明珠"的一种。集合体亦用于玉雕原料。

23. 蛇纹石

蛇纹石的化学成分为 $Mg_6[Si_4O_{10}](OH)_8$,常含有少量 Fe、Mn、Cr、Ni 等成分。多数为单斜或斜方晶系,属层状结构的硅酸盐。可呈叶片状、鳞片状,常呈致密块状集合体。亦可呈纤维状集合体,称为蛇纹石石棉,亦称温石棉。绿色、黄绿色、黑绿色，并常呈青绿斑驳如蛇皮，故名蛇纹石。半透明，油脂或蜡状光泽，纤维状者呈丝绢光泽。硬度 2.5~5.5，相对密度 2.57 左右。

蛇纹石组成的较均匀玉石称为岫玉。蛇纹石玉还有许多品种，如泰山玉、祁连玉、南玉（信宜玉）等。蛇纹石也是蓝田玉的矿物成分之一。

复习思考题

1. 什么是矿物？
2. 什么是矿物的单晶体和集合体？
3. 何为矿物的类质同象和同质多象？
4. 何为矿物的假象，试举例说明？
5. 何为晶体，它具有哪些基本性质？
6. 何为晶簇，它属于哪种矿物形态？
7. 矿物的形成方式有哪些？
8. 形成矿物的地质作用都有哪些？
9. 主要的氧化物类宝石矿物有哪些，它们的基本化学成分是什么？
10. 列举一些与宝玉石相关的矿物种类。

第四章 地质构造与构造运动

第一节 地质构造

组成地壳的地层或岩石,在地壳运动的动力作用下,发生变形、变位形成的产物称为地质构造。我们在野外看到的地层或岩石,有的倾斜,有的直立,有的弯曲,有的破裂成不连续的块体。从沉积作用所知,不论在海盆、湖盆或平原上沉积而成的岩石,它们初始状态都是水平的或近于水平的,后来受地壳运动影响,地层或岩石发生变形和变位,形成了各种地质构造。

岩石在高温高压下,同样可以变得"柔软"。据实验证明,石灰岩在 $300kg/cm^2$ 的围压下,就会变得柔软起来,而这样的压力,在地壳中不到 1km 的深度就具备了。因此,岩石会发生弯曲变形。另外,岩石在长期的受力环境里也会发生变形和变位。

一、岩层的产状

岩层就是由两个平行或近于平行的界面所限制的岩性基本一致的层状岩石。自然界中受到地质作用改造的岩层通常会表现出多种空间位置形态,如水平岩层、倾斜岩层和直立岩层等。但是我们研究岩层时,是从不同位置岩层的产状入手的。岩层的产状是指岩层在空间的分布状态。掌握对岩层产状的测定,是进一步认识岩层构造形态的基础。一般层状岩石的产状是指岩层层面的走向、倾向、倾角以及岩层的厚度。其中前三者被称为岩层的产状要素(图 4-1)。

1. 走向

岩层层面的走向是指同一倾斜岩层层面与水平面的交线方向。走向有两个数值,相差 180°,常用方位角表示。

2. 倾向

岩层层面的倾向是指倾斜岩层层面上垂直于走向的倾斜线在水平面上的投影指向倾斜下方的方向,也用方位角表示。倾向与走向始终垂直。

图 4-1　岩层的产状要素及其测量方法(据舒良树,2010)

3. 倾角

岩层层面的倾角是指倾斜岩层层面与水平面间的最大夹角。它的数值在 0°～90°的范围内。沿倾向方向测量的倾角,称为真倾角;沿其他方向测量的交角均小于真倾角,被称为视倾角。在地质工作中,测量倾角时一定要测量出岩层层面与水平面之间的最大夹角,不要将视倾角误读为真倾角。

4. 岩层的厚度

岩层的厚度是指岩层顶、底面之间的垂直距离。在观察岩层厚度时必须将真厚度(厚度)与假厚度区别开来。假厚度是岩层顶、底面之间的斜向距离,它总是大于真厚度。地表上出露的岩层顶、底面之间的距离,称为露头宽度。露头宽度通常是假厚度。岩层厚度是变化的,如果在延伸方向上变薄为零厚度,就叫岩层的尖灭。若向四周尖灭,则叫透镜体;如果断续尖灭,就叫尖灭再现。

岩层的空间位置总结起来有三种:水平岩层、倾斜岩层和直立岩层。从岩层的产状上来看,水平岩层无走向和倾向,倾角为 0°,其产状仅受岩层厚度影响。倾斜岩层在产状上较复杂。不仅有走向、倾向和倾角的判断,并且还需辨别岩层的真厚度和假厚度,才能完整描述其产状。直立岩层则没有那么复杂,它有走向无倾向,倾角为 90°。

二、地质构造类型

了解了岩层和岩层的产状,我们接下来就要进一步了解岩层在地壳运动的动力作用下,所出现的变形或变位的类型(即地质构造的类型)。它的基本类型:水平构造、单斜构造、褶皱构造和断裂构造等。以下逐一介绍。

(一)水平构造

水平构造指产状近于水平的岩层(一般倾角小于 5°)称为水平构造。表明地壳只是在大范围内受到轻微均匀的升降运动。原始的沉积岩层,一般都属水平构造。时间早的沉积在下,晚的沉积在上,这种多个不同时期的岩层水平层叠的产出状态叫水平产状。轻微均匀的升降运动对水平产状没有明显的改变。

(二)单斜构造

岩层层面与水平面之间呈一定角度的单向倾斜分布,称为单斜构造。单斜构造是由于地壳在大区域范围内受到了不均匀的抬升或下降运动,使岩层向某一方向倾斜而造成的地质构造类型。

(三)褶皱构造

褶皱是岩层受力变形产生的一系列连续的弯曲,也称为褶曲。褶皱形态多样,规模大小不一,大者延续几十米、几百千米,小者在显微镜下可见。

1. 褶皱的基本形态

研究褶皱,首先要掌握褶皱的基本形态。褶皱的类型有很多,但基本类型只有两种:背斜和向斜(图 4-2)。

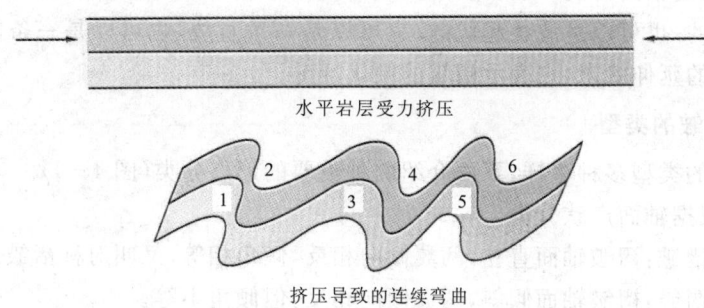

图 4-2 背斜(1、3、5)与向斜(2、4、6)形成示意图(据舒良树,2010)

(1)背斜:指在形态上岩层向上弯曲,两翼岩层倾向相背,老的岩层在核部(中间),新的岩层在两翼。

(2)向斜:指在形态上岩层向下弯曲,两翼岩层倾向相向,新的岩层组成核部

(中间),老的岩层组成两翼。

2. 褶皱的几何要素

虽然褶皱的形态很多,但它们都是由核、翼、轴面和枢纽等部分组成,这些组成部分被称为褶皱的几何要素(图4-3)。

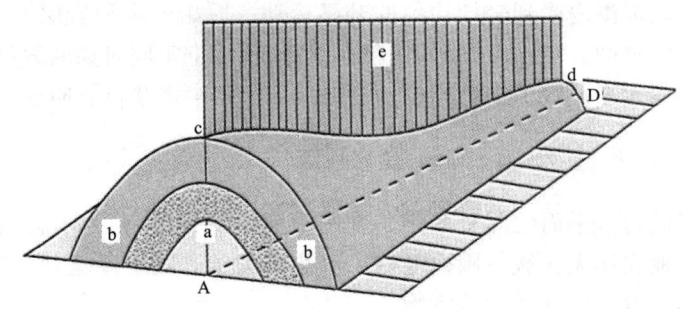

图4-3 褶皱的几何要素(据舒良树,2010)
a.核;b.翼;c.弧尖;cd.枢纽;e.轴面;AD.轴线

核:指褶皱岩层的中心部分。
翼:指褶皱岩层两侧的部分。
弧尖:是层面的最大弯曲点。
轴面:是平分褶皱为两部分的理想面。轴面可以是直立的、倾斜的和水平的。轴面与水平面的交线叫轴线。
枢纽:是轴面与同一层岩层的交线,也就是同一层面上弧尖的连线。枢纽可以是水平的,也可以是波状起伏的;它可以是一条直线,也可以是一条曲线。它表示褶皱的延伸状态,也表示褶皱的倾伏情况。

3. 褶皱的类型

褶皱的类型多种多样,下面介绍两种重要的形态分类(图4-4)。
(1)根据轴面产状分类。
直立褶皱:褶皱轴面直立,两翼倾向相反,倾角相等,又叫对称褶皱。
倾斜褶皱:褶皱轴面倾斜,两翼倾向相反,但倾角不等。
倒转褶皱:褶皱轴面倾斜,两翼倾向相同,一翼正常,一翼倒转。
平卧褶皱:褶皱轴面近于水平,两翼岩层近于水平重叠,一翼正常,一翼倒转。
(2)根据枢纽的产状分类。
水平褶皱:褶皱枢纽水平,褶皱核部宽度不变,褶皱两翼岩层的露头线平行

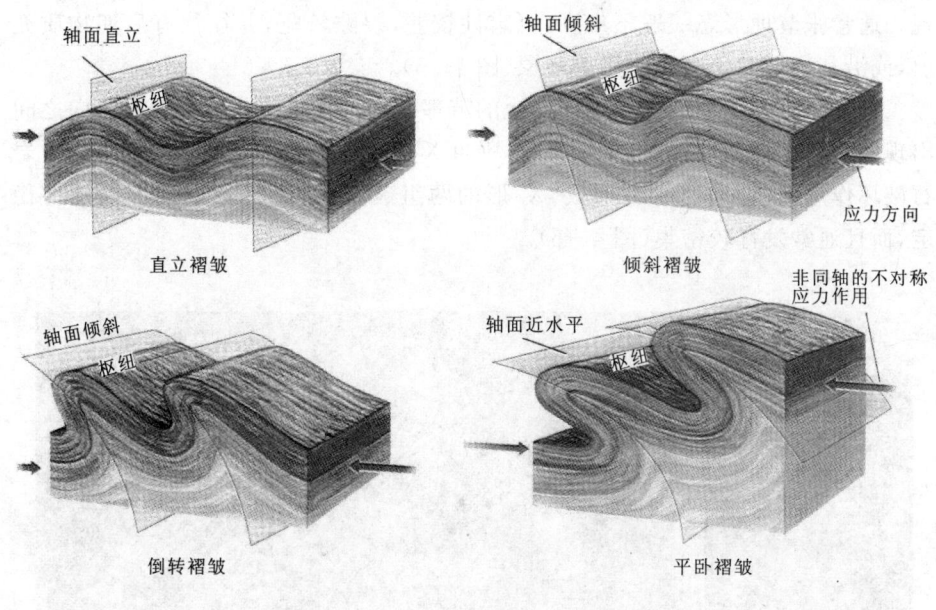

图 4-4 按轴面产状划分的褶皱类型(据舒良树,2010)

延伸。

倾伏褶皱：褶皱枢纽倾斜，两翼岩层延伸不远就逐渐靠近而连接起来（封闭起来）。

波状褶皱：褶皱枢纽呈起伏状，在地面露头上表现为核部忽宽忽窄。如果背斜褶皱和向斜褶皱是短轴的，宽度与长度之比大于 1∶3，则叫穹状褶皱（规模较大者为穹隆构造）或盆状褶皱（规模较大者为构造盆地）。

（四）断裂构造

物体受力发生变形这是一般性常识。当变形超过岩石的强度极限时，就会发生断裂。但是断裂的规模（深度、形态、错动距离）不等，差别很大。我们根据这些差别把断裂分为节理和断层两类。

1. 节理

节理是指岩层受力后没有发生显著位移的裂隙。节理的两壁叫节理面。节理规模大小不一。节理在岩石中常成群出现，有时几组节理将岩石切割成块状。节理可以是平整的，也可以是不平整的。其产状可以是直立的、倾斜的和水平的。常见的节理有张节理和剪节理两种。

(1)张节理:在张应力作用下而产生的节理,张节理在平行挤压力的方向出现。通常张节理形态一般不规则,稳定性较差,裂隙较宽,并往往有后期物质充填,或沿其边缘发生交代作用等现象(图4-5)。

(2)剪节理:受剪应力作用而产生的节理。它是在挤压与伸张两个方向之间出现的一对相交节理,外形呈"X"形,故叫X节理,又称共轭节理。剪切力对岩石破坏作用强,容易使岩石形成"X"形的两组破裂面,因此剪节理不仅延伸稳定,而且通常发育较密集(图4-6)。

图4-5 张节理　　　　图4-6 X型剪节理

如果是岩石在形成过程中产生的节理,叫原生节理,如玄武岩在喷出冷凝中常形成柱状节理。岩石形成后受力产生的节理,叫次生节理。研究节理重要性在于,节理常常是矿液、水的通道和聚集场所。节理被各种矿物质充填后,可形成岩脉或矿脉。在玉石原料的可用性研究中,节理的分析判断对玉石的可用性起着重要的作用。

2. 断层

岩层受力后沿破裂面两侧的岩块发生显著的位移,使岩层失去连续性和完整性,就叫断层。断层可大可小,规模不等,小者在手标本上可见,大者可以切穿岩石圈,叫深大断裂。

(1)断层要素。一条断层由几个部分组成,这些组成部分,就是断层要素。其中最重要的要素是断层面和断层盘(图4-7)。

断层面:指岩层破裂后,两侧断块沿其滑动的面。断层面可以是水平的、直立的和倾斜的,并且倾斜者居多。断层面可以是平直的,也可以沿倾向、走向呈波状弯曲。断层面与地面的交线叫断层线。断层线的形状受地形和断层面形状的影响而变化。断层面愈平缓,断层线愈弯曲;断层面愈陡,断层线愈直;当断层面垂直时,断层线在平面图上是一条直线(断层面本身弯曲例外)。断层面的产状在野外用地质罗盘来测定。

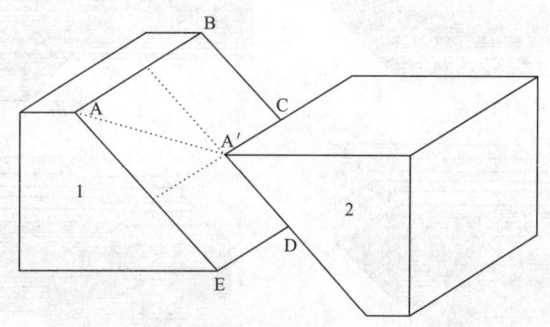

图 4-7 断层的要素(据舒良树,2010)
ABCDE.断层面;1、2.断层盘:1 为下盘,2 为上盘(图中为下降盘);AA′.滑距

断层盘:指断层面两侧的断块。当断层面倾斜时,断层盘就有上、下之分。在断层面上面的叫上盘,在断层面下面的叫下盘。断层面两侧断层盘相对位移的距离,叫断层滑距。滑距是指断层两盘实际位移的距离,即两个对应点之间真正位移的距离。走向滑距是总滑距在断层面走向线上的分量。倾向滑距是总滑距在断层面倾向上的分量。

(2)断层的分类。断层的分类方法较多,但按形态分类仍然是研究断层的基础。根据断层两盘相对运动的方向分为正断层、逆断层及平移断层(图 4-8)。

正断层:指上盘下降、下盘相对上升的断层。断层面倾角一般在 45°以上。这种断层多为张力或重力作用形成。

逆断层:指上盘上升、下盘相对下降的断层。这类断层主要由水平挤压而形成。

平移断层:两盘沿断层面走向方向作水平运动的断层。一般这种断层的断层面较陡,是由水平剪切力形成。亦称为走滑断层。

实际上,我们在野外见到的断层,并非单纯的上下移动和水平移动,严格地说,是上下移动和水平移动兼而有之的斜向滑动形式。

(3)断层的组合。不论何种断层,往往不孤立出现,而是成群产出,形成各种组合类型。

阶梯状断层:由一系列正断层叠在一起组成,并呈阶梯状的断层组合。

叠瓦式断层:由一系列逆断层叠复而成的断层组合。

地垒:两断层面相背倾斜,断层之间的断块相对上升而成。

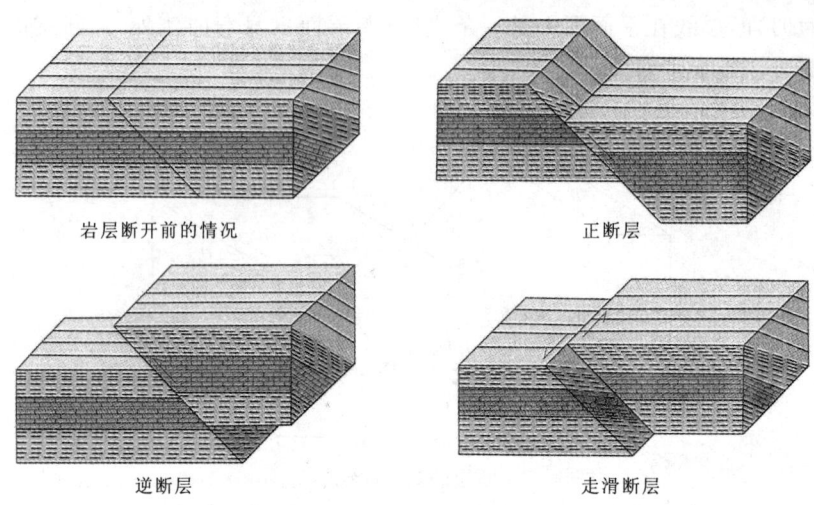

图 4-8 三种断层示意图(据舒良树,2010)

地堑:两断层面相向倾斜,断层面间断块相对下降。

构成地垒、地堑构造的,一般是正断层。

第二节 构造运动

构造运动主要是指地球内动力所引起的岩石圈的变形、变位以及洋壳的增生和消亡等地质作用。通常,把新近纪以前发生的构造运动,叫古构造运动;把新近纪以来发生的构造运动,叫新构造运动;把有人类历史以来发生的新构造运动,称为现代构造运动。

一般情况下,构造运动速度缓慢,不易被人直接察觉;有时却极为快速而激烈,如引起地震的构造运动。构造运动是引起各种规模和类型的地质构造与沉积作用发生,导致岩浆活动与变质作用的基本因素。因此,构造运动在地壳演变过程中具有特别重要的意义。

一、构造运动的标志

构造运动会在地貌、岩相及其厚度、地层(或岩石)的变形及其断裂、地层的接触关系等方面反映出一定的特征,这些就是构造运动的标志。

（一）地貌标志

各种地貌是内、外动力地质作用的产物，且不同类型的地貌分布多受构造运动的控制。地壳上升运动的地区以剥蚀地貌为主，下降运动的地区则以沉积地貌为主。如太行山隆起区，以剥蚀地貌为主，反映的是地壳以上升运动为主，而太行山山前断裂以东的华北平原，以沉积地貌为主，反映的是地壳以下降运动为主。

（二）岩相及厚度变化

岩相是指沉积岩生成时的自然环境、物质成分、结构构造以及所含生物在岩石上反映出的总体特征。例如，地壳上升，沉积物的粒度变粗，厚度变小，甚至出现间断，而使地表遭受风化剥蚀，这就是常说的海退岩相；如果地壳下降，沉积物的粒度变细，厚度加大，这就是所说的海进岩相；如果地壳升降运动频繁，交替出现，沉积物的粗细、厚度也会交替变化。反之，如果地壳运动相对稳定，沉积物就趋于稳定和较为简单。

沉积岩的岩相变化，反映了地壳运动的方向、速度变化；沉积岩的厚度变化反映了升降运动的幅度。如果同一种沉积物（岩）形成于浅海中，当沉积物（岩）的厚度超过浅海深度，超过越多，说明地壳下降幅度越大。反之，如果同一种沉积物（岩）沉积很薄，甚至产生缺失，这就说明该地区相对上升的幅度较大，甚至在一定时期已露出海面。

（三）褶皱和断裂

如前所述，褶皱和断裂是指地层或岩石的弯曲变形和破裂。它是构造运动的直接表现。一般升降运动引起的褶皱，从形态上看常常是一些大型的宽缓的隆起和坳陷。产生的断层也主要是张力引起的正断层或高角度的逆断层。如东非裂谷和大洋中脊等。

由水平运动造成的构造包括各种褶皱和断裂。强烈的挤压总是和紧密的褶皱、低角度逆断层（亦称为逆冲断层）相联系。褶皱和逆断层使地壳缩短变形和出现重复。当逆冲断层上盘被远距离推覆过来的地层或岩石（俗称推覆体）遭受长期风化剥蚀后，有时会形成上盘地层（或岩石）呈孤岛状残留在下盘地层（或岩石）之上，或者在四周的上盘地层（或岩石）之中呈天窗状出露下盘的地层（或岩石），前者被称为飞来峰，后者被称为构造窗。

(四)地层的接触关系

地层的接触关系很重要,因为它是构造运动的重要表现。常见的地层接触关系有整合、假整合和不整合三种形式。

1. 整合接触

整合接触指两套地层时代连续,岩层之间产状一致,互相平行,这说明它们在沉积时,其间没有发生间断现象。尽管可能有过升降运动的交替,但沉积物没有停止过(图4-9)。

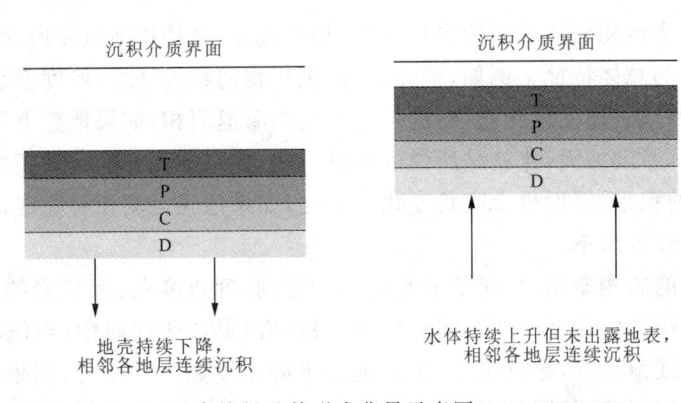

图 4-9 整合接触及其形成背景示意图(据舒良树,2010)

2. 假整合(或称平行不整合)接触

假整合指两套地层相接触,产状基本一致,但时代不连续,其间缺失某些时代的沉积物(或地层)。这种接触关系说明其间发生过升降运动,而且一度变为陆地遭受侵蚀,使两套地层之间出现凹凸不平的侵蚀面,这个面叫不整合面。缺失的地层时代,就是地壳上升的时期(图4-10)。

3. 不整合(或称角度不整合)接触

不整合指两套地层的接触既不相互平行,地层时代又不连续,其间有地层缺失(沉积物发生过间断),这说明在第二套地层形成以前,曾发生过水平挤压运动和上升运动,使上、下两套地层间成交角接触关系(图4-11)。

4. 侵入接触

侵入接触是岩浆侵入到周围的岩石之中,形成侵入体与被侵入的围岩间的接触关系。侵入体边缘常包有残留围岩块体,称为捕虏体。侵入接触说明该地区发生过较强烈的构造运动,引起岩浆侵入,形成了侵入体。侵入体的年代晚于被侵入围岩的年代。

5. 沉积接触

沉积岩层覆盖在早期形成的侵入体之上，分界面为剥蚀面，剥蚀面上残留有该侵入体遭受风化剥蚀的产物。该侵入体的年龄老于其上覆盖岩层的年龄。

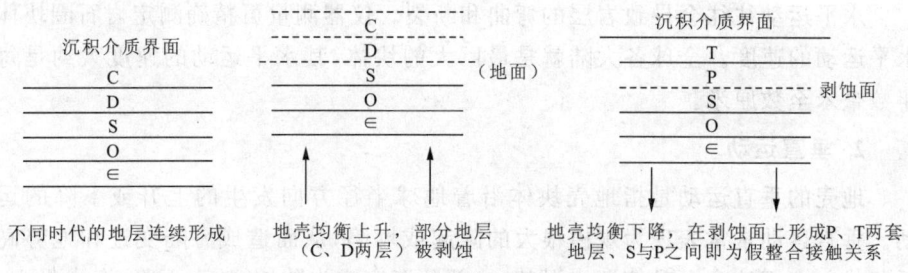

图 4-10　假整合接触及其形成过程（据舒良树，2010）

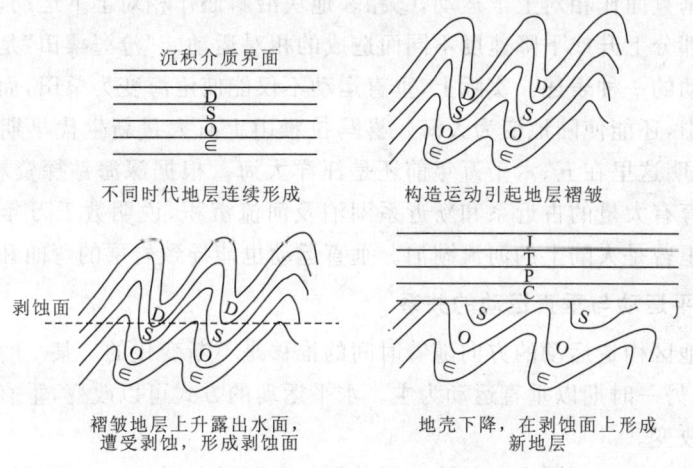

图 4-11　不整合接触及其形成过程（据舒良树，2010）

二、构造运动的主要形式

构造运动按其运动方向分为水平运动与垂直运动。

1. 水平运动

水平运动是地壳或岩石圈块体沿水平方向的移动。指在地壳的水平方向起主要作用的力，即与地面成切线方向的力（包括地壳的压缩和拉张）的作用下，地壳岩层所发生的运动,这种运动使相邻块体受到挤压,或者被分离拉开,或者剪切错动,甚至旋转。水平运动主要使地壳的岩层弯曲和断裂,形成巨大的褶皱山脉和断裂构造。因此,水平运动又称为造山运动。有三种基本形式:①相邻块体背向分离;②相邻块体相向会聚;③相邻块体剪切错开。剪切、错开的相邻块体既不分离,也不会聚。

水平运动往往会导致岩层的弯曲和断裂。仪器测量可精确测定岩石圈块体水平运动的速度。全球各大陆就是最巨大的块体,其水平运动的速度大约是每年数毫米至数厘米。

2. 垂直运动

地壳的垂直运动是指地壳块体沿着地球半径方向发生的上升或下降的运动。垂直运动常常表现为规模很大的隆起或坳陷,从而造成海陆变迁和地势高低起伏。由于地壳上升使海水退却,一部分海底成为陆地;地壳下降,海水侵入,原来的陆地变为海洋。因此,垂直运动又称为造陆运动。有三种基本形式:①相邻地块沿垂直面作相对上下运动,②相邻地块沿斜面作相对上下运动,③同一地块的不同部分上升或下降速度不同而造成的相对运动。"沧海桑田"是古人对地壳垂直运动的一种表述。实际上,垂直运动不仅能使沧海变为桑田,而且能使大海变为高山,还能使陆地变为大海。喜马拉雅山上有大量新生代早期的海洋生物化石,说明这里在五、六千万年前还是汪洋大海。根据深海钻探资料,我国东海海底发育有大量的古近系和新近系湖泊及河流沉积,说明数千万年前到数百万年前这里曾是大陆上的河流湖泊。垂直运动也能导致岩层的弯曲和断裂。

3. 水平运动与垂直运动的关系

同一地区构造运动的方向随着时间的推移是不断变化的。某一时期以水平运动为主,另一时期以垂直运动为主。水平运动的方式可以改变,垂直运动的方向也可以改变。

不同地区出现不同方向的构造运动往往有因果关系。一个地区块体的水平挤压可引起另一地区块体的上升或下降;相反,一个地区块体的上升或下降可引起另一个地区的块体发生水平方向的挤压、弯曲,甚至破裂。

此外,在大范围内,水平运动与垂直运动常常兼而有之。但对于一定时期、一定地域而言,是以某种方向的运动为主,另一种方向的运动为辅。因此,这两种运动常常相伴而生,运动的结果都不能任意地加以分隔和区分,实际上两者是相互联系、相互影响的。

三、构造期与构造事件

在地质历史中,构造作用的剧烈期与平静期是交替并重复出现的。同时,一次构造作用在不同地方不一定都是同时发生或结束,而是有一定时间和跨度的。因而构造作用的演化具有旋回性、多期性、穿时性的特点。我国的构造演化大致可以分为以下七大构造期,伴随多期多阶段的构造-岩浆事件。

1. 太古宙构造期

其时代跨越整个太古宙,距今早于 2500Ma,跨度极长。由于研究程度不够,尚未作详细划分。在此构造期,形成了多个由太古宙深变质岩组成的古老核心,称古陆核。在东北、华北和塔里木地区,都出露了成岩年龄为 2800～2600Ma 的古陆核碎块,其中携带有 3800～3700Ma 的最古老岩石。在该构造期的末期,曾发生了强烈的构造活动,称为阜平构造-岩浆事件,简称阜平事件(以太行山阜平地区最为典型而命名),很多人把构造事件亦称为运动,所以也称为阜平运动(下同)。该事件使太古宙地层发生强烈的变质和变形,伴随强烈岩浆活动以及太古宙地层与元古宙地层之间的角度不整合接触。

2. 元古宙构造期

它跨越了除南华纪、震旦纪以外的全部元古宙,距今约 2500～800Ma。其中包含多个次一级构造期,每个次一级构造期的末期都出现了重要的构造-岩浆事件。如华北的五台事件(发生在距今 2000Ma 前,以山西五台山地区为典型而命名)、山西的中条事件(发生在距今 1700Ma 前,以中条山地区为典型而命名)、广西的四堡事件(发生在距今 1000～900Ma 前)、云南的晋宁事件(发生在距今 800Ma 前)。这些构造-岩浆事件促使早、中元古代地层发生区域变质、变形,产生强烈岩浆活动并造成相应地层之间的角度不整合接触关系。

3. 新元古代晚期—志留纪构造期

该构造期时间跨度从 800Ma 到 419Ma,经历了南华纪、震旦纪以及寒武纪到志留纪末的较大时间跨度。这一时期大陆地壳快速增长。晚奥陶世—早泥盆世期间,在华南以及秦岭-祁连、天山等地区发生了一次强烈的构造-岩浆事件,使所有前泥盆纪岩层卷入强烈褶皱变形,并有一些区域变质作用发生,伴随大规模花岗岩浆活动,泥盆纪地层不整合覆盖在志留系或更老地层之上。这期构造-岩浆事件具有全球意义,美国的阿巴拉契亚山、西欧的挪威-苏格兰、东格陵兰、西伯利亚南缘、东澳大利亚等地区,都发生了同样的构造造山事件。在欧洲,称加里东事件;在北美,称塔康事件和阿克丁运动。我国也称为加里东事件或广西事件。

4. 晚古生代构造期

该构造期时间跨度从419Ma到252Ma，相当于泥盆纪初到二叠纪末，对应于欧洲的海西期（又称华力西期）。在此构造期末，相当于300～252Ma，发生了强烈的构造-岩浆活动，使下古生界地层以及更老岩层褶皱变形，逆冲推覆，伴随大规模的玄武岩浆喷发和花岗岩浆侵入活动（如峨眉山、塔里木等地），以及三叠系地层不整合覆盖在老地层之上。在我国，此构造-岩浆事件主要见于新疆、内蒙古、昆仑山、峨眉山等地区，在华南地区，表现不明显。

5. 早中生代构造期

其时代为三叠纪，相当于252～201Ma。在早—中三叠世，发生了强烈的构造作用。其表现为三叠系以及更老地层的褶皱变形、逆冲推覆和变质作用，伴随花岗岩浆活动，上三叠统—下侏罗统不整合覆盖在中三叠统及更老地层上。该构造作用在印度支那半岛（即中南半岛）发育最好，被最先命名，称为印支事件。在我国，这一构造事件见于青海东南部、四川西部和东北部、大别山以及华南等许多地区。

6. 燕山构造期

其时代从侏罗纪到白垩纪末（201～66Ma）。在此构造期内，发生了强烈的构造-岩浆作用，即燕山运动（以北京、河北的燕山地区为典型，并研究最早而得名）。以地壳-岩石圈的大规模伸展减薄、陆内成盆、巨量花岗岩浆活动为特征。燕山构造期及其燕山事件在我国东部地区表现最为广泛，形成走向近南北、宽400～800km、延伸4000km的花岗质火山-侵入杂岩带。

7. 喜马拉雅构造期

其事件跨度包括整个新生代（66Ma—现今），发生在此期间的构造事件统称喜马拉雅事件。其主要表现是新生代地层的强烈褶皱变形与隆升造山，伴随岩浆活动、变质作用以及古近系—新近系内部及其与第四系之间的不整合接触。其影响最强烈的地区是我国的青藏高原、三江地区、天山、昆仑山、阿尔金山和台湾等地。东部沿海地区也有一定响应，以碱性玄武岩喷发为特征。

四、地震及其分布区

（一）地震的概念

地震是指地壳某个部位的岩层所积累的应力超过岩层的承受极限，突然释放出能量而引起的一定范围内地面震动的现象。诱发地震的因素有构造运动、火山喷发、地面塌陷和人工因素。地震虽然发生在一瞬间,但其孕育过程的时间却是比较长的。在地震孕育时,内能逐渐积累的过程中,将会引起所在地区地壳物理性质等一系列的变化。如岩石在地应力作用下可改变其电阻率,并使岩石发生压磁效应,从而引起大地电场和磁场的变化。我们在地震前夕和地震时往往看到地下发出像闪电一样的地光,这种地光实际上就是由大地电场变化引起的放电现象。地应力的变化还可使地下水的存在状态和化学成分发生变化,使水位和水质突然改变,甚至造成喷水冒沙等现象。

地震发生过程中,除引起地球物理性质的微观变化外,还可使地形和地壳结构发生明显的变化,如隆起和陷落、滑坡和山崩,形成褶皱和断裂等宏观的地质现象。地震不仅发生在陆地上,也经常发生在海底,发生在海底的地震,称为海震。海震时,从海底震源处发出的地震波,掀动上覆的海水形成巨大的海浪,称为海啸,其波长达数百米,当其到达海岸时,波长减小,波高迅速增高,具有极大的破坏力。

引起地震的原因较多。当岩浆喷出地表形成火山时,可引起火山地震;在岩溶发育地区,由于溶洞顶部岩石的陷落,可引起陷落地震;山崩、陨石坠落等也可引起地震。但它们的强度和影响范围都不大,而且除火山地震的数量稍多外,其余的都是极其少见的。世界上大多数地震和绝大部分大地震均属构造地震。构造地震约占整个地震的90%。构造地震常常分布在断层活动带及其附近,地震后在地表常形成新断裂。其形成机制是在岩石圈的一些地区内由于应力的聚集,而使岩石发生变形,当岩石内不断积累起来的地应力大于岩石强度时,岩石便会产生破裂,同时将能量突然释放出来。这好比弯曲一个钢片,在外力作用下,钢片弯曲处便引起应力集中,当应力增大超过钢片强度而折断时,便突然释放出聚集的能量。岩石断裂时释放的能量,以地震波的形式向周围传播,于是便形成了地震。

地震波发源的地方叫震源。震源在地面的垂直投影叫震中,它可以看作是地面上的震动中心。从震源到震中的距离叫震源深度。震源可以发生在地下不同深度,其最大深度可达700km左右。根据震源的深度,可将地震分为:浅源地震,指震源深度为0~70km的地震;中深源地震,指震源深度为70~300km的地震;深源地震,指震源深度大于300km的地震。据统计,大多数地震属浅源地震,破坏性大的地震震源深度多在20km范围内,一般不超过100km,中深、深源地震较少。

(二)地震分布区

研究地震资料表明,地震的地理分布是有一定规律的,现代地震大多数都集中在岩石圈板块的边界附近。部分发生在大陆内部的活动断裂带(图4-12)。

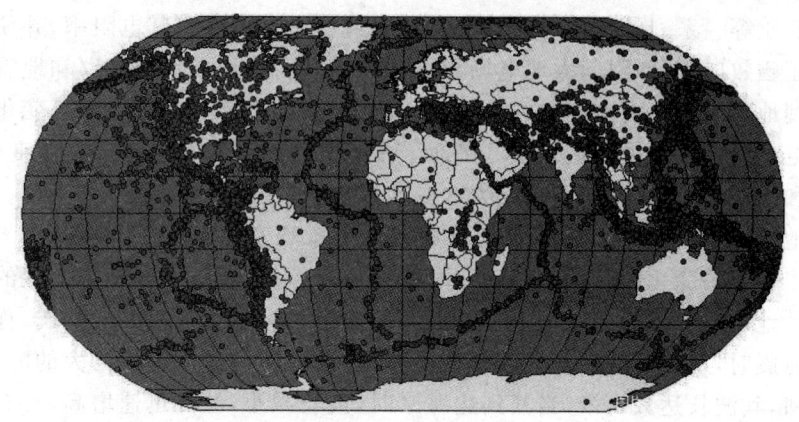

图4-12 1995—2001年世界地震震中分布图

1. 环太平洋地震带

该地震带从南美的麦哲伦海峡起,沿南北美洲的西岸,通过阿留申群岛,堪察加半岛、千岛群岛经日本,我国台湾、菲律宾到新西兰,即沿太平洋板块周围的海沟-岛弧带分布。这一地震带较宽,地震活动频繁而强烈,约占地震总数的80%,包括大量的浅源地震,90%的中源地震,几乎所有的深源地震和全球大部分特大地震。例如,1923年日本关东8.3级地震,1960年美国加利福尼亚8.3级地震,1960年智利9.5级地震。2011年3月11日,日本当地时间14时46分,日本东北部海域发生里氏9.0级地震并引发海啸,造成重大人员伤亡和财产损失。地震震中位于宫城县以东太平洋海域,震源深度20km。东京有强烈震感,地震引发的海啸影响到太平洋沿岸的大部分地区。地震造成日本福岛第一核电站1至4号机组发生核泄漏事故。截至当地时间4月12日19时,此次地震及其引发的海啸已确认造成14 063人死亡、13 691人失踪。

2. 阿尔卑斯-喜马拉雅地震带

该地震带西起大西洋亚速尔群岛,向东经地中海、土耳其、阿富汗、巴基斯坦、印度北部、中国西部和西南部边境,过缅甸到印度尼西亚,与环太平洋地震带相接,即沿印度板块与欧亚板块相碰撞的缝合线一带分布。它横越欧、亚、非三大洲,全长超过20 000km。地震带宽而不规则,该带集中了世界上15%的地震。主要是浅源地震和中源地震,缺乏深源地震。有的地震很强烈,如1755年葡萄牙里斯本8.7级地震、1897年印度阿萨姆8.5级地震、1950年我国西藏察隅8.5级地震。其中1755年的里斯本地震有感半径达2500km,地震引起了大火,摧毁了这座海滨城市。

3. 洋脊地震带

该地震带主要分布在各大洋的洋中脊地带,如大西洋洋脊、印度洋洋脊和太平洋洋隆等。此带地震的震级一般较小,很少超过5级地震。

4. 陆内变形带

近代研究表明,大陆内部分布有一些范围相对较小的地震带,主要是板块碰撞影响带(断裂带)和陆内裂谷带(如东非裂谷地震带)。陆内地震或板内地震虽然规模不如上述三个带,但不少地区地震频繁,震级大,震源深度小,一般不超过20km,破坏性很强。如我国塔里木盆地西北侧的伽师—沙雅一带,5~6级地震时有发生。1976年7月28日发生的7.8级唐山地震、2003年12月26日在大陆腹地伊朗中部发生的6.3级地震、2008年5月12日四川汶川8.0级地震、2010年4月14日青海玉树7.1级地震等,其位置都不在板块边界处,而是大陆内部断裂带部位,属于板块构造作用影响下的陆内变形结果。2008年5月12日14时28分,四川汶川发生8.0级浅源地震,顷刻之间,房屋倒塌,路桥损毁,山体滑坡,河流堰塞,满目疮痍。北川县城、汶川县映秀镇等地夷为平地。共计9万余人遇难,374 646人伤残,4624万人受灾,直接经济损失达8451亿元。

我国东部从长白山经渤海湾、黄海到东南沿海、台湾,属于环太平洋地震带及其邻近陆内变形带。该带以中—浅源地震为主,有的震级较大。如海城-营口地震、唐山地震、邢台地震、台湾地震等。我国西部地区从新疆经西藏到四川、云南一带,属于阿尔卑斯-喜马拉雅地震带及其邻近的陆内变形带,该带地震频繁发生,震级大,破坏性强。我国内陆许多构造带都属于板块碰撞影响带。因此地震分布的范围广,除了集中分布区带之外,还存在零星分布的区带。

第三节 大地构造简介

大地构造是指整个地壳(乃至岩石圈)尺度的地质构造。研究地壳(乃至岩石圈)构造的形成、发展和变化规律,以及构造运动的起因,是大地构造学的任务。其中影响最大、应用非常广泛的有地槽-地台学说和板块构造理论。

一、地槽-地台学说

地槽-地台学说简称槽台说,该学说认为地壳活动的主要构造单元有地槽和地台两类,地台是由地槽演化而来的。

(一)地槽

在1859年,美国地质学家霍尔(J Hall)在研究美国东部阿巴拉契亚山区的褶皱时,发现该褶皱区古生代沉积地层的厚度达近万米,与美国中部平原区同时代产状平缓的沉积地层相比,是其厚度的九倍。霍尔由此得出结论:这些褶皱山脉是在地壳的巨大坳陷处形成的,在坳陷发育过程中堆积了巨厚的浅海相沉积物。1873年美国地质学家丹纳(J D Dana)发展了霍尔的认识,把这种坳陷称为"地槽"。丹纳认为地槽是这些褶皱山脉形成的大地构造单元,其形成早期的特点是接受沉积,其形成晚期到结束时的特点是褶皱成山。1900年法国地质学家奥格(E Hang)首次明确划分出地壳的两种基本构造单元——地槽和地台。以后各国的地质学家不断发展和丰富了地槽-地台大地构造学说,直到20世纪50年代,这一学说的理论体系达到了相当完善的程度,成为了那一时期大地构造学说的主流。

按照地槽-地台学说,地壳可以划分为强烈活动的地区即地槽区和相对稳定的地区即地台区。

地槽是地壳上强烈活动的巨大坳陷带,它具有以下特征。

(1)一般呈窄长地带,长为数百至数千千米,宽为数十至数百千米。

(2)沉积作用强烈和持久,沉积物厚度巨大,且在垂直走向上岩相和厚度的横向变化很大。

(3)构造作用复杂,地层褶皱强烈,常呈紧闭褶皱;断裂发育,多为挤压性质的走向逆断层、逆掩断层和推覆构造。

(4)岩浆活动强烈,从超基性、基性到中性、酸性,从侵入岩到喷出岩均有出现,并伴随有多期成矿作用。

(5)区域变质作用发育,形成有区域变质岩系及有规律分布的变质带。

(6)地貌特征表现为狭长的绵延山脉。

地槽的形成和发展可分为两个阶段。

第一阶段为坳陷形成和下降阶段,早期的沉积物为陆源碎屑沉积(包括硬砂岩和板岩),中期为硅质岩和火山岩沉积(包括硅质页岩和细碧角斑岩),晚期为碳酸盐沉积(包括灰岩和泥质灰岩)。褶皱和断裂作用不强烈。岩浆活动为由微弱到强烈,广泛的海底火山喷发及其小型基性—超基性的墙状或层状侵入。伴随的矿产有铁、锰、铝、磷等外生矿床,与基性—超基性侵入岩有关的为铁、镍、铂、钛等矿床,与火山作用有关的为铁、铜及多金属矿床等。

第二阶段为褶皱上升阶段,沉积物由海相逐渐变为陆相,颗粒由细变粗。伴随强烈褶皱和断裂活动,普遍发生区域变质作用。岩浆活动由弱到强,甚至出现大规模的酸性岩浆侵入,形成巨大岩基,并伴有接触交代型和中低温热液型多金属热液矿床的形成。经过褶皱上升、岩浆活动以及区域变质作用等一系列地质作用以后,地槽活动结束,形成了相对稳定的褶皱山系。

地槽又可以分为优地槽与冒地槽。优地槽是指离稳定地块较远,地壳活动性较强,有残余洋壳成分即蛇绿岩套,火山物质占重要成分的地槽。冒地槽则是指离稳定地块较近,没有残余洋壳,缺乏火山物质,以碎屑岩和碳酸盐岩为主的地槽。

(二)地台

地台的概念是由奥地利地质学家徐士(E Suess)在1885年提出的,他认为地台是地壳上稳定的、自形成后不再经受强烈褶皱变形的地区。由于在这种构造单元中地层产状平缓,地形上也相应很平坦,所以徐士把这种构造单元命名为地台。

地台是指地壳上相对稳定的地区,它具有以下特征。

(1)一般呈近等轴的不规则外形,直径可达数千千米。

(2)具有典型的双层结构:下构造层为经历了强烈褶皱和不同程度变质作用的结晶变质岩系所组成,常称为基底构造层或结晶基底;上构造层是由相对稳定的、产状平缓的沉积岩层组成,常称为盖层构造层或沉积盖层。在上、下构造层之间为明显的区域性角度不整合接触。两个构造层分别代表了两个不同的大地构造发展阶段,下构造层代表了地台形成之前地槽活动阶段的历史,上构造层则代表了已经转变为相对稳定的地台以后的发展历史。地台内长期处于上升剥蚀状态、几乎没有沉积盖层,褶皱基底直接出露的地区称为地盾。地台的这种双层结构如图4-13所示。

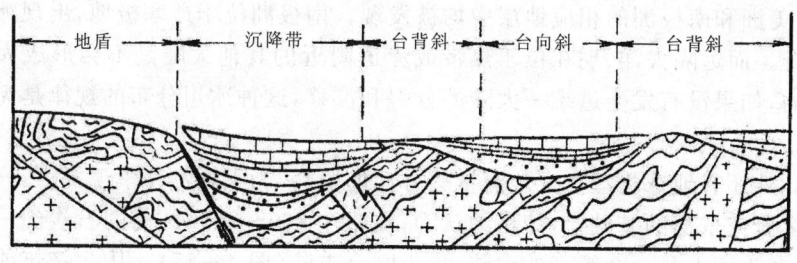

图4-13 地台的二元结构示意图(据李亚美等,1984)

(3) 盖层的厚度较小,且横向变化不大。盖层构造简单,地层产状平缓,褶皱不强烈,断层也不很发育。

(4) 岩浆活动微弱,常缺乏大规模的岩浆侵入和火山作用。

(5) 盖层未经受区域变质作用。

(6) 盖层中矿产以铁、锰、铝、磷、煤、石油等外生矿床为主。

二、板块构造理论

(一) 板块构造理论之序幕——大陆漂移学说

板块构造理论是在大陆漂移学说和海底扩张学说的基础上发展及丰富而形成的。大陆漂移学说起源于欧洲。1668年法国普拉赛提出美洲与其他大陆曾经相连,但未引起广泛重视。1912年德国学者魏格纳(A L Wegener)提出大陆漂移学说,并在1915年的著作《海陆的起源》中做了论述。他不仅发现大西洋两岸大陆轮廓非常吻合,而且还发现了重要的古生物、地层、岩石、构造和冰川等证据,证明古大陆沿大西洋发生过开裂和漂移。

古生物和地层的资料显示,大西洋两岸有许多能够对应的古生物种属及相同地层,如二叠系地层中保存的爬行类动物化石——中龙(Mesosaurus)在南美洲和非洲均有发现。陆生动物圆庭蜗牛既发现于德国和英国,也发现于大西洋对岸的北美洲相同地层。

沿苏格兰—挪威延伸的加里东造山带,消失于大西洋之后,又在大西洋西岸的格陵兰再次出现。地层和化石特征相同的早古生代阿巴拉契亚造山带,既见于北美洲的东部,又出现于北部非洲西海岸。

有力的证据表明,在大西洋形成之前,这些山脉和地层曾经是连在一起的。

古冰川遗迹的分布,是证明南半球各大陆曾经发生过分裂、漂移的有力证据(图4-14)。石炭纪至二叠纪同一时期的冰川活动遗迹,在印度、澳大利亚、非洲、南美洲和南极洲的相应地层中均被发现。南极洲位于严寒极地,出现冰川不足为奇。而远隔大洋、现在位于热带或赤道附近的其他大陆是不会形成大规模冰川的,如果没有发生过统一大陆的分裂和漂移,这种冰川分布的规律是无法解释的。

此外还有地球物理与大地测量等方面的资料,为大陆漂移学说提供了依据。在诸多研究依据的基础上,魏格纳认为,在距今360~250Ma前的石炭纪—二叠纪,地球表面上是一个统一的大陆,称为联合古陆(图4-15)。从2亿年前的侏罗纪开始,联合古陆被分裂成若干块体,并各自漂移,最终演变成现今的陆海格局。

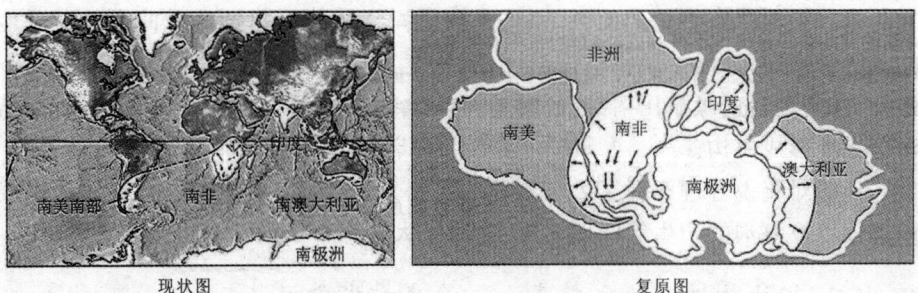

图 4-14 南半球各大陆石炭纪—二叠纪冰川的分布(据舒良树,2010)

图 4-15 2亿年前的联合古陆与泛大洋(据舒良树,2010)

由于对漂移机制的解释(潮汐力和离极力驱动的硅铝层在硅镁层之上的移动)难以成立,大陆漂移学说的一些依据不令人信服,大陆如何具体拼接等问题也未能很好地解决,因此提出不久便受到质疑和批评,未能很快被广泛接受。

对于大陆漂移的驱动力问题,同位素测年的创始人、英国地质学家霍尔姆斯(Holmes)1928年提出了地幔对流说。地幔对流说的基本论点是:地幔下层物质在某些部位因受热而上升,到达岩石圈之下后分成两股,朝相反方向流动,从而将大陆撕裂分解,并使分裂的大陆块体随地幔流漂移。裂解的陆块之间便形成海洋。部分上升的地幔流因减压而熔融,形成岩浆喷发,岩浆冷凝后构成洋底和岛屿。而在一定距离的两侧,尤其是在地幔流的前缘遇到从对面来的另一地幔流的前缘时,地幔上层物质因温度低、密度大而下降,从而牵引大陆块体向下运动,并使大陆边缘挤压褶皱,同时地幔流也拖拽着洋底玄武岩向下运动,在陆洋边缘处形成海沟。

地幔对流说合理解释了大陆漂移的机制、大洋与岛屿的出现、大陆边缘山链的形成以及海沟的产生等问题,修改完善了大陆漂移学说的理论基础。

(二) 板块构造理论之前奏——海底扩张学说

大陆漂移学说由于广泛受到质疑和批评而未能顺利发展成为主流学说,之后便沉寂下来。直到 20 世纪 40 年代第二次世界大战结束后,欧美国家开展了大规模的海底探测,取得了大量的研究成果,大陆漂移学说才重新受到关注和重视。由于海底地貌、海洋地质(包括洋底沉积物的分布、厚度变化及年龄)、海洋地球物理研究的进展,进一步提供了地壳构造、地磁、地热等方面的资料,在原有大陆漂移学说的基础上发展创立了更加科学和被广泛接受的海底扩张学说。

海底扩张学说是由美国地质学家迪茨(R S Dietz,1961)和赫斯(H H Hess,1962)提出并深入阐述的。

海底地质考察包括水深的测量,既查明了海底起伏,还探明了海底的基岩起伏,绘制出了海底地形图;也包括利用潜水装置潜入水下直接观察、取样和摄影,探明了洋底地貌和洋脊的延伸及地质特征;还包括海底地球物理调查,如海底的地磁分布及变化、海底的重力分布、海底地震和地热等,为查明洋底的地质构造、物质成分等提供了重要的依据,为海底扩张学说提供了证据,这些证据主要有以下几个。

1. 洋中脊的发现

原先人们不知道有洋中脊的存在。洋脊是绵延全球各大洋底的巨大山脉,是地球上最为突出的海底地貌景观。洋中脊轴部发育纵向深谷,称为裂谷,是由一系列高角度正断层组成的地堑,由岩石圈破裂张开形成的。洋中脊上有大量火山活动,是地幔岩浆沿洋中脊上涌形成的。洋中脊中央不断由玄武质岩浆喷发冷凝形成新的洋壳,两侧不断向离开洋中脊的方向扩张。位于大西洋洋中脊延长线上的冰岛,有一条规模巨大的裂谷带贯穿该岛中部,玄武岩在此呈裂隙式喷发,导致高热流分布。精细测量资料表明,沿冰岛中轴线向两侧,正以每年 2cm 的速度扩张;其他的洋中脊也是这种情况,只不过向两侧扩张的速度有所不同。洋中脊还是重要的地震带,这些部位的地震频繁,震级低、震源浅。

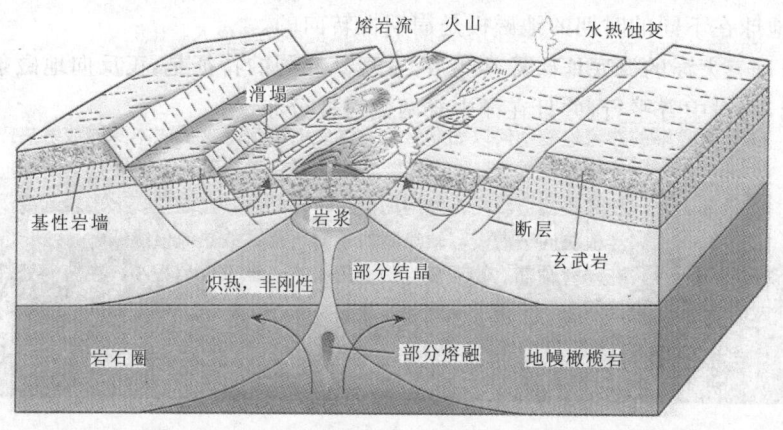

图 4-16　洋中脊地质剖面示意图（据舒良树，2010）

2. 大洋沉积物特征

通过海底研究发现，洋底沉积物的厚度自洋中脊轴部向两侧逐渐增大，覆盖在洋底玄武岩基底之上的最老沉积物的年龄与距离洋中脊轴的距离成正比，即洋中脊轴部缺少沉积物，离洋中脊越远，沉积物厚度越大（不过最厚处也只有500～600m），沉积物的年龄也愈老，现已探明洋底最早的沉积物时代为侏罗纪，没有发现更早年代的洋底沉积物。这与距离洋中脊愈远，构成洋底的火山岩的年龄越老是一致的。总之，洋底的年龄自洋中脊向两侧由新到老对称分布，这正是由于海底扩张所致。

3. 海底热流值和重力值的分布规律

海底探测表明，洋中脊的热流值极高，向两侧逐渐变低，在海沟处热流值极低。与之相反，洋中脊的重力值很小，而海沟处的重力值很高。在洋中脊轴部地幔岩浆不断上涌，加之软流圈顶面较浅不断直接补充热源，物质炽热而热流值高，物质膨胀而重力值低，而在海沟处大洋板块向下潜没，软流圈的顶面下落，因此热流值低，洋壳冷而致密，因此重力值高。

4. 海底地磁异常条带的发现

从洋中脊裂谷带喷涌出的玄武岩浆，当其温度下降到居里点[①]以下时，熔岩

[①] 居里点温度，也称居里温度或磁性转变点。它是19世纪末，居里夫人在实验室里发现磁石的一个物理特性，即当磁石加热到一定温度时，原来的磁性就会消失，这个温度就叫"居里点"。现在是指材料可以在铁磁体和顺磁体之间改变的温度，即铁磁体从铁磁相转变成顺磁相的相变温度。

内部原子受到地球磁场的控制而被磁化,其磁化方向与地磁场方向一致。研究表明,地球在不同的时期的地磁极是周期性转向的。

通过三大洋的海底地磁异常测量,发现其共同的特征是:正反向地磁条带相间排列,与洋中脊平行,并且在洋中脊两侧对称分布。

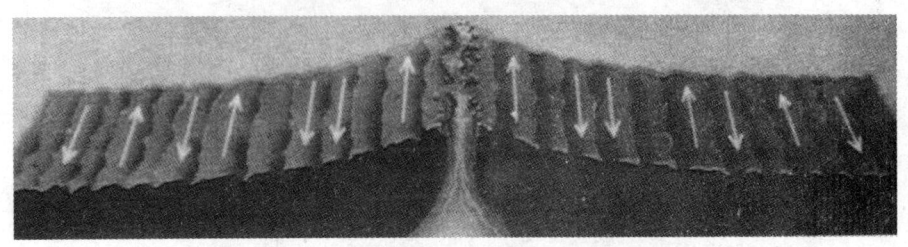

图 4-17　海底地磁异常条带(据舒良树,2010)

研究表明,正反向磁异常条带相间排列实际上记录了地球磁场的变化和海底扩张的历史。随着海底扩张,先形成的洋底向两侧推开,洋中脊轴部又喷涌出新的物质形成洋底,如果这时地球磁场发生磁极转向,新形成的洋底便在相反的磁场方向下磁化,形成与先前磁化方向相反的磁异常条带,地磁场极性反复转向,海底又不断扩张,这样就在洋底留下了一系列正反相间排列的磁异常条带。

随着科学技术的发展,对海底地质、地壳深部及上地幔的物质组成、物理状态和构造运动等都有了更深入的了解,不但复活了大陆漂移学说,验证了海底扩张的学说,而且进一步发展形成了板块构造理论。大陆漂移、海底扩张和板块构造是现代大地构造学发展的三部曲。

(三)板块构造理论体系

1. 板块构造的基本观点

板块构造理论是在 20 世纪中叶兴起并逐渐成为主流的大地构造学理论。由于它对全球构造和很多地质现象(如地震、火山作用、双变质带、热水溶液成矿作用规律等)都能做出相当合理的解释,成为了统领地质学各学科的理论基础,并且把地质科学推向了一个全新的阶段,因此板块构造理论被誉为传统地质学领域中的一场根本性革命(Wilson,1968)。

板块构造的基本观点是:地球外部的岩石圈并非完整的一体,它以三种构造活动带(洋中脊或大陆裂谷、俯冲带或碰撞带、转换断层)为边界,被分割成若干块体,这些块体称为板块。岩石圈板块漂浮在地幔软流圈之上,不断生长、移动、消亡,板块边界是地球表面最活动的地带,绝大多数地震、火山、造山运动分布于这些构造活动带,而板块内部则是相对稳定的地区。板块运动是形成地表各种构造活动和变动的根本原因。

根据全球构造活动带、地震和火山的分布,以及地球物理资料的计算分析,1968年法国地质学家勒皮雄(Le Pichon)将整个地球岩石圈划分为六大板块:太平洋板块、欧亚板块、非洲板块、美洲板块、印度-澳大利亚板块(简称印-澳板块或印度洋板块)和南极洲板块。

图4-18　全球六大板块的分布(据舒良树,2010)

上述板块面积都很大,每块面积基本都大于$10×10^7 km^2$。除了太平洋板块绝大部分是由洋壳组成外,其余五大板块均由洋壳岩石圈和陆壳岩石圈复合构成。如美洲板块是由美洲大陆和西大西洋组成,非洲板块是由非洲大陆和东大西洋组成。可见,板块范围并不与所在的大陆或大洋一致。

后来,根据地震震中的集中分布带等依据,学者们又把美洲板块划分为南美、北美、加勒比、科科斯和纳兹卡这5个次级板块;从欧亚板块中,划分出了阿拉伯板块、东南亚板块、菲律宾板块等数个次级板块。

板块构造是研究岩石圈板块及其之间相互作用的大地构造理论。板块之间的相互作用控制着各种内动力地质作用和外动力地质作用,特别是沉积作用的进程。

2. 板块的边界类型

根据板块之间相对运动的性质特征,板块边界可分为三种类型,即离散型边界、聚敛型边界和剪切型边界,如图4-19所示。

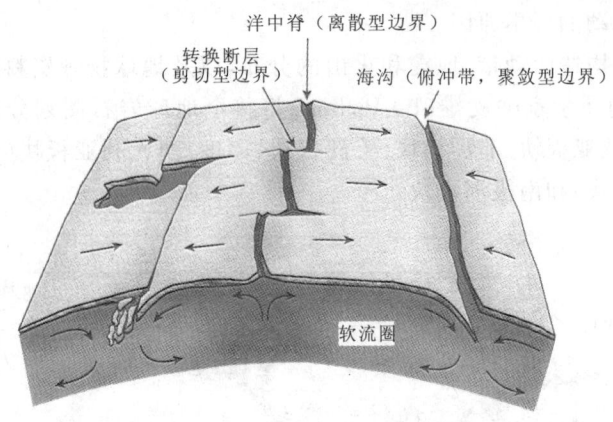

图 4-19　板块边界的三种类型(据舒良树,2010)

离散型边界:是指大洋的洋中脊。除太平洋外,洋中脊由于一般位于大洋中间,故又称为中央海岭或洋隆。沿着这种板块边界,岩石圈发生分裂并向两侧扩张,地幔物质上涌并由于压力降低而形成岩浆,岩浆喷发形成玄武岩堆积,组成新的洋底。在非洲板块东北界,是一个北西走向、狭长状的红海,也属于离散型边界。红海是东非大陆裂谷的一部分,是一个正在分裂扩张的地带,属于大洋形成的初级阶段。在洋中脊和大陆裂谷,岩浆活动广泛,浅源地震频发,热流值高,地堑断裂活动发育,属于生长型板块边界。

聚敛型边界:是指海沟俯冲带和大陆碰撞带(亦称地缝合线)。沿这类板块边界,两个相邻的板块做相向运动,密度大的板块俯冲潜没于密度小的板块之下。这类板块边界属于消减型板块边界。

海沟属于俯冲聚敛边界,在这些位置大洋板块向另一板块(大陆或大洋)之下俯冲,并逐渐潜没消亡。两个相邻板块的界线,即大洋板块的俯冲带。在大洋板块向下俯冲的过程中,在海沟附近,发生强烈的变形和变质作用,形成低温高压变质带。在俯冲带深部,俯冲板块被熔融而成岩浆,岩浆向俯冲带的上盘上涌引发一系列侵入和火山作用,形成岛弧以及相关的构造变形变质带,岛弧一带发生的变形变质作用一般温度高而压力低,属于高温低压变质带。板块俯冲带,除了发生强烈的变形、变质作用及岩浆作用,也伴随着各种有关的成矿作用,另外聚敛边界也是地震最强烈活动地带,包括大量的浅源地震、绝大多数中源地震和几乎所有深源地震。

大陆碰撞带是指两个大陆板块的碰撞焊接带。一个由洋壳岩石圈和陆壳岩石圈共同组成的板块,其前端洋壳部分俯冲到另一大陆板块之下,不断俯冲不断消减,当洋壳部分俯冲消减殆尽时,其陆壳岩石圈部分就与其边界上盘的大陆板块直接发生强烈碰撞,产生巨大的挤压力,在碰撞带上形成绵延高耸的山脉,如喜马拉雅山脉。大陆碰撞带及其两侧,不仅是发生强烈构造变形的部位,也是岩浆活动、区域动力变质作用、沉积作用、成矿作用和地震活动集中的部位。

剪切型边界:即转换断层边界。沿此类板块边界,两侧板块既不增生,也不消减,两个相邻板块在转换点(两侧洋中脊的轴部与该转换断层的交点)之间沿陡立界面发生剪切错动,并可诱发地震、变形与岩浆作用。转换断层与洋中脊相伴出现。

3. 板块的运动

在地质历史发展进程中,不仅每一个板块本身在一边生长、一边消减、不断更新,而且板块与相邻板块之间也有相对的运动。相邻板块之间的相对运动,主要方式如下。

1)背离运动——海底扩张

这种运动是指在上述离散型边界发生的相背运动,张裂开的海底不断被从地幔上涌的岩浆物质所充填,形成新的洋底。在不同的洋中脊,以及同一洋中脊的不同部位,海底扩张的速度是不一样的。

在目前海底扩张的部位,不仅新形成有玄武岩岩浆,而且伴随有海底火山喷气成矿作用等地质现象。

2)会聚运动——板块的俯冲与碰撞

相邻两个板块相向运动,在上述的聚敛型边界处会聚,一个板块向下俯冲;另一个板块向上仰冲,或表现为两个大陆板块相碰撞。常见的会聚运动有四种情况。

(1)两个大洋板块相会聚(图4-20a),在接触处产生海沟-岛弧体系。如太平洋板块向印-澳板块俯冲的俯冲带。

(2)大洋板块和前缘带有岛弧的大陆板块相会聚(图4-20b),在接触处形成海沟-岛弧-弧后盆地体系(简称为沟-弧-盆体系)。如西太平洋地区的俯冲带。

(3)大洋板块和大陆板块直接会聚(图4-20c),在接触处形成海沟-山弧体系。一般不形成弧后盆地,以东太平洋的智利—阿根廷一带最为典型。

(4)两个大陆板块会聚(图4-20d),在碰撞处形成高原或高耸山系。如喜马拉雅山脉至阿尔卑斯山脉一带。

板块的会聚运动(即俯冲和碰撞)是造成地球表层各种构造现象的原因。与板块会聚运动相伴随的主要构造运动如下。

(1)形成海沟-岛弧-弧后盆地体系(太平洋西缘)或海沟-山弧体系(太平洋

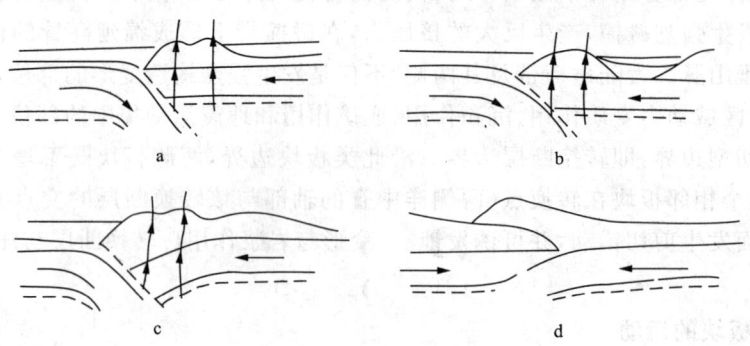

图 4-20　板块的会聚运动(转引李亚美等,1984)

东缘),这是地球表面最显著的海陆格局。或者形成巨大的碰撞造山带(喜马拉雅山脉—阿尔卑斯山脉),这是地球上最显著的内陆山脉带。

(2)世界上80%的浅源地震、90%的中源和几乎100%的深源地震都分布于此,这些部位是地震分布最密集、最强烈的地区。

(3)在离海沟一定距离(150～200km)的岛弧或者大陆山弧出现较多的火山活动。

(4)在板块俯冲带的海沟附近,由于温度低(海沟的热流值低、缺少岩浆活动等热事件)、压力高(板块俯冲的强大压力),形成一个低温高压变质带,以出现蓝闪石片岩为特征。与之相对应,在板块俯冲带的岛弧部位,由于岩浆活动强烈而热流值高、俯冲带上盘离俯冲部位较远而压力明显降低,因此形成了高温低压变质带,以含红柱石、矽线石及蓝晶石等变质矿物为特征。两个变质带平行海沟分布,组成所谓双变质带或对变质带,如图4-21所示。

(5)在俯冲带的前缘附近,不同时代、不同地点的沉积物(由仰冲板块上崩落的岩石碎块及由俯冲板块上刮削下来的沉积物等)压缩、堆积在一起,形成混杂堆积。在如图4-21中的海沟部位,这些沉积物在低温低压下形成埋藏变质作用,即低温低压变质带。由于其变质强度较低,因此通常不与前述双变质带相提并论。

(6)在俯冲碰撞带上,分布着有超基性—基性岩、喷出岩和硅质沉积岩三位一体构成的蛇绿岩套。

(7)地热由海沟向岛弧或山弧方向增高。

(8)俯冲碰撞带的构造影响不只局限于接触部位的狭长地带,而且对两侧纵深较大范围内都构成深远的影响。

第四章 地质构造与构造运动

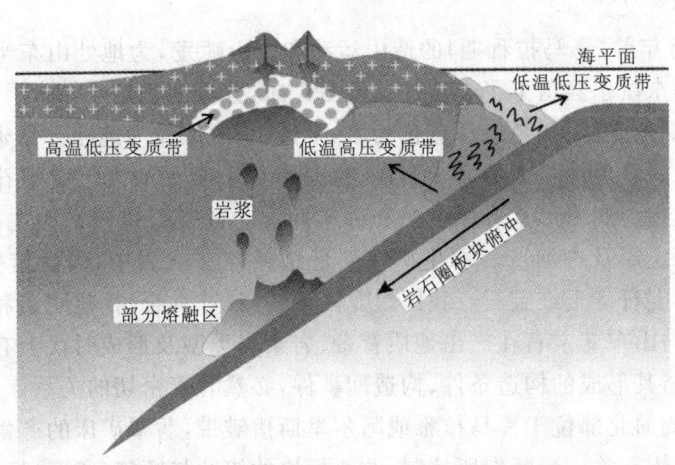

图4-21 俯冲带-岩浆活动-双变质带示意图

3)剪切运动——转换断层活动

两个相邻板块沿边界作相互平行、方向相反的水平错动,板块两侧不发生褶皱、增生或消减,这种运动即转换断层活动。

由上可见,板块构造理论揭示了地壳运动的规律。同时,板块及其运动控制着各种内动力地质作用和外动力地质作用,因此也相应地控制着各种内生成矿作用和外生成矿作用。例如,玄武岩型蓝宝石或红宝石矿床就是板块俯冲带上盘幔源的碱性富铝玄武岩岩浆喷发所形成;玉石中最重要品种之一的翡翠,以及含硬玉等高压矿物的其他玉石(如莫西西玉、含硬玉的钠铁闪石玉)产于双变质带中的低温高压变质带。许多岩浆型、伟晶岩型、气成热液型矿床产于岛弧或山弧的构造岩浆带中。

第四节 宝石矿床与构造运动的关系

造山作用和自然侵蚀使岩浆作用过程中形成的含有宝石矿床的伟晶岩出露于地表,形成易开采的宝石矿床。另一方面,造山运动常使板块和相邻的板块间发生相互的运动及移动,板块间最常发生的运动方式是互相碰撞(聚合板块界线),碰撞时的强大力量常使地层发生抬升,倾斜或褶皱等现象,造成高大的山脉,与褶皱运动同时发生的还有大规模的逆断层及其他断层作用,此时常伴生有火成岩的侵入和变质作用发生,有时也会产生火山活动,从而对宝石矿床的形成具有重要的意义。

1800万年前(喜马拉雅期)的造山运动和火山喷发,为地处山东半岛地震断裂带上的山东昌乐县留下了丰富的蓝宝石矿床,分布面积达430 km^2。蓝宝石晶体颗粒大、晶形完好、颜色以深蓝色为主,半透明,内部较为纯净。昌乐蓝宝石矿床是目前我国发现的最大的蓝宝石矿,也是世界上罕见的大型蓝宝石矿床。昌乐蓝宝石矿床的产出形式有原生矿和砂矿两类。蓝宝石以砂矿为主,多富集在2~4m的浮土层及古河床。原生矿在新近纪碱性玄武岩中,以含蓝宝石为主,偶见黄色蓝宝石甚至红宝石。我国黑龙江穆棱、江苏六合、福建明溪和海南文昌的蓝宝石,与山东蓝宝石在产出地质背景、岩浆岩类型及形成时代上有着很大的相似性,这与其形成的构造条件、构造期事件,必然有着密切的关系。

另外,缅甸北部位于喜马拉雅或阿尔卑斯褶皱带,翡翠矿床的产生与阿尔卑斯超基性岩体有关。受断裂所控制,欧亚板块的俯冲与缅甸(印度)板块的碰撞,使缅北及滇西地区受到不同方向特别是北东向的挤压,并促使青藏高原及云贵高原不断抬升,从阿帕龙到密支那一线形成一条弧形90°转弯折曲的雅鲁藏布江缝合线,并造成滇西地区横断山脉的形成。强烈的造山运动,尤其是板块间的碰撞,形成大量的碱性玄武岩,并沿断裂带侵入大量的超基性岩,从而对翡翠矿床的形成产生重要影响。世界其他产地的翡翠(或硬玉岩),如俄罗斯翡翠、危地马拉翡翠、美国的硬玉岩和日本的硬玉岩,也都产于板块碰撞带。这也是构造运动决定宝石矿床形成的典型实例。

几千年来,软玉主要来自新疆和田一带,但随着国内一些软玉新矿点的陆续发现,尤其是20世纪90年代初在江苏溧阳发现的梅岭软玉矿和青海地区产出的青海软玉,包括最近在贵州罗甸地区发现的罗甸软玉等,人们对不同地区所产的软玉矿床的地质构造差异逐渐关注。而这种地质构造差异,即这些软玉矿床的形成时代、所经历的构造运动之间的差异及其与软玉品质之间的内在联系也逐渐引起人们的重视。

以梅岭软玉、罗甸软玉、青海软玉与和田软玉进行比较,发现梅岭软玉为燕山期花岗岩与下二叠纪栖霞组镁质大理岩接触交代而成,温润度较差;罗甸软玉产于印支期辉绿岩与碳酸盐岩接触带,属印支期;青海格尔木产出的软玉其质地纯净度、细腻度略逊于新疆和田玉,属于海西—印支期;而新疆和田玉为海西期闪长岩与前寒武纪白云岩或白云质灰岩接触交代成因,其后又受到以印支运动为主的多期构造压应力的改造,故透闪石组成颗粒多呈细小纤维状紧密交织,结构致密,质地细腻,韧性很好。所以新疆和田玉质量最好。另外,前两者形成较晚,后两者形成较早。这种品质的差异与其形成时代和构造运动之间是否有着一定的内在联系呢?值得密切关注和深入研究。

复习思考题

1. 构造运动的标志是什么?
2. 构造运动有哪些主要形式?
3. 什么是地层的产状?
4. 地质构造有哪些类型?
5. 什么是地震?
6. 地震的地理分布有什么特点?
7. 地台二元结构的内涵是什么?
8. 大陆漂移学说的证据有哪些?
9. 海底扩张学说的依据有哪些?
10. 全球分哪六大板块?
11. 板块的边界类型有哪几种?
12. 板块运动的方式有哪些?
13. 何谓双变质带?
14. 宝石矿床与构造运动有什么关系?
15. 请举例说明某宝玉石矿床在构造运动中的形成部位。

第五章 岩浆作用与岩浆岩

第一节 喷出作用与喷发物

地球的表层称为地壳,它是由不同种类的岩石(rock)所构成。岩石按其形成方式可分为岩浆岩也称火成岩(magmatic rock)、沉积岩(sedimentary rock)与变质岩(metamorphic rock)三大岩类。其中岩浆岩是三大岩石的主体,约占地壳岩石总体积的 64.7%。它是在岩浆运移过程中冷却形成的,是岩浆作用的直接产物。沉积岩占地壳岩石总体积的 7.9%。它主要分布在地壳表面,在地表出露的三大岩石中,它的面积占 75%,是最常见的岩石。它是由外力地质作用形成的。变质岩占地壳总体积的 27.4%。变质岩的地面分布并不广泛、均衡,它是由岩浆岩、沉积岩以及早期形成的变质岩经变质作用(温度、压力和化学活动性流体对原来岩石的作用)所形成的岩石。多数天然宝石产于三大岩中,而贵重的天然玉石也来源于某些变质岩中,甚至某些玉石本身就是较为特殊的岩石,如青金石就是青金岩。因此学习和认识三大岩类,了解其成因,对于研究、鉴定宝玉石至关重要。

一、岩浆的概念

(1)岩浆(magma)是地下高温熔融物质。岩浆中的主要成分是硅酸盐类物质和一部分挥发分。只有少数火山喷出过碳酸盐岩浆(如非洲坦桑尼亚东部)和氧化铁矿浆(如南美智利拉科磁铁矿岩浆)。所以岩浆中除了一部分氧化物、金属硫化物、碳酸盐和挥发分之外,主体是硅酸盐熔浆。

(2)岩浆的化学成分很复杂,几乎囊括了地壳中的所有元素,含量最多的元素:O、Si、Al、Fe、Ca、Na、K、Mg、Ti 等元素,这些元素也称为造岩元素。其主要氧化物:SiO_2、Al_2O_3、FeO、Fe_2O_3、MgO、CaO、Na_2O、K_2O、TiO_2 等,它们共占氧化物总量的 99.3%,称为主要造岩氧化物,其中 SiO_2 最多,Al_2O_3 次之。除此之外,还有硅、氧及部分铝以硅氧四面体的不同连接方式组成多种状态的络阴离子，如$[SiO_4]^{4-}$、$[Si_2O_6]^{4-}$、$[Si_8O_{22}]^{12-}$、$[Si_4O_{10}]^{4-}$和$[AlSi_3O_8]^-$等，及铁、镁、铝、钙、钠、钾等金属阳离子。另外，在岩浆中还含有很多种挥发性组分，通常挥发分在岩浆中的含量一般不超过6%，其中主要是水蒸气（常占挥发分总量的60%以上），此外还有二氧化碳、含硫化合物（硫化氢、硫的氧化物）、硫，以及少量的CO、HCl、H_2、NH_3、NH_4Cl、HF等。

(3)岩浆的温度与黏稠度随岩浆的化学组成和岩浆环境的变化而变化。岩浆温度通常不易直接获得，根据对矿物和结晶转化温度的间接测定，岩浆温度大约在700~1250℃之间。不同成分的岩浆其温度不同，如：酸性岩浆为700~900℃；中性岩浆为900~1000℃；基性岩浆为1000~1250℃。岩浆的黏稠度与其流动性密切相关，在地下深处的高温高压环境下，岩浆因黏度较低具有极好的流变性。一旦岩浆喷出地表，一些原本以溶解状态存在于岩浆中的挥发分会急速的逸出形成火山喷气，此时随着喷出作用，岩浆的温度和压力减弱，黏度逐渐增加，流动性会变差，因而能形成各种火山喷发物。决定岩浆黏度的不仅是温度和压力，还与其主要成分密切相关，岩浆成分当中对黏度影响最大的是SiO_2的含量。一般富SiO_2的岩浆黏度大，如酸性的流纹岩浆；贫SiO_2的岩浆黏度小，如基性的玄武岩浆。温度升高，黏度变小；温度降低，黏度增大。另外，压力和挥发分的含量也影响岩浆的黏度，一般随着压力的增加，挥发分在岩浆中的溶解度增大，而含挥发分越多的岩浆越容易流动。

二、喷出作用

岩浆喷出地表并冷凝固结的过程称为喷出作用（eruption），又称火山作用（volcanism）。在这一过程中，大量地下物质在很短的时间内被释放出来。喷发物有气体、固体和液体三类。

由于岩石的导热性差，熔岩的外壳虽已冷凝或基本冷凝而其内部仍可保持熔融状态，并继续流动。在内部熔体流动的推挤力以及因外壳冷凝而产生的收缩力作用下，熔岩表面常常发生变形。表面比较光滑，或呈波状起伏，或扭曲似绳索状者，称为波状熔岩或绳状熔岩（pahoehoe）；这是黏性较小、流动性较强的熔岩所常有的。熔岩表层破碎成大小不等的棱角状碎块并杂乱堆积者，称为块状熔岩（block lava），这是黏性较大、流动能力较弱的熔岩所常有的。黏性较小的岩浆喷出地表后在接近喷出点的地方常形成波状或绳状熔岩，在远离喷出点的地方因熔岩温度降低、黏性增大可过渡为块状熔岩。

熔岩在散热冷凝过程中，其表面常形成无数冷凝收缩中心，如果岩石结构均匀，这些收缩中心均匀而等距地排列，在垂直于连接收缩中心的直线方向因张力作用形成裂缝，裂缝横切面为六边形（图5-1）。随着熔岩进一步冷凝，六边形裂缝最终会将整个熔岩层切割成六方柱,称为柱状节理(columnar jointing)(图 5-2)。在发育不理想时,柱状节理的横切面可以是四边形、五边形、七边形等。

图 5-1 玄武岩的柱状节理俯视图　　图 5-2 玄武岩的柱状节理侧视图

火山喷出的大量细微火山灰可扩散到高空,长期悬浮。它能大量吸收太阳的辐射,使地面的气温降低。较粗的固体喷发物及熔岩就地堆积,在地面构筑起一定规模的山体,成为火山(volcano)。火山高度由数米到数千米。典型的火山外形似锥状,称为火山锥(volcanic cone)。火山锥的坡角不等,最大达35°～45°。锥顶常有圆形洼坑,是火山物质喷溢的出口,称为火山口(crater)。火山口的直径由数米到数千米。火山口下有呈管状的通道与地下岩浆的汇聚地——岩浆房相连,称为火山通道(volcanic vent)。充填于火山通道上部已冷凝的岩浆称火山颈(volcanic neck)。

(一)火山喷发现象

大陆和海底都有火山,只不过后者位于水下难以观察到而已(图5-3、图5-4)。根据陆地上的观察,在火山喷发前往往发生地震;地面出现裂口,首先从中喷出热气和热水,继之大量的气体和大大小小的熔岩块以及崩碎的岩块从火山口喷出,并升入空中,形成巨大的黑色烟柱。火山爆发的同时地下轰鸣,地面震动,随后大量熔岩从火山口涌出。喷出物冷凝后便形成各种喷出岩。

火山喷发的景象,我国历史记载中有过不少详细记述。如吴振巨在其《宁古塔记略》中对黑龙江省五大连池火山喷发的描述即为一例。书中写到:"……离城东北五十里,有水荡,周围三十里,于康熙五十九年六、七月间,忽烟火冲天,其声如雷,昼夜不绝,声闻五、六十里,其飞出者皆黑石、硫磺之类,经年不断,竟成一山。……热气逼人三十余里。"

图5-3 厄瓜多尔通古拉瓦火山喷发(据新华网)　图5-4 汤加海滨海底火山喷发(据央广网)
　　　(2010年5月28日)　　　　　　　　　　　(2009年3月18日)

通常,把在人类历史上没有发生过喷发活动的火山叫死火山,现代正在活动的火山称活火山。在人类历史记载上曾经有过喷发活动而近代长期停止活动的火山叫休眠火山。"死"与"活"是相对的。例如,意大利维苏威火山,原是一座大约一万年前形成的死火山,可是在公元79年8月24日突然发生极其猛烈的喷发,火山灰掩埋了附近的庞贝等城市。我国的死火山比较普遍,而活火山和休眠火山较少。已发现的活火山有新疆的于田火山,该火山于1951年喷发过。另外,台湾屏东县鲤鱼山的火山,于1980年7月7日喷发过,喷发时喷出的熔岩高达10m。黑龙江五大连池市的十四座火山,其中火烧山和老黑山曾于1719—1721年间先后喷发过几次,五大连池即为熔岩流堵塞白河而形成的五个湖泊。

(二)火山机构

火山通道、火山口和火山喷出物堆积成的火山锥是构成火山的主要机构。

1. 火山通道

火山通道即火山喷发时与下面岩浆连通的通道。火山喷发后,通道常为熔岩或火山角砾岩所充填,形成火山颈。火山上部被剥蚀时,因火山颈抗风化能力常较周围物质强,故可直接出露或突出于地表。

2. 火山锥

火山喷出物堆积在火山通道四周形成的锥状地形,叫火山锥。火山锥的坡角不等,最大达35°~45°。锥顶常有圆形洼坑。在一个火山地区,火山锥常成群出现,形成火山锥群。如山西大同火山群,就是由金山、黑山等12个火山锥构成的火山锥群。

3. 火山口

在火山锥的顶部或侧方,通常有一低洼部分,边缘很陡,为火山通道的出口,火山物质便由此喷出地表,此出口叫火山口。火山口可积水成湖,称火山口湖。火山口的直径很少大于1~2km的。若由于强烈爆炸或由于熔岩溢出时将火山锥顶起来,后来熔岩喷发殆尽,剩余岩浆冷却收缩,使上部火山锥部分向岩浆源内塌陷,于是火山口不断扩大呈锅状,其直径可达8~12km以上,并伴有放射状和环状断裂。这种由塌陷或爆炸产生的锅状火山口,称破火山口。

三、喷出产物

火山喷发物的化学成分比较复杂,但就其物态来说,可分为气态、液态和固态三种物质。

(一)气态喷发物

溶解于岩浆中的挥发性成分在围压降低的条件下就会以气体形式分离出来。由于气体具有高度活动性,故气体的喷出就成为火山喷发的前导,而且贯穿于火山喷发的始终。气体以水蒸气为主,其含量常达60%以上。此外有二氧化碳、硫化物(硫化氢、硫的氧化物)、硫,以及少量CO、H_2、HCl、NH_3、NH_4Cl、HF等。火山喷发的气体量往往很大。如1912年阿拉斯加的卡特曼火山喷发的气体中仅盐酸就达1 250 000t,氢氟酸达200 000t。

气体逸出状况的变化预示着火山活动的进程。如果气体逸出量越来越多,气体中的硫质成分越来越浓,气体的温度越来越高,就是大规模火山喷发即将来临的预兆。如果气体逸出量逐渐减少,气体中CO_2成分逐渐增多而硫质成分逐渐减少,且气体温度逐渐降低意味着火山活动在减弱。大规模火山喷发结束以后,在相当长的时间内还可能有少量温度较低的气体徐徐逸出。

(二)液态喷发物(熔岩)

岩浆喷出地表时,因压力骤降,所含挥发分大部分逸出,这种喷出地表失去了大部分挥发分的岩浆称为熔浆。熔浆冷却凝固后形成的岩石称熔岩(喷出岩)。不同性质的熔岩其成分和特征均不相同。

(1)酸性熔岩:SiO_2含量>65%,阳离子以K^+、Na^+为主,Fe^{2+}、Fe^{3+}、Ca^{2+}、Mg^{2+}较少,密度较小,黏度较大,不易流动,温度较低,冷凝较快,加之喷出时大量挥发分逸出,吸取熔岩中的热量促使表面迅速冷却,凝固成硬壳。当其下的熔岩继续流动时,常使硬壳拉裂,挤碎成杂乱无章的碎块,称为块状熔岩。酸性熔岩冷凝形成的喷出岩,颜色较浅多具流纹构造,流纹岩为其典型代表。

(2)基性熔岩:SiO_2含量45%～52%,阳离子以Fe^{2+}、Fe^{3+}、Mg^{2+}、Ca^{2+}为主,K^+、Na^+较少,密度较大,黏度较小,易于流动,温度较高,冷凝较慢,表面常先冷凝成柔软的薄壳,当下面熔岩继续流动时,便使表面的软壳发生变形,成为波状起伏或扭曲成绳状,前者称为波状熔岩,后者称为绳状熔岩。基性熔岩冷凝形成的喷出岩颜色较深,以玄武岩为代表。

(3)中性熔岩:SiO_2含量52%～65%,成分和性质介于酸性和基性熔岩之间,冷凝形成的喷出岩以安山岩为代表。

(三)固态喷发物

气体的膨胀力、冲击力与喷射力将地下已经冷凝或半冷凝的岩浆物质炸碎并抛射出来;未冷凝的岩浆则成为团块、细滴或微末被击溅出来,在空中冷凝成为固体。此外,周围岩石也可以被炸碎并抛出来。所有这三类物质就构成了火山爆发的固体产物,统称火山碎屑物(pyroclast)。

火山碎屑物按其性质与大小,可以划分为如下几类。

(1)火山灰(volcanic ash),粒径<2mm的细小火山碎屑物。

(2)火山砾(lapillus),粒径2～50mm,形态不规则,常有棱角。

(3)火山渣(volcanic cinder),粒径数厘米到数十厘米,外形不规则,多孔洞,似炉渣,其中色浅、质轻、能浮于水者称浮岩(pumice)。

(4)火山弹(volcanic bomb),粒径>50mm,由喷出的岩浆滴在空中冷凝而成。外形多样,常见次圆状、球状或纺锤状。火山弹外壳因快速冷凝收缩常有裂纹,内部多孔洞。

(5)火山块(volcanic block),粒径>64mm,常为棱角状。

由各种火山碎屑物堆积并固结而成的岩石,称为火山碎屑岩(pyroclastic rock)。其中,由火山灰组成者称为凝灰岩(volcanic tuff);由火山砾及火山渣组成者称为火山角砾岩(volcanic breccia);由火山块组成者称为集块岩(vocanic agglomerate)。如为不同粒径的火山碎屑物混杂者,则复合命名。如火山角砾凝灰岩,火山角砾集块岩,前者的主体为凝灰岩,其中含有一定数量的火山渣或火山砾;后者的主体为集块岩,其中含有一定数量的火山渣或火山砾。

(四)火山喷发方式

按照火山通道的形态可将火山的喷发方式分为熔透式、裂隙式和中心式三种类型。

1. 熔透式喷发

岩浆以其热力熔透顶部岩石而大面积地溢出地表,称为熔透式火山喷发。这种火山喷发方式属推论,而无现代火山作为代表。在加拿大、瑞典、苏格兰等地的太古代岩石中,见到喷出岩与深成岩直接过渡的现象,被认为是熔透式喷发的例证。

2. 裂隙式喷发

岩浆沿岩石圈的巨大裂缝溢出地表,称为裂隙式火山喷发。当其喷发时,熔岩比较宁静地沿狭长裂缝(断裂带)溢出,溢出的熔岩属基性熔岩,且呈熔岩被产出。现代洋脊和大陆裂谷的火山喷发即为此类火山喷发的代表。我国西南地区二叠纪峨眉山玄武岩的喷发即属此类。

3. 中心式喷发

岩浆从近于圆筒形的火山通道喷出地表,称为中心式火山喷发。现代火山除大陆裂谷和洋脊外,几乎都是中心式喷发。中心式喷发有的比较宁静,有的发生猛烈爆炸。爆炸的猛烈程度,可从喷出的碎屑物数量占全部喷发物数量的百分比反映出来,其比值愈高,表示火山爆炸性愈强。因此,我们可从火山口周围堆积物中的火山碎屑物数量,来推断该火山喷发的猛烈程度。其中中心式喷发按其爆炸的猛烈程度,又可进一步分成宁静式、猛烈式、中间式三种喷发方式。

(1)宁静式又称夏威夷式:这种火山喷发时,一般无爆炸现象,主要为大量熔岩从火山口宁静溢出。溢出的熔岩为基性熔岩,其黏度小,易流动,由岩浆转变为熔岩时逸出的挥发分较少,冷凝较慢,形成的火山锥坡度平缓(通常为3°~10°),呈盾状,称盾状火山锥。大洋底的海山多属这种喷发方式的火山形成。太平洋中的夏威夷火山即为此种喷发方式的典型代表。

(2)猛烈式又称培雷式:火山喷发时,产生猛烈的爆炸现象,同时喷出大量的火山碎屑物和气态物质,喷出的熔岩多为黏度大,不易流动的酸性熔岩。当由岩浆转变成熔岩时逸出的挥发分多,冷凝快,故常常未流出火山口便凝固在火山喉管内,形成"塞子"将火山通道堵塞,阻止火山继续喷发,由于"塞子"下面的酸性岩浆不断逸出大量的挥发性气体,使岩浆压力逐渐增大,当压力增大至超过上面"塞子"的压力时,便迅猛地冲破"塞子"形成猛烈的火山喷发。从火山喷出的大量碎屑物在火山口附近堆积成坡度较陡,几乎全由碎屑组成的火山锥,称岩渣锥。有时熔岩亦可流出火山口,但不能流出很远,就在火山口附近形成陡峻的穹形火山锥,称岩穹锥。这种方式喷发的典型火山例子,为西印度群岛马丁尼克岛上的培雷火山。它在1902年5月8日爆发时,喷出了大量的气体和火山碎屑物,形成的烟云高达4000m。

(3) 中间式：这类火山喷发方式介于上述二者之间。它有时喷发比较宁静，喷出的物质以熔岩为主，有时喷发又很猛烈，除喷出熔岩外，还喷出较多的气体和碎屑物。喷出的熔岩性质在不同时期也有变化，但以中性熔岩为主。这种喷发方式喷出的火山物质所形成的火山锥，多为较陡的层状火山锥(或称混合锥)。在岛弧、地缝合线和大陆板块内部的一些孤立的火山多属此种喷发方式，如维苏威、帕库丁等火山。

(五) 世界活火山的分布

据 F.M.巴拉德统计(1971)，全世界活火山当时共有 516 座。它们比较集中地分布在以下几个带上。

(1) 环太平洋火山带，分布在太平洋板块周围的大陆板块边界上的活火山当时 319 座，占全世界火山总数的 62%。其中 45% 分布在环太平洋西岸的岛弧上，17% 分布在东太平洋的南、北美洲西岸。此带火山喷出的熔岩均为中性的安山质—酸性的流纹质熔岩，与太平洋板块内的基性玄武岩的喷发明显不同，故有人把这个洋壳玄武岩与环太平洋火山带安山质-流纹质火山岩之间的界线叫做安山线。

(2) 阿尔卑斯-喜马拉雅火山带，当时有 94 座活火山分布在这个带上，占全世界活火山总数的 18%。这个带正好位于印度板块同亚欧板块之间的地缝合线上。

(3) 其余的活火山约占活火山总数的 20%，当时有 42 座(占活火山总数的 8%)分布在大西洋洋脊，如冰岛、亚速尔、佛得角和圣保罗岛上。有 7 座分布于东非裂谷附近。其余分布于非洲大陆、太平洋、印度洋和南极洲。

从上述火山分布来看，火山的分布与地震分布基本一致(仅环太平洋带的火山分布在海沟-岛弧系的靠大陆一侧，而不与地震分布重合)，即分布于板块边界上。显然，这与板块运动密切相关。

第二节 侵入作用与侵入岩

深部岩浆向上运移，侵入周围岩石而未到达地表，称为侵入作用(intrusion)。岩浆在侵入过程中变冷、结晶而形成的岩石叫侵入岩(intrusive rock)。侵入岩是被周围岩石封闭起来的三度空间的实体，故又称侵入体(intrusive body)。包围侵入体的原有岩石称围岩(country rock)。侵入体形成的深度不一。形成深度在地表以下 10km 以上者，称为深成侵入体(简称深成岩)，其规模较大;形成深度在3~10km者,称为中深成侵入体(简称中深成岩)。形成深度小于3km者,称为浅成侵入体,其规模较小。由于地壳隆起,上覆岩石被风化、剥蚀,侵入体便暴露于地表。岩浆是高温物质,围岩是低温物质,在侵入过程中岩浆与围岩之间必然要发生反应。岩浆的侵入作用包括岩浆占据空间(侵位)的作用和其自身演化过程的同化、分异作用,直至完全冷凝成岩浆岩。

一、被动侵位岩浆及其岩浆岩产状

岩浆上升时,具有极大的热力和膨胀力,因此,占据空间的方式不是以其热力熔化围岩,就是以其膨胀力对围岩进行推挤而挤入围岩内,并在所占据的空间中冷凝形成各种岩浆岩体。这些岩体称为侵入岩体。不同岩体形成时,岩浆占据空间的方式并不完全相同,它们有的是以热力熔化围岩为主,有的是以推挤力为主。

当岩浆运移至地壳浅处,或岩浆数量较少,其热力不足以熔化大量围岩时,岩浆便主要凭借自身巨大膨胀力对围岩的推挤而沿围岩层面和断裂等薄弱地带挤入围岩内,从而占据一定的空间。与此同时,岩浆又将热力传递给围岩,进而冷凝成各种侵入岩体。岩浆的这种侵位方式称为被动侵位。这些侵入岩体一般规模不大,且多位于地壳浅处,故称浅成侵入岩体。若岩浆是沿围岩层面挤入而占据一定空间,则形成的岩浆岩体同围岩的接触面与围岩层理一致,称谐和侵入体,如岩盘、岩盆、岩床、岩鞍等,若岩浆沿围岩断裂挤入而占据一定空间,形成的岩浆岩体同围岩的接触面与围岩层理不一致,则称为不谐和侵入岩体,如岩墙、岩脉等(图5-5)。

(1)岩床是由流动性较大的岩浆,顺着围岩层面挤入形成的板状或层状的岩体。它以厚度小而面积大为特征,其规模大小不一,厚度可从几米到几百米以上,延伸从几米到几百千米。其延伸方向与围岩层理平行,且组成岩床的岩石以基性岩为主。

(2)岩盆是由流动性较大的岩浆,顺着已向下弯曲的围岩层面挤入,形成平面上呈圆形或椭圆形,顶、底面均向下凹,形似盆状的侵入岩体,岩盆底部有管状通道与下部更大的侵入体相通。其规模大小不一,大者直径可达十千米,甚至数百千米,组成岩盆的岩石以基性岩最为常见。

(3)岩盘(岩盖)是由黏度较大的岩浆,顺围岩层面挤入,将上覆岩层拱起而形成上凸下平的穹形侵入岩,延伸方向与成层方向平行。一般规模不大,直径常为3~6km,厚1km左右,多由酸性和中性岩石组成。

(4)岩墙(岩脉)是岩浆沿围岩断裂处挤入,形成与围岩的接触面切过围岩层理的不谐和侵入体。其规模大小不一,厚度从几厘米至几十米,长几十米至几十

第五章　岩浆作用与岩浆岩　　　　　　　　　　　·145·

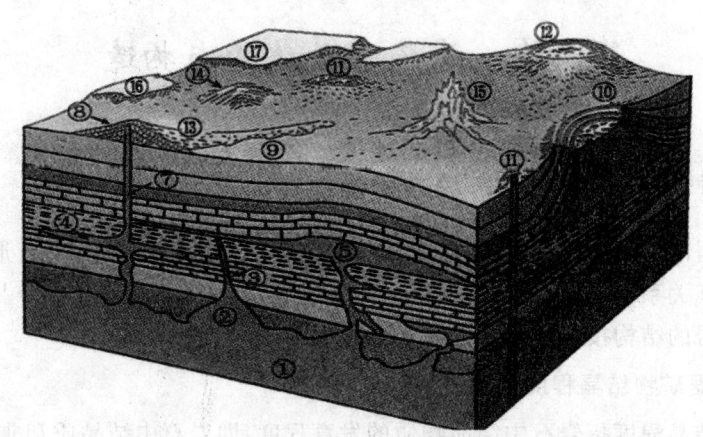

图 5-5　喷出岩与侵入岩产状综合示意图(据舒良树,2010)
①岩基;②岩株;③岩墙;④岩床;⑤岩盖;⑥被侵蚀露出的岩盖;⑦火山颈;⑧复式火山;
⑨熔岩流;⑩火山灰流;⑪小型破火山口;⑫大型破火山口;⑬火山碎屑流;⑭小火山;
⑮具有放射状岩墙的火山颈;⑯熔岩台地;⑰熔岩高原

千米。组成岩墙(岩脉)的岩石,从基性到酸性岩均有。

(5)岩鞍是由岩浆顺着围岩层面挤入褶皱弯曲部位的岩层虚脱处,所形成的马鞍状岩体,这种岩体一般规模较小,最厚的部位可达几百米,组成岩鞍的岩性以中—基性岩为主。

二、主动侵位岩浆及其岩浆岩产状

岩浆侵入到地壳深处,热量散失较小,温度极高,此时它主要以其热力熔化围岩的方式占据空间,然后逐渐冷凝成侵入岩体。岩浆的这种侵位方式称为主动侵位。这些岩体的规模一般都比较大,且其中常包含有许多未被完全熔化的围岩碎块,称为捕虏体。由于形成的岩体多位于 3～6km 以下地壳深处,故称为中深成侵入岩体,如岩基、岩株等。

(1)岩基是一种规模巨大的不谐和侵入岩浆岩体。其出露面积大于 $100km^2$,常可达数百至数千平方千米。形态上多呈不规则的椭圆形,长轴方向常与褶皱山脉走向一致,向下延伸的深度较大。组成岩基的岩石一般为酸性和中酸性岩石,如花岗岩组成的岩基。

(2)岩株是一种规模比岩基小的深成侵入岩体。其出露面积小于 $100km^2$,平面上呈圆形或椭圆形,向下呈柱状或近似柱状延伸。岩株常由中酸性岩石组成,一般认为岩株下面与岩基相连,是岩基的分枝部分。

第三节 岩浆岩的结构与构造

一、岩浆岩的结构

岩浆岩的结构(texture)指岩浆岩中矿物的结晶程度、晶粒大小、形态及晶粒间的相互关系,它能反应岩浆结晶的冷凝速度、温度和深度。

岩浆岩的结构按其定义中的要素可做以下几种结构分类。

1. 根据矿物结晶程度分类

矿物结晶程度指岩石中结晶物质的发育程度,即岩石中结晶质和非晶质(玻璃质)部分的比例,可分为以下几种。

(1)全晶质结构:岩石全部是由矿物晶体组成的。这是在温度下降较慢的条件下,岩浆得以从容结晶而形成的,所以多出现在侵入岩中。

(2)半晶质结构:岩石中既有矿物晶体也有非晶质的玻璃质。部分喷出岩和浅成岩具有这种结构。

(3)玻璃质结构:岩石几乎全部由玻璃质组成,这是在岩浆温度快速下降的条件下(如喷出地表),岩浆中的各种组分来不及做有规律的结合(结晶)即已冷凝,因而形成没有结晶的玻璃质。玻璃质在一定条件下会逐渐转化为结晶物质,这种现象称为脱玻化作用。

2. 根据矿物颗粒大小分类

矿物颗粒大小指岩石中矿物颗粒的绝对大小和相对大小。

(1)绝对大小:根据岩浆岩中主要矿物晶体的绝对大小,可分为如下几种。

显晶质结构:岩石中的矿物颗粒,凭肉眼或借助于放大镜即可看到。进一步根据矿物颗粒直径的大小分为:① 粗粒结构(矿物颗粒直径>5mm);② 中粒结构(矿物颗粒直径 2~5mm);③ 细粒结构(矿物颗粒直径 0.2~2mm);④ 微粒结构(矿物颗粒直径<0.2mm)。

隐晶质结构:岩石中的矿物晶体不能用肉眼或放大镜看出,岩石呈致密状,有时与玻璃质结构难以区别,但隐晶质结构往往没有强的玻璃光泽。直径<0.02mm,肉眼已无法辨认其矿物颗粒,就称为隐晶质结构。

而粒径大于 1cm 的矿物,可称为巨晶;大于 3cm 的矿物,称为伟晶。

(2)相对大小:指同一种主要造岩矿物的大小是否均一来区分,因不同矿物由于结晶习性不同,在同一岩石中其大小的差别常常都是相当大的。根据矿物相对大小可分为：① 等粒结构，即同一种主要矿物大小基本上相等；② 不等粒结构，同一种主要矿物大小不等，但变化是连续的；③ 斑状和似斑状结构，矿物成分可明显地按大小分为相对大小的两群，相对粗大的一群称为斑晶，相对细小的一群称为基质。如基质为隐晶质或玻璃质则称斑状结构，如基质为显晶质则称似斑状结构。斑状结构中通常是斑晶先结晶，斑晶生长得比较大时基质才冷凝。

3. 根据矿物自形程度分类

岩石中矿物外形的完整程度是不同的，根据其自形程度可分为如下三种。① 自形晶：就是组成岩石的矿物具完整的晶形。这种晶体在生长时具有足够的空间和充分的生长条件，如斑状结构岩石中的斑晶。如果岩石中大多数的矿物是由自形晶组成，就称为全自形粒状结构。② 半自形晶：晶体部分为完整的晶面，部分为不规则的轮廓，这说明在结晶时很多矿物都在析出，条件不允许它充分发展。如果岩石中大多数矿物由半自形晶组成或自形程度不等的矿物组成，则称为半自形粒状结构。大多数深成岩和浅成岩具有这种结构。③ 他形晶：无一完整晶面，形状多半是不规则的，充填在其他已经析出的矿物颗粒空隙之间。如岩石中大多数矿物为他形晶，则称为全他形粒状结构。以上是根据三个不同的角度来划分岩浆岩的结构，在同一岩石中也可同时反映出来。如花岗岩可为全晶质、粗粒、半自形粒状结构等。

4. 根据颗粒相互关系分类

根据构成岩石的矿物之间或矿物与玻璃质之间的相互关系可以分出一系列结构。

煌斑结构：斑晶和基质中的深色矿物自形程度都很好，并且常常比岩石中的浅色矿物自形程度高。它是煌斑岩所特有的结构。

海绵陨铁结构：是陨石中常见的结构，在火成岩中较少见，主要见于富含金属矿物的超基性、基性岩中。其特点是大量金属矿物呈他形晶充填在橄榄石、辉石或角闪石之间。或者是橄榄石、辉石、角闪石镶嵌在大量金属矿物的基底上。

辉长结构：基性斜长石和橄榄石、辉石等深色矿物呈近似等轴粒状，它们的自形程度大致相同，为半自形或他形，互相成不规则排列。这表明辉石和斜长石是同时从岩浆中析出的。这种结构在辉长岩中比较常见。

间粒结构：较自形的板条状斜长石微晶之间的空隙内充填着细小的辉石、橄榄石、磁铁矿等矿物颗粒。这些斜长石微晶有时近乎平行，但一般排列不规则。常见于粗粒玄武岩中，又称玄粒结构。

间隐结构：其特点是在细柱状斜长石微晶所构成的不规则间隙中充填着玻

璃质(或脱玻化产物)或隐晶质。如果玻璃数量很多,橄榄石、辉石、斜长石等小晶体散布在玻璃的基质中,这种结构称为玻基辉绿结构。

填间结构:在斜长石微晶所组成的间隙内既充填有玻璃质,又充填有辉石等深色矿物;也有人将填间结构看成是斜长石间隙充填了沸石、绿泥石、蒙脱石、方解石等矿物的一种结构。

包含结构或镶嵌结构:泛指岩石中大晶体包含小晶体的一种结构。大的叫主晶,小的、被包裹的叫客晶。这种情况说明客晶矿物的形成早于主晶矿物,主晶常有熔蚀或交代早期客晶的现象。

二、岩浆岩的构造

岩浆岩的构造是指岩石中不同矿物集合体之间或矿物集合体与其他组成部分之间的排列、充填方式等。岩浆岩构造亦受多方面因素的影响,不仅与岩浆结晶时的物化环境有关,还与岩浆的侵位机制、侵位时的构造应力状态及岩浆冷凝时是否仍在流动等因素有关。

1. 块状构造、条带状构造、面理与线理

块状构造是侵入岩中较常见的构造,其特点是岩石在成分和结构上是均匀的,往往反应了静止、稳定的结晶作用。当结晶条件发生周期性变化或因结晶分异发生堆晶作用时,可导致岩石在垂向上出现矿物组合、含量及粒度、形态的交替变化,形成类似于沉积岩层状构造的带状构造。岩浆的多次脉冲侵入或同化混染围岩物质,可能会导致岩石不同部位的颜色、矿物成分或结构构造的很大差别,而形成斑杂构造。侵入岩中的片状矿物或扁平捕房体、析离体、柱状矿物的定向排列,可形成面理、线理构造。据成因有两种,其一是岩浆在流动过程中结晶形成的,称为流面、流线构造,其流面与围岩接触面平行,流线则与岩浆的流动方向一致,往往在岩体的边缘较发育,向岩体中心逐渐消失。其二是岩浆主动侵位时的挤压应力,导致的定向,亦称为面状组构或线状组构。在中酸性岩中这种定向主要是由暗色矿物的不连续定向排列显示出来的,又称为原生片麻理构造,其与流面和流线的区别是围岩因挤压作用也可形成同产状的面理或线理。少数情况下,岩石中的矿物可围绕某一中心呈同心层状或放射状生长成球状体,称为球状构造。

2. 流动构造

大部分喷出熔岩是在流动过程中冷凝固结的,这就会造成岩浆中不同组分的拉长定向,形成流动构造。流动构造在黏度较大的酸性熔岩中最为特征,表现为不同颜色,不同成分的条纹、条带和球粒、雏晶及拉长的气孔定向排列,又称为

流纹构造；在中、基性熔岩中宏观上主要表现为气孔的拉长和斑晶矿物沿其长边的定向，微观上则表现为基质中的针、柱状长石微晶的定向（图5-6）。

3. 气孔构造与杏仁构造

在地表冷凝固结的喷出岩具有明显不同于侵入岩的构造特征。由于快速降压导致挥发组分的大量出溶，出溶的气体上升汇集、膨胀，可在熔岩中，尤其是熔岩流的上部形成大量的气孔，称为气孔构造。但在水底喷出的熔岩，当水深大于400m时，因环境压力较大，不会形成气孔（Fisher,1985），因此海相火山岩（如深海玄武岩、细碧岩）中的气孔一般不发育且很小。当气孔被岩浆后期的矿物（常见为方解石、沸石、石英、绿泥石）所充填时，称为杏仁构造（图5-7）。

图5-6 流动构造(http://9yls.net)

图5-7 杏仁构造(http://yantuchina.com)

4. 柱状节理构造

熔岩在均匀而缓慢冷缩的条件下，可形成被冷缩裂隙分割开的规则多边形长柱体（图5-8），称为柱状节理构造。柱体均垂直于熔岩层面——冷却面，断面形态以六边形者为主。柱状节理还见于熔结凝灰岩、火山通道、次火山岩、超浅成岩中，由于冷却面的产状差异，柱状节理也可以有不同的产状，如火山通道中岩浆岩的柱状节理，可成水平放射状排列（图5-8）。

5. 枕状构造

海底溢出的熔岩或陆地流入海水中的熔岩，遇水淬冷，可形成似枕状的熔岩体，称为枕状体，这些枕状体被沉积物、火山物质胶结起来，就形成枕状构造。枕状体具玻璃质冷凝边，当水体深度不大时，内部有呈同心层状或放射状分布的气孔，中部有空腔。枕状构造常作为海相火山岩的一个重要标志（图5-9）。

图 5-8 柱状节理构造
(http://XuDW blog. 163. com)

图 5-9 枕状构造
(http://ashan. gl. ntu. edu. tw)

6. 晶洞构造

侵入岩中有小型孔洞的构造。孔洞多数是不规则的,孔洞中经常生长着完好的晶体。晶洞一般被看作在岩浆冷却过程中体积收缩而成,也可能是岩浆凝固时气体逸出产生的结果。如在晶洞壁上生长着排列很好的自形晶体,则称晶簇构造或晶腺构造。这种构造在某些花岗岩中比较常见,例如福州鼓山的花岗岩晶洞构造非常发育。

第四节 岩浆岩的形成机制及分类

一、岩浆岩的形成与演化机制

1. 同化作用与混染作用

岩浆熔解围岩,将围岩改变成为岩浆的一部分,称为同化作用(assimilation)。同化作用规模与程度受岩浆的成分、温度、规模以及围岩性质控制。一般说来,岩浆如果温度高、规模大,且围岩属于熔点较低的岩石,同化作用就易于广泛发生。岩浆如果温度较低、规模较小,且围岩性质偏基性,就难以发生同化。此外,如果围岩破碎,则碎块易混入岩浆,可促进同化作用发生。混入岩浆中的围岩碎块可以部分或完全被熔化。部分未熔化的碎块称为捕虏体(xenolith)。捕虏体的直径可超过数十米,也可小于数厘米。捕虏体多见于侵入体边缘。

岩浆因同化围岩而改变自己原有的成分称为混染作用(contamination)。同化作用与混染作用是相伴而生的。由于同化、混染作用的存在,原始岩浆的种类只有数种,却可能形成多种不同成分的岩石。

2. 结晶分异作用

结晶分异作用指岩浆在冷却过程中不断结晶出矿物以及矿物与残余熔体分离的过程。它是岩浆冷凝过程中由于不同矿物先后结晶和矿物比重的差异导致岩浆中不同组分相互分离析出的作用。通过结晶分异作用,同一种岩浆可以形成成分不同的岩浆岩。岩浆的分异作用,常表现为分离结晶作用,即所谓的鲍温反应系列。

1922年美国鲍温(N L Bowen)根据硅酸盐熔浆的物理化学实验及岩石中矿物生成顺序和结构特征的资料,提出了玄武岩浆冷却过程中矿物结晶的反应系列,称为鲍温反应系列或鲍温反应原理,如图5-10所示。鲍温认为,富含橄榄石成分的玄武岩浆,通过结晶分异作用,首先形成由橄榄石组成的超基性岩(ultrabasic rock),继而形成由辉石与基性斜长石组成的基性岩——辉长岩(gabbro)(与其成分相当的喷出岩是玄武岩),随后形成由角闪石与中长石组成的中性岩——闪长岩(diorite)(与其成分相当的喷出岩是安山岩),最后形成由石英、黑云母、白云母、钾长石与酸性斜长石组成的酸性岩——花岗岩(granite)(与其成分相当的喷出岩是流纹岩)。从玄武岩浆中约能结晶出5%~10%的花岗岩。在岩浆结晶分异过程中,矿物是按两个系列结晶出来的。一个是连续反应系列(continuous reaction series),另一个是不连续反应系列(discontinuous reaction series)。在连续反应系列中,通过反应,即部分先结晶出来的矿物同剩余岩浆之间发生作用,形成在化学成分上连续变化,而其内部结构无根本改变的一系列矿物,这就是钙长石、培长石、拉长石、中长石、更长石及钠长石系列。在不连续反应系列中,通过反应形成既有化学成分差异,也有内部结构显著改变的一系列矿物,这就是橄榄石、辉石、角闪石及黑云母系列。在理想状态下,玄武岩浆结晶的最后阶段是,上述两个系列又合并起来形成一个不连续的反应系列,依次结晶出钾长石、白云母和石英。它们总称为鲍温反应系列(Bowen's reaction series)(图5-10)。

上述矿物中,石英、钾长石以及各种斜长石称为长英质矿物(femic mineral),其色浅,故又称为浅色矿物。黑云母、角闪石、辉石、橄榄石因富含铁、镁成分,称为铁镁质矿物(mafic mineral),其色深,常为暗黑色,故又称为暗色矿物。这两类矿物是构成岩浆岩的基本矿物。在岩浆结晶过程中,斜长石与暗色矿物依次而对应的出现共结关系,从而形成岩浆岩中矿物共生的一般规律。两个系列最后合成一个系列,即钾长石-石英系列,它们算是岩浆结晶的最后矿物。至温度降到200℃以下时,如绢云母、绿泥石、绿帘石及沸石之类的矿物,通过近于

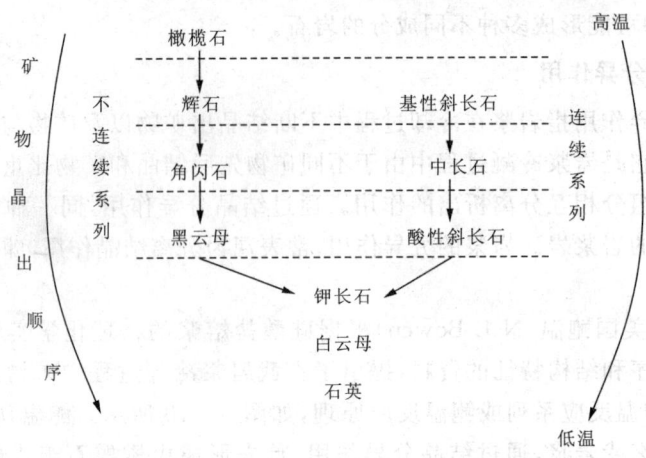

图 5-10 鲍温反应系列

固体的岩浆岩与热水溶液或残留熔体的反应而形成。这些热水的溶液能够沿裂隙和晶体之间的空隙运移至围岩中,最终形成伟晶岩(主要由钾长石＋石英组成)、石英脉和蚀变带。

鲍温反应原理,在理论上有一定的重要意义。

(1)可以解释岩石中矿物的结晶顺序与共生规律。

(2)可以部分地说明一个岩浆岩体岩石种属多样性的原因。

(3)可以解释岩浆岩与围岩捕房体之间的一般关系。即反应系列说明,较基性的熔浆熔化比较酸性的捕房体容易,而较酸性的熔浆熔化比较基性的捕房体困难。自然界岩浆岩中常见基性成分捕房体。

但是,鲍温反应原理并不是一种全能的理论,也不是岩浆结晶的唯一过程。实际中有些现象与之相反而不能用以解释,如某些岩体斜方辉石的边缘是角闪石反应边、单斜辉石的边缘是黑云母反应边,其中并没有中间过渡的单斜辉石、角闪石,甚至有的发现橄榄石围绕辉石的边缘生长,另外,也还有人发现辉绿岩被酸性岩同化的现象。特别值得一提的是某些巨大的花岗岩体的形成是不能用鲍温反应原理解释的,因此,实际情况要比鲍温反应系列更为复杂些。自然界的地质条件变化多端,而实验室的压力不大、时间不长、熔浆数量不多,尤其是缺乏构造运动与围岩的影响因素,因此很难有效模拟成岩作用。可见,在应用鲍温反应原理时不能机械地套用,必须注意其他影响因素和特殊条件的制约,根据具体情况参考应用。

3. 岩浆混合作用

岩浆混合作用(chorismitization)是指两种成分不同的岩浆混合成具有新成分特征岩浆的作用,如基性岩浆与酸性岩浆之间的混合作用,其实质是源自深部软流圈的玄武质岩浆向上注入到位于地壳内的花岗质岩浆之中,从而形成具有壳幔混源性的花岗岩。这种作用是导致花岗岩质岩石的成分具有多样性的重要作用。近年来国内外对岩浆混合作用的研究进展,集中在混合作用的验证及地幔物质参与对混合作用的影响。

二、岩浆岩矿物的分类

岩石是由矿物组成的,所以要认识岩石就必须先认识矿物,掌握矿物的成分。矿物成分既可反映岩石的化学成分,也可反映岩石的特征和成因,因此矿物成分也是岩浆岩分类的基础之一,所以人们在研究岩石时都特别重视矿物成分的研究。组成岩石的矿物,一般统称为造岩矿物(rock-forming minerals)。自然界的造岩矿物种类很多,但是分布于最常见岩石中的造岩矿物则为数不多,只有十多种。

1. 根据成因分类

(1)原生岩浆矿物:在岩浆冷凝过程中形成的矿物。它包括直接从岩浆中晶出后稳定的正常矿物(如喷出岩中的透长石斑晶等)、晶出后又和岩浆起作用而形成的残余矿物(如港湾状石英等)和反应矿物(如橄榄石边缘的辉石等)。

(2)成岩矿物:岩浆完全结晶后,由外界物理化学条件(如温、压)的变化使原生岩浆矿物转变成的新矿物。如高温石英转变成的低温石英、透长石转变成的正长石以及固溶体分解形成的条纹长石等都是成岩矿物。

(3)岩浆期后矿物:岩浆已基本上凝固成固体岩石后,岩浆岩本身由于受残余的挥发分和岩浆期后热水溶液作用而生成的新矿物称为岩浆期后矿物。如气成热液矿物电气石、萤石、黄玉及自变质(蚀变)矿物蛇纹石、钠长石、黝帘石、绿帘石、阳起石、绿泥石等。在描述时常称为×××化,如电气石化、蛇纹石化、钠黝帘石化等。

(4)外生矿物:岩浆岩形成后,由于受到风化作用影响而生成新的矿物称为外生矿物,亦称表生矿物。如岩浆岩中的钾长石因受风化作用而变成的高岭石,即是一种表生矿物。风化成的表生矿物在产状上局限于风化带内,这是有别于岩浆期后矿物的。如果外生矿物与岩浆期后矿物难以区别,可统称为次生矿物。

(5)他生矿物:这类矿物是岩浆同化围岩或捕虏体生成的、纯净的岩浆不会出现的矿物,称为他生矿物。如酸性岩浆同化石灰岩生成的钙铁榴石、钙铝榴石、透辉石、硅灰石等矿物即为他生矿物。

2. 根据含量分类

从表 5-1 可知,除了纯橄榄岩之外,各类岩浆岩中长石分布最广,其次是石英。因此,这两种矿物就成了岩浆岩的鉴别和分类的重要依据之一。由于造岩矿物在不同的岩石中的含量不同,因此可以按照这些造岩矿物在岩石中的分布量之比将它们分为主要矿物、次要矿物和副矿物三类,三者在岩浆岩的分类和命名中所起的作用是不一样的。

表 5-1 常见岩浆岩类的平均化学成分(%)

氧化物	碱性花岗岩	花岗闪长岩	石英闪长岩(英云闪长岩)	安山岩	玄武岩(拉班玄武岩)	碱性橄榄玄武岩	橄榄岩	霞石正长岩	备 注
SiO_2	73.86	66.88	66.15	54.20	50.83	45.78	43.54	55.38	
TiO_2	0.20	0.57	0.62	1.31	2.03	2.63	0.81	0.66	
Al_2O_3	13.75	15.66	15.56	17.17	14.07	14.64	3.99	21.30	
Fe_2O_3	0.78	1.33	1.36	3.48	2.88	3.16	2.51	2.42	本表引自 D W Hyndman 岩浆岩与变质岩岩石学,1972
FeO	1.13	2.59	3.42	5.49	9.06	8.73	9.84	2.00	
MnO	0.05	0.07	0.08	0.15	0.18	0.20	0.21	0.19	
MgO	0.26	1.57	1.94	4.36	6.34	9.39	34.02	0.57	
CaO	0.72	3.56	4.65	7.92	10.42	10.74	3.46	1.98	
Na_2O	3.51	3.84	3.90	3.67	2.23	2.63	0.028	8.84	
K_2O	5.13	3.07	1.42	1.11	0.82	0.95	0.005	5.34	
P_2O_5	0.14	0.21	0.21	0.28	0.23	0.39	0.05	0.19	
H_2O	0.47	0.65	0.69	0.86	0.91	0.76	0.76	0.96	

(1)主要矿物:岩石中含量最多的矿物(>10%),是在岩石的大类划分和命名上起决定性作用的矿物。例如辉长岩的主要矿物是辉石和基性斜长石,二者缺一不可。假如没有辉石而全部为基性斜长石,就不能称为辉长岩,只能称为斜长岩;如果只有辉石,没有基性斜长石,则称为辉石岩,它是属于超基性岩类,而不属于基性岩类。

(2)次要矿物:岩石中含量次于主要矿物(一般在 5%~10%左右),它影响岩石种属的命名,而不影响大类的划分。一般多以该类矿物作为形容词附加于岩石名称之前。例如,闪长岩中含少量石英,则可称为石英闪长岩。

(3)副矿物：岩石中含量最少的矿物（通常不超过1%～3%），它对岩石的分类和种属命名没有影响。岩浆岩中常见的副矿物有磁铁矿、钛铁矿、锆石、榍石、独居石、磷灰石等。这些矿物在岩石中含量虽然很少，但有时可成为重要的矿产。

3. 根据矿物的颜色分类

(1)暗色矿物（铁镁矿物）：此类矿物富含Fe、Mg成分，矿物颜色较深，常见的有橄榄石、辉石、角闪石和黑云母等。

(2)浅色矿物（硅铝矿物或长英矿物）：此类矿物富含Si、Al、K、Na、Ca等成分，由于不含有色元素，矿物颜色较浅，常见的有长石类矿物（钾长石、斜长石）、似长石类、石英、白云母等。

岩石中暗色矿物和浅色矿物的含量之比，反映了各大类岩石中的化学成分变化，并可以利用颜色深浅的不同，迅速判别岩石的大类。如超基性岩几乎不含浅色矿物，而全由暗色矿物组成；基性岩中暗色矿物约为40%～50%；中性岩中暗色矿物约为30%～40%；酸性岩中暗色矿物只有10%～15%。因此，根据岩石中暗色矿物与浅色矿物含量的比例即可以判别岩石属于哪一大类，然后再根据矿物成分、结构、构造等对岩石进行定名。

4. 根据化学成分分类

(1)铁镁矿物：指富含Fe^{2+}和Mg^{2+}的硅酸盐矿物，如橄榄石类、辉石类、角闪石类及黑云母、磁铁矿、铬铁矿，这些矿物SiO_2含量比较低，肉眼观察颜色很深，故又称为深色矿物或暗色矿物。岩石中暗色矿物的百分含量称岩石色率。就钙碱性岩石而言，色率越高，岩石颜色越深，越基性；反之岩石颜色越浅，越酸性。

(2)硅铝矿物：指游离的二氧化硅及富含K^+、Na^+、Ca^{2+}的铝硅酸盐，如前述的石英、斜长石、碱性长石和副长石等。这些矿物SiO_2含量比较高，肉眼观察颜色比较浅，称浅色矿物或淡色矿物。

a. 石英 SiO_2：当岩石中的SiO_2含量很高时，除了满足所有硅酸盐矿物晶出所必需的SiO_2数量之外，尚有多余时，则以石英晶出。所以石英又可称为酸性指示矿物，石英含量越高岩石越酸性，反之趋于基性。

b. 斜长石$(Na,Ca)[Al(Si,Al)Si_2O_8]$：斜长石是钠长石(Ab)和钙长石(An)的类质同象系列，可看成是两者以任意比例混合而成的固溶体。岩石学中，以斜长石An含量（斜长石牌号）不同，将斜长石分为三类六种。

$$\text{酸性斜长石}\begin{cases}\text{钠长石 An 0—10}\\\text{更长石 An 10—30}\end{cases}$$

中性斜长石 $\begin{cases} 中长石\ An\ 30—50 \\ 拉长石\ An\ 50—70 \end{cases}$

基性斜长石 $\begin{cases} 培长石\ An\ 70—90 \\ 钙长石\ An\ 90—100 \end{cases}$

c. 碱性长石：碱性长石包括钾长石（正长石、微斜长石、透长石），歪长石和钠长石（An 0—5）等矿物。它们出现在碱质（K_2O、Na_2O）较高的岩石中。

d. 似长石：似长石又称为副长石，它包括白榴石、霞石等矿物。它们出现在富含碱（K_2O、Na_2O）而贫硅（SiO_2）的岩石（碱性岩）中。这些矿物的出现，说明岩石内 SiO_2 含量不能满足形成饱和铝硅酸盐矿物，如正长石、钠长石等的需要。因此，这类矿物称为不饱和矿物。它们与橄榄石一样，一旦有 SiO_2 加入，便与之反应形成饱和矿物。

$$KAlSi_2O_6 + SiO_2 \rightarrow KAlSi_3O_8$$
白榴石　　石英　　正长石

$$NaAlSiO_4 + 2SiO_2 \rightarrow NaAlSi_3O_8$$
霞石　　石英　　钠长石

$$Mg_2SiO_4 + SiO_2 \rightarrow Mg_2[Si_2O_6]$$
橄榄石　　石英　　顽火辉石

因此，一般情况下，石英与似长石、橄榄石不共生。由此，又可将岩浆岩分成三类，即硅酸不饱和岩石（无石英，而有似长石或橄榄石），如橄榄岩类与霞石正长岩类；硅酸饱和岩石（有很少量的石英，或有少量的似长石或橄榄石），如辉长岩类、闪长岩类及正长岩类；硅酸过饱和岩石（有较多量的石英，而无似长石或橄榄石），如花岗岩类。

三、岩浆岩的分类

研究岩浆岩的化学成分有助于了解各类岩浆岩的内在联系、成因和分类等问题。地壳中存在的元素，在岩浆岩中几乎都有。其中以 O、Si、Al、Fe、Mg、Ca、Na、K、Ti 等在岩浆岩中普遍存在，其含量占岩浆岩组分的 99.25%，其次 P、H、Mn、Ba 及其他微量元素在岩浆岩中皆有分布，但其总量不及 1%。岩石化学类型直接影响着岩石中长英矿物的性质和数量，因而也直接影响到岩石的分类。

岩浆岩的化学成分与地壳、地幔一样用氧化物的重量百分比来表示。岩浆岩中主要氧化物的平均含量如表 5-2 所示。岩浆岩总的平均化学成分与地壳平均化学成分一样，相当于中性岩。我国的岩浆岩平均成分与世界的平均值极为相近。此外，岩浆岩的造岩氧化物中以 SiO_2 含量最高，平均约 60% 左右。它在各类岩石中含量不同,故根据 SiO_2 的百分含量不同可将岩浆岩分为五大类:$SiO_2<45\%$ 的为超基性岩类,SiO_2 在 $45\%\sim52\%$ 的为基性岩类,SiO_2 在 $52\%\sim65\%$ 的为中性岩类,SiO_2 在 $65\%\sim75\%$ 的为酸性岩类,$SiO_2>75\%$ 的为超酸性岩类,其中碱质高的称为碱性岩类。由于各类岩浆岩的化学成分是逐渐过渡的,加上分类标准掌握不一,致使各类岩浆岩的平均化学成分差别较大。在岩浆岩化学成分中,一般又根据 CaO、Na_2O+K_2O、Al_2O_3 分子数的相对大小划分出三个岩石化学类型:①$CaO+Na_2O+K_2O>Al_2O_3>Na_2O+K_2O$ 者,称为正常类型;②$Al_2O_3>CaO+Na_2O+K_2O$ 者,称为铝过饱和类型;③$Na_2O+K_2O>Al_2O_3$ 者,称碱过饱和类型。

表 5-2 岩浆岩的平均化学成分表(%)

氧化物	克拉克(1924)① 平均数值	维诺格拉多夫 (1955) 平均数值	黎彤等(1962)② 按克拉克法算平均值	黎彤等(1962)② 按维诺格拉多夫法算平均值
SiO_2	59.14	63.80	60.76	63.03
Al_2O_3	15.34	14.98	14.82	14.62
Fe_2O_3	3.08	2.42	2.63	2.30
FeO	3.80	3.49	4.11	3.72
MgO	3.49	2.52	3.70	2.93
CaO	5.08	4.44	4.54	4.04
Na_2O	3.84	3.33	3.49	3.61
K_2O	3.13	3.08	2.98	3.10
H_2O	1.15	0.89	1.05	0.92
TiO	1.05	0.66	1.00	0.90
P_2O_5	0.299	0.22	0.35	0.31
MnO	0.124	0.11	0.14	0.12
CO_2	0.101	——	0.43	0.40
其他	0.376			

注:①克拉克在 1924 年以世界各地 5159 个岩浆岩化学分析数据计算而成;②黎彤等,在 1962 年以我国各地 1394 个岩浆岩化学分析数据,按克拉克法与维诺格拉多夫法分别计算而成。

岩浆岩的矿物共生组合规律和化学成分之间有很密切的关系,化学成分不同的岩浆所形成的矿物成分也不一样,它们的共生组合规律和化学成分的关系共同作为岩浆岩分类的重要依据(表 5-3)。

(1) 橄榄岩和辉岩类(超基性岩类):SiO_2<45%,富 MgO 和 FeO,贫 Na_2O 和 K_2O。因此,反映在矿物成分上,就以铁镁矿物为主,一般含量多>90%,长石含量很少或无。

(2) 辉长岩类(基性岩类):SiO_2 在 45%~52%,和上一类岩石相比,SiO_2 增多了,MgO 和 FeO 有明显地减少,Al_2O_3 和 CaO 的含量则剧增。因此,出现了铁镁矿物与近等量的含钙长石分子较高的斜长石共生的现象。

(3) 闪长岩类(中性岩类):SiO_2 在 52%~65%,这一类岩石中 SiO_2 又有所增多,同时相应地 Na_2O 和 K_2O 也有增多,MgO、FeO 和 CaO 则减少了。因而出现了普通角闪石和中性斜长石的共生。铁镁矿物则降低到 30%左右。另外还有一类 K_2O 和 Na_2O 含量很高的中性岩(正长岩类),其中则是碱性长石和铁镁矿物共生。

(4) 花岗岩类(酸性岩类):SiO_2>65%,和前面的几类岩石相比,它们的 SiO_2 含量最多,K_2O 和 Na_2O 的含量也多,而 MgO、FeO 和 CaO 较少。因此,铁镁矿物很少,通常只有 10%。常见石英、碱性长石、酸性斜长石和黑云母共生。

表5-3 常见岩浆岩类平均矿物成分(据 Larsen,1964)

矿物百分数 \ 岩类 \ 矿物	花岗岩	正长岩	花岗闪长岩	石英闪长岩	闪长岩	辉长岩	橄榄辉绿岩	辉绿岩	纯橄榄岩
石英	25		21	20	2				
正长石和微斜长石	40	72	15	6	3				
更长石	26	12							
中长石			46	56	64				
拉长石						65	63	62	
黑云母	5	2	3	4	5	1		1	
角闪石	1	7	13	8	12	3		1	
斜方辉石				1	3	6			
单斜辉石			4	3	8	14	21	29	
橄榄石						7	12	3	95
磁铁矿	2	2	1	2	2	2	2		3
钛铁矿	1	1				2	2	2	
磷灰石	微	微	微	微	微				
榍石	微	微	1	微	微				
色率	9	16	18	30	35	37	38	98	

由上述可知，岩浆岩的化学成分对矿物的形成和共生组合影响很大，具有不同化学成分的岩浆岩会有不同的矿物和矿物共生组合。其中影响最大的就是硅酸的量比或叫酸度，当岩浆岩中酸度较大或硅酸过饱和时，就会有石英出现，所以，石英是 SiO_2 过饱和矿物，含有众多石英的岩浆岩就是 SiO_2 过饱和岩石。镁橄榄石、霞石和白榴石则出现于硅酸不足的岩浆岩中，它们是 SiO_2 不饱和矿物，含有这些矿物的岩浆岩就是 SiO_2 不饱和岩石。因此，石英和镁橄榄石或似长石（霞石、白榴石）很难得在一起产出。这是因为它们在一起时，在一定的条件下，会转变成新矿物，如镁橄榄石＋石英→顽辉石；霞石＋石英→钠长石。其次，K_2O、Na_2O、CaO、MgO 的影响也很清楚，当岩浆岩的 K_2O、Na_2O 含量特高时，在这种岩石中就会出现一些富于碱质组分的矿物共生组合。黑云母多出现在富硅的碱性花岗岩中。原生白云母很难以见含角闪石和辉石的岩浆岩中。碱性辉石和碱性角闪石只产于碱性岩浆岩中。

四、岩浆岩的野外识别

在地壳中，岩浆岩种类很多，目前已达一千种以上。它们是有规律地共生组合在一起的。人们为了利用岩石共生规律以及对它们进一步研究，很早就开始对岩浆岩进行分类。岩浆岩分类的基础主要是化学成分、矿物成分、结构构造、产状和成因等几方面。由于分类的基础不同，就产生了各种不同的分类方法，其目的都是为了掌握岩浆岩内在的、复杂的规律性。根据肉眼鉴定岩浆岩的要求，拟定了一个简要的岩浆岩分类表（表 5-4）。那么我们如何来运用这个鉴定表呢？我们在野外或室内时，如何着手来鉴定岩浆岩呢？

首先应根据野外产状及岩石的结构、构造区分出深成岩、浅成岩（包括脉岩）和喷出岩，其次是根据矿物的颜色、晶形等外表物理特征确定出几个主要及次要矿物。也就是说要抓住矿物最主要的鉴定特征，把主要造岩矿物鉴定出来。最后分别估计其百分含量，并查看鉴定表，以确定属于那一大类，从而准确地定出岩石的名称。

在鉴定矿物和运用鉴定表区分大类时，要注意以下几个方面。

(1) 石英的有无及其含量。对于喷出岩来说，还要注意有无橄榄石。

(2) 钾长石的有无及其含量。

(3) 暗色矿物的种属及其含量。

(4) 在鉴定具斑状结构的岩石时，要特别注意斑晶的成分及其含量。

一般说来，首先是用结构、构造和岩石的颜色来大致确定岩浆岩的产状（深成、浅成、喷出）及其大类，然后再根据主要和次要造岩矿物的百分含量确定其种属名称。

表 5-4　岩浆岩的分类及肉眼鉴定表

大类		超基性岩	基性岩	中性岩	酸性岩	半碱性岩	碱性岩
SiO_2 含量		<45%	45%~52%	52%~65%	>65%	52%~65%	52%~65%
颜色		暗色	暗色	中色	浅色	中色	浅色
主要浅色矿物		无(少)长石	无石英 基性斜长石	石英 0~20% 中性斜长石	石英 >20% 钾长石、酸性斜长石	无或少量石英 钾长石(少量斜长石)	无石英 钾长石、似长石
主要暗色矿物		橄榄石>95%(辉石) 橄榄石75%~95% 辉石5%~25%	辉石95%(橄榄石) 辉石50%(橄榄石)(角闪石)60%	角闪石40%(黑云母)(辉石)20%	黑云母10%(角闪岩)15%	角闪石40% 辉石 黑云母50%	碱性辉石 碱性角闪石 富铁黑云母
主要结构构造					岩石名称		
产状	深成岩 岩基、岩株	粗粒、中粒、细粒结构,有时有似斑状结构,块状、条带状构造	纯橄榄岩	辉长岩	闪长岩	花岗闪长岩 花岗岩	正长岩	霞石正长岩
	岩盆、岩床、岩盖		角砾云母橄榄岩(金伯利岩)	辉绿岩	闪长玢岩	微晶花岗岩	微晶正长岩	
	浅成岩 岩管、岩墙、岩脉	中粒、细粒、隐晶结构		辉绿玢岩	闪长玢岩	花岗斑岩	正长斑岩	霞石正长斑岩
脉岩		斑状结构			煌斑岩	细晶岩 伟晶岩		

续表 5-4

大类	产状	主要结构构造	超基性岩	基性岩	中性岩	酸性岩	半碱性岩	碱性岩
喷出岩	熔岩流 熔岩被 火山锥	斑晶矿物及岩石名称 浅色矿物斑晶	无(少)长石	基性斜长石	中性斜长石	钾长石(透长石)石英	钾长石(斜长石)	钾长石 霞石
		暗色矿物斑晶	橄榄石	橄榄石 辉石	辉石 角闪石(黑云母)	(黑云母)(角闪石)	暗色矿物斑晶少见	碱性辉石 碱性角闪石
		斑状结构,基质为隐晶-玻璃质气孔、杏仁、流纹构造	苦橄玢岩	玄武岩 辉绿岩	安山岩 安山玢岩	流纹岩	粗面岩	响岩
		玻璃-隐晶质结构	火山玻璃岩(黑曜岩、松脂岩、珍珠岩)					

五、岩浆岩中的宝石

很多宝玉石的形成都和岩浆作用有着密切的关系,既包括直接产于岩浆岩中的宝石,也包括岩浆作用引起的接触交代变质作用形成的宝玉石矿物(如钙铝榴石、符山石、绿帘石、和田玉、岫玉),其中岩浆期后相关的伟晶作用形成变质成因宝石(见下一节)。

超基性岩浆岩中的宝石种类有产于金伯利岩和钾镁煌斑岩中的金刚石(钻石),世界上的钻石原生矿床都产于这两类岩浆岩中;有产于橄榄岩中的橄榄石,如我国张家口万全县大麻坪橄榄石矿床;有产于碱性玄武岩中的蓝宝石、红宝石、锆石和石榴石等,如产于我国黑龙江穆棱、辽宁宽甸、山东昌乐、江苏六合、福建明溪和海南文昌的蓝宝石矿床;有产于辉长-斜长岩中的晕彩拉长石,如加拿大和乌克兰的晕彩拉长石矿床;有产于流纹岩中的月光石,如产于美国、斯里兰卡、缅甸、巴西等地的月光石矿床等。

第五节 伟晶作用与伟晶岩

在岩浆作用的后期,紧随其后可能发生的地质作用有:强烈的变质作用、水在升温过程中的热液化,上述两种作用可能单独发生,也可能同时发生。这种岩浆期后的地质作用将会导致两种作用体系的形成,即:熔体-流体体系、热水溶液体系。这些作用流体,通过结晶充填和交代方式,在断裂构造中及其附近的岩石中,形成伟晶岩和热液蚀变岩及其相关矿产。因此,伟晶作用被分为岩浆伟晶作用和变质伟晶作用,岩浆伟晶作用主要发生在岩浆作用晚期,在侵入体冷凝的最后阶段,发生重结晶作用,形成与岩浆作用相似的产物,如绿柱石等宝石矿物。而变质伟晶作用是混合岩化晚期阶段的伟晶岩化作用,属变质作用范围,在此一并讨论。

一、伟晶作用与分类

由熔体-流体体系形成的结晶颗粒粗大的、富含挥发性组分、有时富含稀有金属元素组分,形态主要成脉状或其他不规则形状的岩体称为伟晶岩。形成伟晶岩的作用称为伟晶作用。

伟晶作用的温度为 400~700℃,形成深度约 3~8km。一般分为岩浆伟晶作用和变质伟晶作用两类。两者都可以形成对应的伟晶岩,在伟晶岩中有相应的宝石矿物生成。

二、岩浆伟晶岩与宝石

岩浆伟晶作用,是在岩浆作用的晚期,在外压大于内压的封闭条件下,由富含挥发性组分、稀有金属元素的残余岩浆在适宜的构造裂隙或围岩中经过缓慢结晶作用或者交代作用形成晶体粗大的矿物组合。这种残余岩浆既可以是在附近的岩浆作用演化过程中形成的,也可以是在深部的岩浆作用体系中演化形成的(图 5-11)。

岩浆伟晶作用形成的伟晶岩,在条件有利发育比较完整时,可形成从围岩边缘到伟晶岩中心的分带构造,依次为边缘带(由细粒长石、石英组成)、外侧带(主要由颗粒较粗的具有文象结构的长石、石英和云母组成)、中间带(由颗粒巨大的长石、石英和稀有金属矿物等组成)、内核带(颗粒粗大的石英和稀有金属矿物,常形成晶洞)。

具有经济价值的伟晶岩主要为花岗伟晶岩,少数为碱性伟晶岩。花岗伟晶岩主要由长石、石英和云母组成,矿物颗粒粗大,晶形完好。除经常富集含稀有、稀土元素的矿物外,也有许多其他宝石矿物,是许多宝石的重要来源。如水晶、天河石、正长石、海蓝宝石、锂辉石、托帕石、碧玺、磷灰石等(图 5-12、图 5-13、图 5-14)。

图 5-11 瑶山群中的伟晶岩脉 　　图 5-12 伟晶岩中的绿柱石(据文山新闻网)
(http://blog.sciencenet.cn)

三、变质伟晶岩与宝石

现代地质学的研究表明,在变质作用的温度达到接近岩石的熔融温度时,岩石中的部分组分(硅铝质成分和挥发性组分)将产生部分熔融,形成混合岩化作用,其产物由部分熔融物质结晶形成的浅色体(脉状、条带状或不规则状)与残余的深色基体组成,称为混合岩。混合岩是由原岩在原地经部分熔融作用形成的。

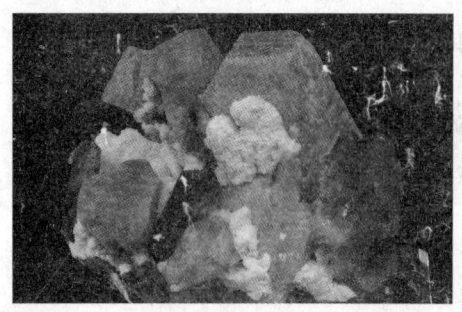
图 5-13　伟晶岩中的微斜长石和烟晶

图 5-14　伟晶岩中产出的双色电气石

如果变质作用的温度进一步升高,部分熔融作用加剧,一些主要由硅铝质成分组成的原岩发生较大面积的熔融,形成原地、半原地重熔型岩浆岩。在有利的构造作用下,在部分熔融作用或者重熔型岩浆作用过程中,也可由熔体-流体体系形成颗粒粗大、富含挥发性组分的伟晶岩,这就是所谓的变质伟晶岩。变质伟晶岩实际上是混合岩化作用的产物。研究表明,高级变质岩地区产出的刚玉类宝石(红宝石、蓝宝石)就是在混合岩化作用过程中形成的。在外观特征上,一些浅色体具有变质伟晶岩的特征。

当炽热的花岗岩浆按一定条件冷却、结晶时,可形成伟晶岩,世上一些最大、最好的绿柱石、电气石、托帕石等宝石就产生于其中。花岗岩的主要矿物成分是石英和长石,它们在结晶时将微量元素(锂、铍、硼等)"排出体外",因此这些微量元素将在液态花岗岩中不断富集,浓度越来越高。最后,富含微量元素的岩浆残余进入裂隙中缓慢冷却、结晶,形成伟晶岩宝石矿。只有很少的伟晶岩中伴生宝石,但宝石类别不少,包括:碧玺、紫锂辉石和绿柱石族等。

紫水晶、托帕石和祖母绿,都产自与岩浆作用有关的特殊地区,即岩浆期后的伟晶岩——热液矿脉。在炽热岩浆侵入地壳并冷却的过程中,岩浆冷凝析出岩浆热液,同时,富含矿物质的地下水也被岩浆加热,并与岩浆热液相互作用,在热力驱动下沿着裂隙往复流动,并在一定的部位将矿物质沉淀,形成粗大的宝石晶体。典型的例子有哥伦比亚祖母绿矿、巴西帝王托帕石矿。

第六节　热液作用与相关矿物

在圈层运动的大背景下,热液作用发生于岩浆作用、岩浆期后作用、变质作用等成矿地质作用过程的中后期。成矿热液是由地质环境中的水（包括：地下水、浅循环水、深循环水、同生水、变质水、岩浆水等）作为有温溶剂，在一定的温压条件下，与周围的可溶性固形物，共同构成以水为溶剂的热液体系。随着它的运移，热液与新的接触环境之间可产生一系列的地球化学作用。在断裂构造及其附近的岩石中，热液作用通过结晶充填和交代方式，形成不同类型的矿物。通常结晶充填作用利于晶体矿物的生长，典型宝石有电气石、托帕石等；交代作用则会引起围岩的蚀变，绝大部分的多晶质硅酸盐矿物是围岩蚀变的产物，典型宝石矿物有：独山玉、鸡血石、寿山石。

一、热液作用定义

由热水溶液体系结晶形成一系列矿物组合，同时伴随有热水溶液与围岩的化学反应使围岩的化学成分、矿物成分和结构构造发生变化的过程，称为热液作用。围岩在热液作用下发生化学成分、矿物成分和结构构造的变化，称为围岩蚀变。

二、热液类型与成矿

热液有多种来源，包括岩浆期后热液、火山热液、变质热液及地下水热液等及其中两种或多种的混合热液。热液作用按温度的高低可划分如下。

1. 高温热液作用与成矿

以 300~500℃ 的温度范围为主，其中温度高于 374℃ 时称为气化作用。主要形成 W-Sn-Bi-Mo-Be-Fe 的矿物组合及其矿床，形成的金属矿物有黑钨矿、锡石、辉铋矿、辉钼矿、磁黄铁矿等，非金属矿物有石英、云母、黄玉、电气石、绿柱石等，其中石英、黄玉、电气石、绿柱石等可成为宝石（图 5-15、图 5-16）。

图 5-15　高温热液组合黑钨矿、萤石和石英　　图 5-16　高温热液组合锡石和云母

2. 中温热液作用与成矿

以 200~300℃的温度范围为主,主要形成 Cu-Pb-Zn 的矿物组合及其矿床,形成的金属矿物有黄铜矿、方铅矿、闪锌矿、黄铁矿等。非金属矿物以石英为主,其次为方解石、白云石、菱镁矿、菱锰矿、重晶石等,这些矿物颗粒粗大、内部洁净时可达到宝石级(图 5-17、图 5-18)。

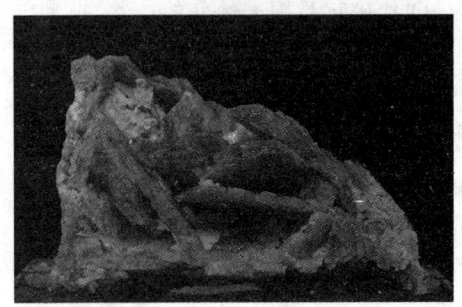 

图 5-17 中温热液菱锰矿　　　　　图 5-18 中温热液黄铜矿矿石

3. 低温热液作用与成矿

以 50~200℃的温度范围为主,主要形成 As-Sb-Hg-Ag 的矿物组合及其矿床,形成的金属矿物主要有雄黄、雌黄、辉锑矿、辰砂、自然银等,非金属矿物有石英、方解石、蛋白石、重晶石等。围岩蚀变产物有高岭石、明矾石、石英、蒙脱石、伊利石、绢云母等(图 5-19、图 5-20)。

 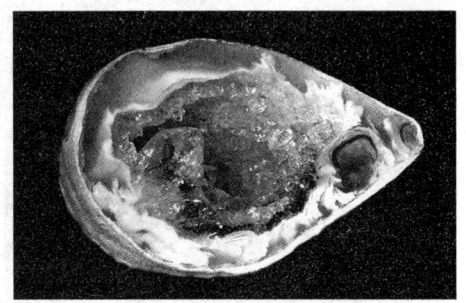

图 5-19 低温热液矿物雌黄与雄黄　　　　　图 5-20 低温热液矿物玛瑙与水晶

热液作用是很多宝石的来源,如水晶、玛瑙、萤石、菱锰矿、祖母绿、重晶石、方解石等;此外,热液作用还可以通过围岩蚀变形成一些玉石,如独山玉、寿山石、鸡血石等。

与伟晶作用一样,热液作用形成矿物及其组合的方式也有结晶充填作用(简称充填作用)和交代作用两种。但由热液作用形成的绝大部分硅酸盐矿物都是围岩蚀变交代的产物。

复习思考题

1. 何为岩浆？何为岩浆的喷出作用？它有哪些喷出产物？
2. 何为熔岩？熔岩有几种类型,请列举出它们的代表性岩石种类？
3. 什么是侵入岩和侵入作用？
4. 岩浆岩都有哪些结构和构造？
5. 何为结晶分异作用,并图示出岩浆结晶分异的过程？
6. 岩浆岩中的矿物按成因是如何分类的？
7. 岩浆岩分类依据有哪些？简述其中一种分类？
8. 直接从岩浆岩中产出的宝石矿物品种有哪些,请列举五种加以说明？
9. 何为伟晶作用？伟晶作用可形成哪些宝石品种？
10. 何为热液作用？热液作用可分成几种类型,各类型分别可形成哪些宝石？

第六章 外力地质作用与沉积岩

第一节 外力地质作用

地质作用是指形成和改变地球的物质组成、外部形态和内部构造的各种自然作用,它是各种地质现象和包括珠宝玉石在内的各种矿产资源形成的原因,具体可分为内动力(或称内力)和外动力(或称外力)地质作用两类。前者主要以地球内部能量为动力,并且主要发生在固体地球的内部,包括岩浆作用、构造作用、地震作用、变质作用和地球内部各圈层的相互作用;后者主要以太阳能、重力能以及日月引力能为能量,并通过大气、水和生物因素引起,包括地质体的风化、重力滑动作用以及各种地壳表层载体(海洋、河流、湖泊、冰川、地下水、风沙)的剥蚀作用、搬运作用、沉积作用、固结成岩作用。正是由于这些内动力和外动力地质作用,或强或弱、或快或慢,不断地作用于地球并改变地球的内部构造和外部面貌,地球才表现出巨大的活力。在外力地质作用下,沉积岩的形成过程可概括为以下四个阶段。

一、风化作用

风化作用指在大气、水和生物等的作用下,主要通过物理或化学作用,促使地壳表层岩石在原地遭受破坏的过程。在风化过程中,一方面破坏原有在较高温度和压力下形成的矿物;另一方面又形成一些在常温常压下稳定的新矿物。风化作用是一种长期、持续而普遍的,同时也极其缓慢的作用过程。它形成的产物基本上残留于原地。根据风化作用的性质和因素不同,可分为机械(物理)风化作用、化学风化作用和生物风化作用三种类型。

(一)物理风化作用

物理风化作用主要是通过气温的变化、释荷等作用使岩石发生机械破坏,而不改变岩石化学成分的过程。其作用方式主要有以下几种。

1. 水的物态变化引起的冰劈风化作用

岩石孔隙中常贮存有水,当气温降至0℃以下便要结冰,水结冰时其体积发生膨胀。由于冰的体积膨胀对周围岩石产生强大压力,其每平方厘米面积上的压力可达2000kg,超过破坏花岗岩所需压力的40倍。因此,在这样大的压力作用下,无论什么岩石均会遭到破坏,从而扩大原有的孔隙。当气温增高至0℃以上时,冰便融化成水,体积减小,同时水又渗入到扩大了的孔隙内。如此反复融冻,于是便像楔子一样使岩石崩解成大大小小的碎块,这种作用称为冰劈作用或寒冻风化作用。寒冻风化作用在高纬度和中、低纬度的高山区,气温处于0℃上下变化处最为显著(图6-1)。

2. 释荷卸载导致的机械风化作用

形成于地壳较深处的岩石,因上覆岩石的重量而受到较大的压力。当上覆岩石被剥蚀后,便使所受到的压力减小或消失。于是引起岩石体积膨胀,出现平行地面(也是岩石表面)的膨胀裂隙,在其他风化因素,如温度、水和生物等因素进一步的作用下,便形成平行岩石表面的层层脱落现象,称为鳞片剥落或层裂现象。层裂现象常出现在不成层的花岗岩类等岩石中(图6-2)。

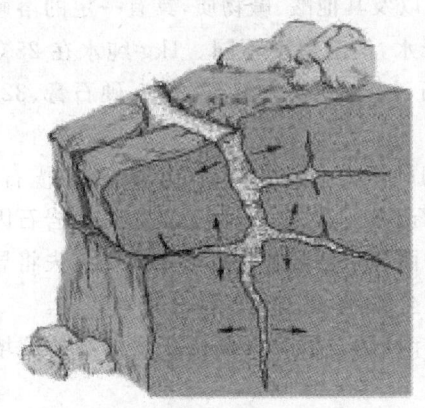 

图6-1 冰劈作用示意图　　　　图6-2 岩石的层裂现象图

3. 温度变化引起的机械风化作用

由于温度剧烈变化,使岩石迅速热胀冷缩而引起的破坏,是内陆干旱沙漠地区常见的一种风化现象。岩石是热的不良导体,昼夜温度高低的交替变化,引起膨胀和收缩的交替作用,加之水的参与,在漫长的岁月中岩石表层就渐渐地裂开和剥落,由大到小发生破碎。

由于不同矿物晶体热膨胀系数的差异,晶体之间空隙的存在等原因,物理风化作用可使金刚石(宝石级的称为钻石)、刚玉(宝石级的根据颜色不同称为红宝石和蓝宝石)、锆石、石榴石、尖晶石等从岩石中剥离出来。机械风化作用也能使玉石碎块从原生矿剥落下来。

此外,在一些地区,由于烈日照射,水分蒸发引起盐类结晶。盐类结晶时产生的张力作用于周围的岩石。此种作用反复进行,可使岩石崩裂,被称为盐分的撑裂作用。在崩裂的岩石碎块上有时能见到盐类的小晶体。物理风化作用是一种纯物理的破坏作用,它只是使岩石由大到小破碎成粗细不等、棱角分明、没有层次覆盖在原来岩石表面之上的松散碎屑物,不改变岩石的化学成分。在陡坡上的机械风化产物,常常受重力作用坠落在坡麓堆积。

(二)化学风化作用

化学风化是地表岩石在水、氧及二氧化碳等作用下发生化学成分变化,使其成分分解,易溶解者流失,难溶解者残留原地,并产生新矿物的作用。主要有以下几种方式。

1. 溶解作用

自然界的水含有一定数量的 O_2、CO_2 以及其他酸、碱物质,具有一定的溶解能力。大多数矿物在一定程度上可溶解于水,但溶解度不同。1kg 纯水在 25℃ 温度下,可溶解:1/340g 云母、1/115g 滑石、1.5/100g 方解石、2.1g 硬石膏、32g 石盐。

常见矿物在水中的溶解度由大到小的顺序为:石盐、石膏、方解石、橄榄石、辉石、角闪石、滑石、蛇纹石、绿帘石、钾长石、黑云母、白云母、石英。许多岩石因含有方解石、石膏、石盐等溶解度大的矿物而容易被溶解。易溶物质的流失将导致岩石孔隙度加大,坚实程度降低,直至完全解体,只残留一部分难溶矿物。

影响溶解度的因素主要是温度、压力、pH 值。温度升高则矿物的溶解度增大,故热带地区岩石的风化速度较快。

溶解作用可使难溶矿物如金刚石、刚玉、石榴石、锆石、石英和长石残留下来。在后期的搬运和沉积分选作用下富集成为砂矿。

2. 水化作用

有些矿物能够吸收一定数量的水并加入到矿物晶格中,转变成含水分子的矿物,称为水化作用。如硬石膏经水化后变成石膏,其反应式如下:

$$CaSO_4(硬石膏) + 2H_2O \longrightarrow CaSO_4 \cdot 2H_2O(石膏)$$

硬石膏转变成石膏后,体积明显膨胀,从而对周围岩石产生压力,促使岩石破坏。此外,石膏相比于硬石膏的溶解度大、硬度低,能加快风化速度。

3. 水解作用

弱酸强碱盐或强酸弱碱盐遇水会解离成为带不同电荷的离子,这些离子分别与水中的 H^+ 和 OH^- 发生反应,形成含 OH^- 的新矿物,称为水解作用。大部分造岩矿物属于硅酸盐或铝硅酸盐类,是弱酸强碱盐,易于发生水解。

如钾长石发生水解时,析出的 K^+ 离子与水中的 OH^- 离子结合,形成的 KOH 呈真溶液随水迁移,析出的 SiO_2 呈胶体状态流失,铝硅酸根与一部分 OH^- 结合形成高岭石残留原地。其反应式如下:

$$4K[AlSi_3O_8](钾长石) + 6H_2O \longrightarrow Al_4[Si_4O_{10}](OH)_8(高岭石) + 8SiO_2 + 4KOH$$

在湿热气候条件下,高岭石将进一步水解,形成铝土矿。其反应式如下:

$$Al_4[Si_4O_{10}](OH)_8(高岭石) + nH_2O \longrightarrow 2Al_2O_3 \cdot nH_2O(铝土矿) + 4SiO_2 + 4H_2O$$

若 SiO_2 被水带走,铝土矿可以富集成矿;若 SiO_2 胶体在一定条件下聚集,可形成蛋白石,其中某些具有特殊内部特征者可呈现变彩效应,这就是欧泊。

4. 碳酸化作用

溶于水中的 CO_2 形成 CO_3^{2-} 和 HCO_3^- 离子,它们能夺取盐类矿物中的 K、Na、Ca 等金属离子,结合成易溶的碳酸盐而随水迁移,使原有矿物分解,这种变化称为碳酸化作用。如钾长石易于碳酸化,其反应式如下:

$$4K[AlSi_3O_8](钾长石) + 4H_2O + 2CO_2 \longrightarrow Al_4[Si_4O_{10}](OH)_8(高岭石) + 8SiO_2 + 2K_2CO_3$$

在这一反应式中,K_2CO_3 和 SiO_2 均被水带走,高岭石残留原地。

斜长石也能碳酸化。由于长石是岩浆岩中最主要的造岩矿物,容易被碳酸化和水解,从而转变成为黏土矿物。

5. 氧化作用

氧化作用表现为两个方面:一方面是矿物中的某种元素与氧结合,形成新的矿物;另一方面是许多变价元素在缺氧的成岩条件下以低价形式出现在矿物中的,当进入地表富氧的条件时,容易转变成高价元素的化合物,导致原有矿物的解体。

前一方面的典型实例是,黄铁矿经过氧化作用转变成褐铁矿,其反应式如下:

$$2FeS_2(黄铁矿) + 7O_2 + 2H_2O \longrightarrow 2FeSO_4(硫酸亚铁) + 2H_2SO_4$$

$$12FeSO_4 + 3O_2 + 6H_2O \longrightarrow 4Fe_2(SO_4)_3(硫酸铁) + 4Fe(OH)_3(褐铁矿)$$

$$Fe_2(SO_4)_3 + 6H_2O \longrightarrow 2Fe(OH)_3(褐铁矿) + 3H_2SO_4$$

后一方面的例子如含有低价铁的磁铁矿(Fe_3O_4)经过氧化后转变称为褐铁矿。磁铁矿中所含的二价铁的氧化物变成了三价铁的氧化物。

因为铁是地壳中含量较高的元素,绝大部分岩石和矿物中都含有低价铁,它在地表条件下易于氧化。地表岩石多呈黄褐色就是因为其风化产物中含有褐铁矿的缘故。含低价铁的许多金属硫化物矿体经氧化所形成的褐铁矿常覆盖在矿体的表层,称为"铁帽"。铁帽是找寻地下隐伏矿体的重要标志。化学风化作用中的氧化作用及其产物与其他物质的结合,能够形成一些特定的宝石风化矿床,如孔雀石、蓝铜矿、绿松石、菱锌矿、异极矿等矿床。如孔雀石常见于含铜硫化物矿床的氧化带,系含铜硫化物氧化后产生的易溶硫酸铜与方解石或含碳酸的水溶液作用的产物,其反应式为:

$$CuFeS_2(黄铜矿) + 4O_2 \longrightarrow CuSO_4 + FeSO_4$$

$$2CuSO_4 + 2CaCO_3 + H_2O \longrightarrow Cu_2[CO_3](OH)_2(孔雀石) + CaSO_4 + CO_2 \uparrow$$

(三)生物风化作用

生物风化是由生物活动所引起的岩石遭受破坏的作用。

植根于岩石裂隙中的植物根须不断变粗、变长和增多,像楔子一样对裂隙两壁施加压力,劈裂岩石,称为根劈作用。这是生物的机械破坏作用,极为常见。

生物的新陈代谢及生物遗体腐烂分解,引起岩石的解离,是生物的化学破坏作用。生物在新陈代谢过程中,从土壤和岩石中吸取养分,同时也分泌有机酸、碳酸、硝酸等酸类物质以分解矿物,促使矿物中一些活泼的金属阳离子游离出来。一部分供生物吸收,一部分随水流失。如山区基岩上生长的蓝绿藻、苔藓与地衣等,均能够分泌有机酸与CO_2;菌类能够利用空气中的氮制造硝酸;岩石和土壤中的微生物能够分泌大量的有机酸。土壤中的细菌数量巨大,每克有数百万个之多,对岩石的解离起了很大的作用。

在还原环境下聚积起来的生物遗体,逐渐发生腐烂分解,形成暗色和黑色的胶状腐殖质。腐殖质富含钾盐、磷、氮及碳的化合物,这些成分可促进植物的生长。另一方面,腐殖质中的有机酸同样对矿物、岩石起着化学破坏的作用。

以上三类风化作用及其多种风化方式都具有独立意义。但是,在许多情况下,它们相伴而生,并相互影响,相互促进。这是因为物理风化能扩大岩石的孔隙,使岩石碎裂,增加其表面积,这就有利于水、大气以及生物的活动,促进岩石的化学风化;而化学风化则改变了矿物和岩石的性质,进一步破坏岩石的完整性和坚固性,这就为物理风化的深入进行提供了更有利的条件。生物风化则总是与物理风化及化学风化作用相伴相随。

(四) 风化作用的制约因素

制约岩石风化性质与特征的因素有3个方面。

1. 气候

在自然界中,气温的高低及降水量的多少等因素明显地受所在地区所处的纬度、地形以及距离海洋远近等因素的控制。在不同气候带,岩石风化的性质与特点不同。在两极及低纬度的高山区,气候寒冷,水的活跃程度低,植被较少,化学风化缓慢而微弱,冰劈作用极为突出,岩石易破碎成为具有棱角状的粗大碎块。在干旱区,仍以物理风化为主导,化学风化较弱,岩石多风化成为棱角状碎屑;由于雨水少,蒸发强烈,易溶矿物也难以溶解。在湿热气候区,气温高,降水量大,植物茂密,微生物活跃,化学风化和生物风化进行得快速而充分,风化作用的深度达数十米以下,形成巨厚的风化层。图6-3体现了不同气候带中温度、降水量与植被之间的相互关系及它们对风化作用的影响程度。

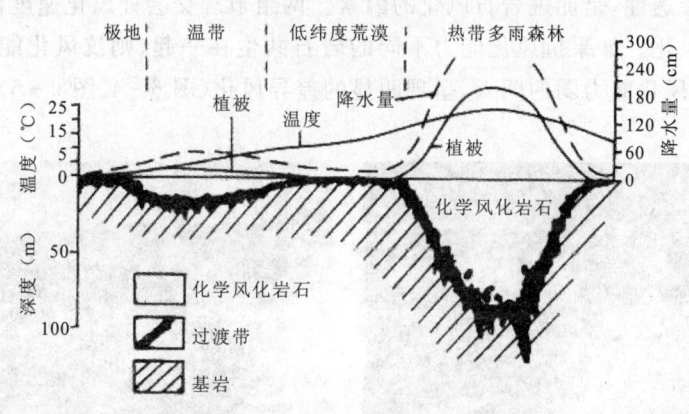

图6-3 由极地到热带风化作用变化略图

2. 地形

地形包括地势的高低、起伏程度以及山坡的朝向等。地势的高低影响气候。中低纬度的高山区具有明显的垂直气候分带,山麓气候炎热,而山顶气候寒冷,不同高度带的植物群面貌也明显不同,因而风化作用的类型及方式也会随高度的起伏而变化。地势的起伏大小与风化作用的类型及其程度也密切相关。不同朝向的山坡由于光照不同、气温不同,风化作用的程度和特点也有差异。

3. 岩石的特征

岩石的特征包括岩石的成分、结构构造、节理发育情况等,都会影响风化作用的程度。岩石抗风化能力的强弱与它的组成矿物有关。主要造岩矿物抗风化能力由小到大的次序为：橄榄石、钙长石、辉石、角闪石、钠长石、黑云母、钾长石、白云母、黏土矿物、石英、铝和铁的氧化物。方解石也属于易风化矿物。因此，岩浆岩中的超基性、基性岩最容易风化，酸性岩较难风化，中性岩介于它们之间。沉积岩中的石英岩、石英砂岩，其主要成分为石英，抗风化能力强，地形上常呈突出地貌。黏土岩化学性质稳定，以物理风化为主，因岩石强度低而容易剥蚀成低地。石灰岩在干旱地区和寒冷地区以物理风化为主，在湿热地区以化学风化为主。变质岩的风化特点也与其组成矿物成分有关。

岩石中矿物及碎屑颗粒的粗细、分选程度及胶结程度等决定着岩石的致密程度和坚硬程度，从而影响风化的强弱。如疏松多孔或粗粒多孔的岩石比细腻、致密和坚韧的岩石易于风化。成层岩石的层厚、层间裂隙的发育程度对于岩石的可渗透性有影响，进而影响着岩石抗风化的能力。岩石中节理的发育程度对于岩石的风化作用具有很大影响。节理破坏了岩石的连续性和完整性，增加了岩石的可渗透性，是促进岩石风化的因素。两组节理交会处风化速度快，因此常形成球状风化。如果抗风化能力不同的岩石共生在一起，则抗风化能力强的岩石突出，抗风化能力弱的凹入，呈现明显的差异风化（图6-4、图6-5）。

图6-4　岩石的球状风化　　　　　　图6-5　岩石的差异风化

对已有岩石或地质体的破坏和剥离，除了风化作用，还有各种剥蚀作用。

剥蚀作用：指河流、海洋、湖泊、冰川、地下水和风等外动力及其运动过程中使岩石受到侵蚀、破坏并剥离原地的作用过程。如河流水体及其携带物对河流侧岸的旁蚀（侧蚀）、对河床底部的下蚀和磨蚀作用以及对沿途岩石的溶蚀作用；海洋的波浪、潮汐和洋流等对海岸、海底的侵蚀破坏；湖泊的冲蚀、磨蚀和溶解作用；冰川的挖掘、锉磨作用；地下水的化学溶蚀作用；风及其携带物的吹蚀和磨蚀作用，等等。

风化作用和剥蚀作用的产物是沉积物质的主要来源。除此之外，由火山喷发带到地表或水下的火山碎屑物质,沿深大断裂流出地表或水下的热卤水、热液甚至气体中的某些物质,也可以是某些沉积物的重要物质来源。在某些环境下沉积物质中可含有一定数量甚至大量的生物遗体。另外,研究表明,一些沉积物中含有陨石和宇宙尘埃等太空物质,这些物质都是沉积岩的原始物质。

二、搬运作用

原始沉积物中以母岩的风化产物为主,故沉积物的搬运和沉积作用主要是指风化产物的搬运与沉积作用。如前所述,母岩的风化产物有三类:碎屑物质、黏土物质和溶解物质。它们除少部分残留原地组成风化壳堆积外,大部分被搬运走,并在新的地方沉积下来。三者的性质不同,故其搬运、沉积方式也不同。已形成的原始沉积物质,在外力作用下,离开原地,发生迁移,即物质处于运动状态,称为"搬运"。物质在搬运过程中,在某时某地处于停止状态,即不移动状态或永远不移动状态,称为"沉积"。所以母岩的风化作用及风化产物的搬运和沉积作用,是三个连续的阶段,并且是交替进行的。这是因为风化产物在搬运过程中仍可受到磨损、溶解等化学和物理的"风化"作用,有时甚至还很强烈。至于搬运作用与沉积作用的关系更为密切,主要是因为物质在搬运过程中随时受到两种因素(搬运或沉积)的作用,故在一起叙述。使沉积物发生搬运和沉积作用的地质营力主要是流动水、风、冰川、重力和生物作用。按搬运方式可分为:机械搬运、化学搬运和生物搬运。

(一)机械搬运作用

陆源碎屑物质、黏土物质、内源的颗粒物质及深部来源的火山碎屑物质等,均以机械的方式进行搬运和沉积,受流体力学定律支配,这些物质可以呈悬浮状态(称悬移载荷)搬运,也可呈滑动、滚动、或跳跃方式(称推移载荷)搬运。现已发现,自然界存在两种流体——牵引流和重力流。两者性质不同,产生的沉积物特征也显然不同。对原始沉积物的搬运以牵引流最常见,如含有少量沉积物的流水(包括雨水、暂时水、河流、湖流、洋流、波浪流、潮汐流等)和大气流等属牵引流,为牛顿流体,它们以推移和悬浮方式搬运沉积物。随着流体中沉积颗粒数量增多,则逐渐过渡为重力流,如水中浓集有大量沉积物的浊流、泥石流、颗粒流等属重力流,为非牛顿流体,主要以悬浮方式搬运沉积物,水流十分浑浊。

1. 牵引流的机械搬运作用

牵引流体的沉积物质,随时受到两种因素(搬运或沉积)的作用,促使碎屑沉积的力有:物质的重力(它与颗粒的大小、比重、形状有关)、物质之间的吸引力

(粘结力)、物质之间及物质与底质之间的摩擦力。促使碎屑搬运的力有：水体对物质的上举力(浮力)和流水的动力(包括水平推力和载荷力)，流水的水平推力主要取决于流速、流量和流体性质，其中水平推力主要取决于流水的流速，当流量一定时，流水搬运碎屑的大小与流速平方成正比。山区河流流速快，可搬运粗大的碎屑；平原河流流速小，只能搬运细小颗粒。流水的载荷力，它主要取决于流量，流量大小决定了搬运数量，它与流速的六次方成正比，如长江流量大，能搬运大量泥沙入海，但无大的碎屑。

当颗粒受到搬运的动力大于物质的重力，并克服了粘结力和摩擦力之后，物质就会被搬运；相反则发生沉积。而且这两类力的关系，也决定了搬运的方式，如当水平推力加上举力大于或等于重力加粘结力时，颗粒沿底部滚动，挪动；当上举力大于或等于重力时，颗粒就上浮，当上举力渐小时可跳跃前进，渐大时则可呈悬浮状搬运。

2. 重力流的机械搬运作用

重力流是一种高密度流体，是因密度差，在重力作用下产生的流动，它含有大量的泥沙，呈悬浮状态搬运，是沉积物与水混合的湍流，常以体积巨大的块体运移，故又称为密度流或块状流。

(二) 化学搬运作用

以化学方式破坏的产物通过真溶液或胶体溶液进行搬运。如石灰岩溶于水之后，以 Ca^{2+}、HCO_3^- 离子形式搬运；长石风化后形成黏土矿物、二氧化硅，在水中呈胶体质点被搬运。沉积物质中的溶解物质，常呈胶体溶液或真溶液被搬运和沉积，这主要与物质的溶解有关，如图 6-6 显示，Al、Fe、Mn、Si 的氧化物难溶于水，多呈胶体溶液搬运，而 Ca、Na、P、Mg 的盐类溶解度大，则常呈真溶液搬运(图 6-6)。

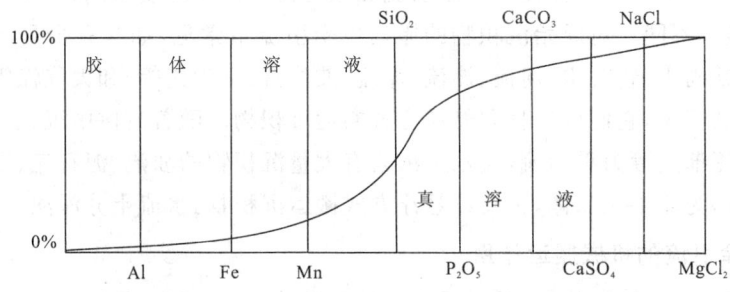

图 6-6 在自然界中胶体溶液与真溶液的分布情况

1. 胶体物质的搬运

胶体物质的性质介于粗分散系（悬浮液——其中的粒子直径$>1000\times10^{-10}$ m）和离子分散系（真溶液——分子或离子直径$<10\times10^{-10}$ m）之间，胶体质点大小在$(10\sim1000)\times10^{-10}$ m之间，普通显微镜下不易识别。胶体溶液的沉积作用：胶体溶液中物质的沉积常称为凝聚作用或胶凝作用。胶凝作用主要是由以下3种因素引起的。①电解质的作用：当胶体溶液遇到电解质时，就要互相中和发生凝聚作用。如河流携带的胶体物质与富含电解质的海水相混合时，就可形成大量的凝胶沉淀。因此，在三角洲沉积中常可以见到大量的黏土、氧化铁等物质沉淀。②胶体的相互凝结：当带有相反电荷的两种胶体溶液相混合时，由于相互中和，也会引起胶凝作用。③蒸发作用：在干燥的水盆地，因蒸发作用而使胶体的浓度加大导致凝聚而沉积。此外，毛细管作用、放射线的照射、有机物质的存在等都能引起胶体溶液的胶凝作用。

2. 真溶液物质的搬运

化学溶解物质中的 Cl、S、Ca、Na、K、Mg 等成分都呈离子状态，存在于水溶液中，呈真溶液搬运（有时 Fe、Mn、Al、Si 也可呈真溶液搬运），并通过化学作用沉淀。它们沉淀的先后顺序，主要由物质的溶解度（或溶度积）决定，溶解度愈大，愈易搬运，不易沉淀。而物质的溶解度又受介质条件——pH、Eh、温度、压力、CO_2 含量等一系列因素的控制。

（三）生物搬运作用

生物吸取介质中的化学元素来营养自己，建造其骨骼，死亡后在一定的地方堆积下来，也起着搬运作用。

随着地质历史的发展，生物在沉积岩的形成过程中的意义愈来愈大。生物通过生命活动，直接或间接地对化学元素、有机或无机的各种成岩、成矿物质进行分解与化合、分散与聚集，以及迁移等作用，在适当的水体中沉淀成有关的岩石和矿床。以生物为中介的搬运作用相对较少，但其沉积作用的意义巨大，将在本节沉积作用部分做详细的归纳。

三、沉积作用

搬运物在条件适宜的地方发生沉积。如流水搬运物在河流转弯处、湖口或河口因流速减慢而沉积；风的搬运物因风力减弱或受阻拦而堆积。

（一）沉积作用类型

（1）机械沉积作用：机械搬运物按机械方式沉积，受重力支配。重的物质搬运近且先沉积,轻的搬运远而后沉积。

(2)化学沉积作用:化学搬运物沉淀作用受化学反应的规律支配。在真溶液中,溶解度小的物质搬运近且先沉淀,易溶物质后沉淀;水中胶体质点的沉积是通过与电解质的中和作用,或正、负胶体中和作用,或水的蒸发作用等进行的。

(3)生物沉积作用:可归纳为以下两种方式:一是生物残骸(硬体)直接堆积成岩,如礁灰岩、生物灰岩、硅藻土、某些磷块岩等;二是生物有机体(软体)经过变化,可转变成石油、天然气、煤、油页岩等。这两者分别对应生物沉积的物理作用和化学作用。生物沉积的物理作用是指某些生物(如藻类、层孔虫)的捕获粘结和障积作用,有利于某些岩石(如藻碳酸盐岩、礁灰岩)和矿产(如磷、铁、锰)的形成。生物及有机质对某些金属的吸附、沉淀可形成有用矿产(如煤及黑页岩中的铀、钒等矿产)。生物沉积的化学作用是指生物能产生 CO_2、H_2S、NH_3、CH_4等,影响沉积介质的氧化、还原条件,促使某些物质的溶解或再分配。如藻类进行光合作用,吸收 CO_2,促进碳酸盐的沉淀;铁细菌能将 Fe^{2+} 氧化成 Fe^{3+},利于铁的沉淀;还原硫酸盐细菌能将硫酸盐还原成 H_2S,它可与金属离子结合成硫化物沉淀等。

不同沉积作用的产物即沉积物,可称为碎屑沉积物、化学沉积物、生物沉积物、生物化学沉积物。

(二)沉积分异作用

沉积岩的原始物质经过搬运、沉积而分化为比较简单的沉积物(岩石和矿产)类型的作用,称为沉积分异作用。

在自然界中沉积分异的现象,早已有人(Prevost,1837)发现,直到 1937—1940 年苏联学者普斯托瓦洛夫做了不少充实而完善的总结,提出沉积分异学说。近年来,根据新的资料和事实,对沉积分异理论进行了批判和补充。沉积分异作用可分为机械沉积分异作用、化学沉积分异作用及生物沉积分异作用 3 种,但以前二者为主。

1. 机械沉积分异作用

主要受物理因素支配的分异作用,叫机械沉积分异作用,随着搬运距离的加长,碎屑物质按其颗粒大小、比重、形状和矿物成分进行分异,依次沉积下来,其一般规律如下。

(1)按颗粒大小分异。碎屑物质沿搬运方向,从物源区起由近而远,依次沉积:砾石—砂—粉砂—泥质(图 6-7)。

(2)按比重分异。比重大的矿物搬运距离近,先沉积;比重小的搬运距离远,后沉积(图 6-8)。

(3) 按形状分异。与搬运方式有关。悬浮搬运者,球度高而较小的粒状矿物先沉积,片状矿物后沉积;滚动搬运者,球度高而较大的粒状矿物搬运远,片状矿物搬运近。但总的趋势是搬运愈远,其磨圆度、球度愈高。

(4) 按矿物成分分异。近陆源区,碎屑成分复杂,不稳定矿物多,重矿物含量高,即成分成熟度低;远陆源区,则相反。

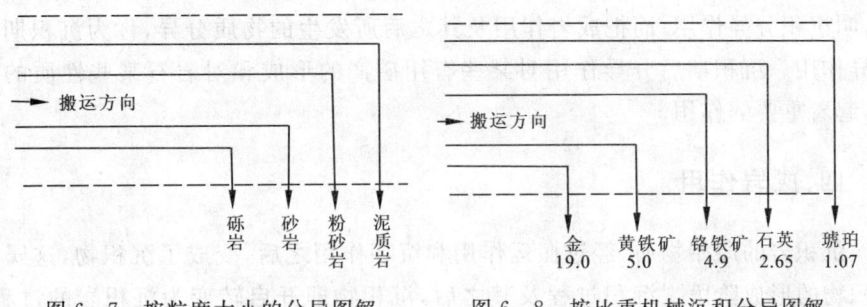

图6-7 按粒度大小的分异图解   图6-8 按比重机械沉积分异图解

2. 化学沉积分异作用

主要受化学因素支配的分异作用,叫化学沉积分异作用。它主要受矿物溶解度的影响,其次是外界条件,如介质的 pH 值、Eh 值、气候因素、构造条件、有机质的作用等。普斯托瓦洛夫提出的化学沉积分异如图6-9所示。

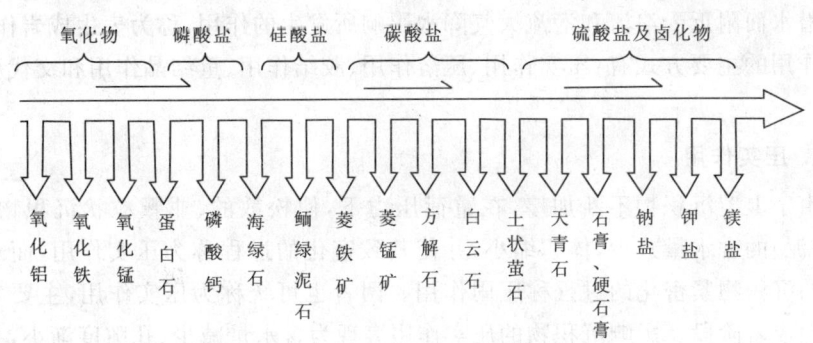

图6-9 化学沉积分异作用图解(据普斯托瓦洛夫,1954)

沉积分异是客观存在的地质现象和规律,它对研究沉积物的搬运和沉积规律,对了解沉积岩和沉积矿产的成因及分布规律,对指导普查找矿等均有重大的理论和实际意义。但普斯托瓦洛夫所提出的沉积分异模式,过于简单化和抽象化,有的是推论的,而不是根据实际情况的总结,它忽视了与沉积分异作用相对立的"掺合作用",更没有注意沉积期后的分异作用。对化学沉积分异而言,他提出的矿物,很多不是同一时期形成的,如白云石、菱锰矿多是成岩期矿物,天青石、重晶石、萤石多是后生期矿物,不能把它们与同生沉积矿物相提并论。也没有考虑气候、大地构造、火山来源物质、生物的作用等因素。我们认为:物质的分异作用可贯穿于沉积岩和沉积矿产形成过程的始终。可以把风化作用阶段所发生的物质分异,称为风化分异作用或沉积期前分异作用;把搬运和沉积阶段的分异,叫沉积分异作用;而把成岩作用及其之后所发生的物质分异,称为沉积期后分异作用。沉积期后分异作用对某些有用矿产的形成和对岩石某些性质的改变,起着重要的作用。

四、成岩作用

沉积岩的原始物质,经过搬运作用和沉积作用之后,变成了沉积物,这属于沉积物的形成阶段。沉积过程及其之后,沉积物即开启转变为沉积岩的过程。在此过程中,沉积物要经受一系列的变化。所经受的这些变化,称为广义的成岩作用,可以分为早期成岩作用和晚期成岩作用两期。早期成岩作用可分为:沉积物沉积过程中所发生的物理、化学及生物作用,称为同生作用;同生作用之后直到沉积物固结为止所发生的一切作用,称为浅埋成岩作用。晚期成岩作用可分为:已经固结的沉积岩随着上覆沉积物厚度增加、温压进一步升高,直到变质作用之前的所有作用,称为深埋成岩作用;已经固结的沉积岩因盆地回返而逐渐上升到潜水面附近受渗流和潜流大气降水影响所发生的作用,称为表生成岩作用。成岩作用的主要方式有:压实作用、压溶作用、胶结作用、重结晶作用和交代作用5种。

1. 压实作用

由于上覆沉积物不断加厚,在重荷压力下,使松散的、非颗粒状沉积物(软泥、灰泥)的含水量减少,体积缩小,并使其致密化的过程称为压实作用,而对颗粒状的沉积物紧密化的过程称压固作用。两者也可统称为压实作用,主要发生在浅埋成岩阶段。影响沉积物的压实作用表现为含水量减少、孔隙度渐小,并可出现定向性,如瑞士楚格湖中现代沉积黏土,在埋深 0m 时,黏土含水量为 83.6%,孔隙度为 92%;当上覆有 3.6m 厚的新沉积物覆盖后,黏土含水量减为 70.6%,孔隙度减至 85%。压实作用强时还发生黏土矿物成分的转化。砂质沉积物的压固作用,初期也表现为含水量减少、孔隙度缩小;后期表现为对碎屑矿物产生压裂、压碎、压溶及石英、长石碎屑的次长加大等现象。颗粒碳酸盐的压固也有相似的表现。

2. 压溶作用

在压力(静水压力或构造应力)作用下,沉积物或沉积岩内发生的溶解作用,称为压溶作用。沉积岩(主要是碳酸盐岩)中的缝合线构造和砂砾间的缝合接触,即为压溶作用的证据。压溶作用既有物理作用,也有化学作用。在上覆沉积物的静压力作用下,孔隙溶液经常会发生迁移。随着压力的增加,溶解作用加强,在颗粒(或两种岩性)接触处发生溶解作用。由于各部分溶解速度不一致,故其接触线(缝合线)常呈锯齿状。压溶作用主要发生在深埋成岩阶段,可延续到浅变质作用阶段,但可从浅埋成岩阶段就开始有表现。

3. 胶结作用

所谓胶结作用是指松散的沉积颗粒,被化学沉淀物质或其他物质充填连接的作用,其结果使沉积物变为坚固的岩石。胶结作用可发生于各个阶段。在同生作用阶段,胶结物主要由环境地层水提供;在浅埋成岩阶段,胶结物主要由埋藏沉积物中不稳定成分的分解提供;在深埋成岩阶段,胶结作用延续进行,且有胶结矿物重结晶现象,或压溶作用形成的镶嵌式胶结(石英颗粒之间呈缝合线接触);在表生成岩阶段,胶结物主要来自地下水中的物质。胶结作用最终使沉积物完全固结成岩,并逐渐减少其孔隙度。

在陆源碎屑沉积物中,常见的胶结物有硅质矿物(如石英)、方解石、赤铁矿、黏土、海绿石和石膏等,其次是菱铁矿、绿泥石、重晶石和沸石等。某一沉积物中的胶结物可以只有一种,也可以有多种。在碳酸盐或硅质沉积物中,常见的胶结物则分别是碳酸盐矿物(文石、方解石等,被称为亮晶胶结物)和硅质矿物。

4. 重结晶作用

沉积物的矿物成分通过溶解、局部溶解和固体扩散等作用,使物质质点发生重新排列,原有细小颗粒自然增大粒度的现象,称为重结晶作用。重结晶作用的强弱取决于物质成分、质点大小、均一性及比重等。一般而言,颗粒愈小表面积愈大,溶解度也愈大,愈易被溶解而向大颗粒集中,即愈易发生重结晶作用。重结晶作用也与物质成分有关,易溶的物质,如碳酸盐、盐类等矿物在成岩后生过程中很容易发生重结晶,形成粗大的晶体。温度及压力的增加,也能促进重结晶作用。重结晶的先后与矿物比重和结晶能力有关,一般是比重大而分子体积小和结晶能力大的矿物先发生重结晶。因此,在沉积岩中成为单独晶体或结核出现的往往是比重较大的矿物(如黄铁矿、菱铁矿),在白云质灰岩中白云石的自形程度常较方解石好。重结晶作用不仅使细粒、松散沉积物逐渐固结变粗、变硬,而且还可破坏沉积物的原始结构构造。如沉积物的颗粒大小、形状及排列方向等均可因重结晶作用而受到破坏,微细薄层理也可因重结晶作用而消失。

5. 交代作用

交代作用发生在沉积物和沉积岩中,是对已存矿物的一种化学替换作用,作用过程中有物质的带出及带入,它可发生于沉积岩形成作用的各个阶段。交代顺序与元素活动性和浓度有关。如黏土矿物交代长石颗粒,白云石交代方解石,玉髓交代腕足类动物外壳,方解石交代石膏。交代作用可形成漂浮自形晶结构、交代残余结构、交代假象结构和交代阴影状结构等。

第二节 沉积岩概述

一、沉积岩的定义

沉积岩是在地壳表层常温常压条件下,由风化产物、深部来源物质、有机物质及少量宇宙物质经搬运、沉积和成岩等一系列地质作用而形成的层状岩石。沉积岩在地壳表层分布甚广,占陆地面积的 75%,故在地表沉积岩是最常见的一类岩石。沉积岩中分布最广的是泥质岩、砂岩、砾岩和碳酸盐岩,它们共占沉积岩总量的 98%~99%,其余的沉积岩及沉积矿产仅占 1%~2%。由于地壳的运动,一些地区形成大规模的断陷盆地,在地壳一定深度范围内形成巨厚沉积物或沉积岩。

在沉积岩中蕴藏着大量矿产,不仅矿种多,而且储量大。据第十九届国际地质学会(1953)统计:世界资源总储量的 75%~85% 是沉积和沉积变质成因的。可燃有机矿产(石油、天然气、油页岩和煤)及盐类矿产几乎全为沉积成因的;铁、锰、铝、磷、放射性金属及铜、铅、锌、汞、锑等矿产,多属沉积成因或与沉积岩有成因关系。而且很多沉积岩本身就是矿产(如作建筑及耐火材料、冶金熔剂、水泥及玻璃原料等)。另外,沉积物和沉积岩还跟地下水资源的开发利用、工程建设的规划和设计有密切关系。研究沉积岩还有重大的理论意义,因为沉积岩在地质历史中延续时间长,地壳中岩石最老年龄为 46 亿年,而沉积岩最老年龄可达 38 亿年,其中有生命的岩石年龄为 31 亿年。所以,沉积岩是研究地球发展、演变、生命起源和进化的宝贵资料。

二、沉积岩的一般特征

1. 化学成分特征

由于沉积岩的原始物质主要来自岩浆岩,故其平均化学成分与岩浆岩的总平均化学成分很相似。但由于沉积物质在风化、搬运和沉积过程中发生了分异，故各类沉积岩间的化学成分相差很大，如碳酸盐岩以钙镁氧化物和 CO_2 占优势；砂岩以 SiO_2 为主；泥岩以铝硅酸盐为主，并与沉积岩的总平均化学成分相近。

由于沉积岩是在地表环境下形成的，故通常其 $Fe_2O_3 > FeO$，富含 H_2O、O_2、CO_2 及有机质；沉积岩碱金属含量比岩浆岩低，但其中 K_2O 的含量大于 Na_2O。

2. 矿物成分特征

组成沉积岩的矿物成分有 160 余种，但比较重要的仅 20 余种，如石英、长石、云母、黏土矿物、碳酸盐矿物、卤化物及含水的氧化铁、锰、铝矿物等。在一种沉积岩中含有的主要矿物成分通常不超过 3～5 种。

沉积岩的矿物成分与岩浆岩的相比，有如下的 4 个特点。

(1) 在岩浆岩中可大量存在的橄榄石、辉石、角闪石和黑云母等铁镁矿物，在沉积岩中则少见。

(2) 长石、石英和白云母等矿物在岩浆岩及沉积岩中都比较多，但钾长石和石英在沉积岩中更多（图 6-10）。

(3) 盐类矿物、一些碳酸盐矿物和黏土矿物则是沉积岩中所特有的矿物，岩浆岩中很少或没有。

(4) 生物组分则是沉积岩所特有的（图 6-11）。

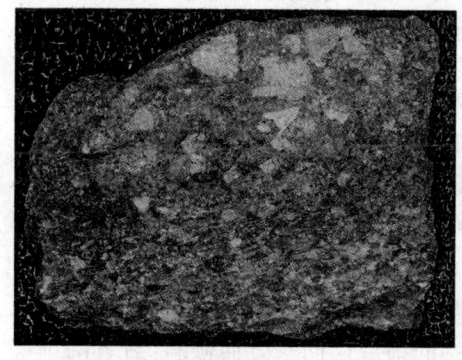

图 6-10　沉积岩标本内含大量石英、长石和云母颗粒

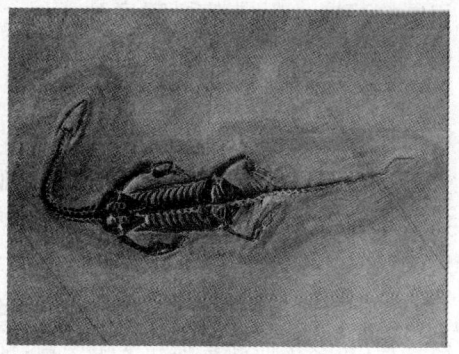

图 6-11　沉积岩中的化石标本

3. 结构构造特征

沉积岩的结构构造明显地不同于岩浆岩。岩浆岩多为晶粒结构，而沉积岩的结构则随岩石的类型和成因而变化，如陆源碎屑岩具碎屑结构；泥质岩具泥状

结构;某些化学及生物化学岩又具晶粒结构;某些内源沉积岩还有颗粒结构;某些生物灰岩、硅质岩和碎屑岩中可见生物化石及其碎片,即具有生物结构。

在岩石构造方面,沉积岩则具特征的层理和层面构造。层理是指沿原始沉积平面的垂直方向上,岩石成分、颜色或结构等特征一层一层地发生变化所构成的一种层状特征。层理是沉积岩最重要的一种构造特征,是沉积岩区别于岩浆岩和变质岩的最主要标志。

层理的内部构造:细层/纹层是沉积岩中成分单一的细微薄层,厚度以毫米为单位,是层理的最小单位,是在某一时刻内同时沉积下来的沉积层。层系是由结构和产状相似的细层(纹层)组合而成的细层(纹层)系列,有上下层面限定,是在一段时间内相对稳定的水流条件下形成的层理特征。同一层系在成分、结构、厚度、倾向和倾角等诸多方面具有相似性。层系组是相邻的一系列相似层系的组合,其中各层系之间无明显间断,是沉积条件和水动力状态基本相同的环境中形成的层理序列。层(岩层)是沉积岩系的基本组成单位,它具有基本均一的成分、颜色、结构和内部层理构造,层与层之间有层面

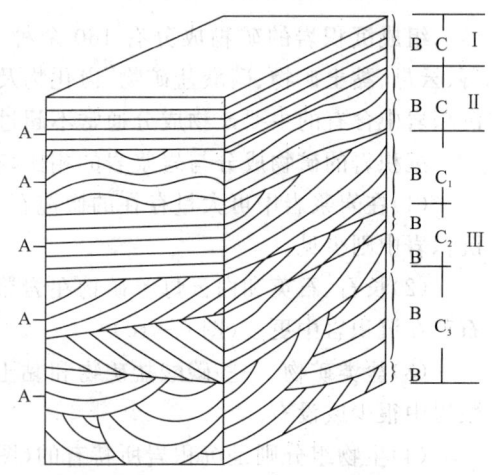

图 6-12　层理类型(据钱建平略改,2014)
Ⅰ.水平层理;Ⅱ.波状层理;Ⅲ.斜层理;A.细层;B.层系;C.层系组;C_1.板状交错层理(单向斜层理),C_2.楔状交错层理,C_3.槽状交错层理

分开,细层、层系和层系组均是层的内部构造。层往往以岩石类型(岩性)命名,如石灰岩层、石英砂岩层等。根据层的厚度划分,分为块状层(厚度大于1m)、厚层(厚度0.5~1m)、中层(厚度0.1~0.5m)和薄层(厚度0.01~0.1m)。

层理按细层以及细层与层系界面之间的关系,可分为水平层理、波状层理、斜层理(包括单向斜层理和交错层理,前者的细层向同一方向倾斜,后者的细层倾斜方向不一致,相互交错)、透镜状/脉状层理和块状层理等。层面构造是沉积物表面上由于流水、风、生物活动和阳光暴晒等作用所留下的痕迹,常见有波痕、泥裂(干裂)、雨痕和遗迹化石等。另外,沉积岩还具有良好的孔隙

第三节 沉积岩的成分与分类

一、沉积岩的化学成分及其特征

如果我们将沉积岩和岩浆岩的化学成分进行对比(表6-1),就可以发现二者十分接近。这种现象并非偶然,正是说明沉积岩的物质成分主要来自岩浆岩的缘故。但是,仔细对比,它们仍有以下不同的地方。

(1) Fe_2O_3 与 FeO 的对比关系:在岩浆岩中通常 $Fe_2O_3 <$ FeO;而沉积岩中一般 $Fe_2O_3 >$ FeO。

(2)钾、钠的对比关系:在岩浆岩中钾与钠的含量近似相等,或钠稍大于钾,而沉积岩中则钾大于钠。

表6-1 岩浆岩与沉积岩的平均化学成分表(%)

氧化物	沉积岩平均成分	岩浆岩平均成分	氧化物	沉积岩平均成分	岩浆岩平均成分
SiO_2	57.95	59.14	CaO	5.89	5.03
TiO_2	0.57	1.05	Na_2O	1.13	3.84
Al_2O_3	13.39	15.34	K_2O	2.86	3.13
Fe_2O_3	3.47	3.08	P_2O_5	0.13	0.30
FeO	2.08	3.80	CO_2	5.38	0.10
MnO	—	—	H_2O	3.32	1.15
MgO	2.65	3.49	总和	98.73	99.50

(3)Ca、Na、K 与 Al、Si 的关系:沉积岩中 Ca、Na、K 与 Al、Si 可以互相分离存在,而且碎屑沉积岩中 Al>Ca+Na+K;而岩浆岩中则通常是 Al<Ca+Na+K,且 Ca、Na、K 与 Al、Si 组成铝硅酸盐矿物,如长石类矿物。

(4)沉积岩中常含有大量的 H_2O、CO_2 和有机质,而有机质是岩浆岩中几乎没有的。

二、沉积岩的矿物成分和矿物类型

1. 沉积岩矿物成分的特点

沉积岩中已经发现的矿物达160种左右,但最常见的造岩矿物不过20余种。这20余种矿物组成了全部沉积岩矿物成分的99%以上。每种沉积岩中所含矿物通常不过5～6种,最常见的只有2～3种(表6-2)。沉积岩中常见的是下列一些矿物。

表6-2 沉积岩与岩浆岩的平均矿物成分对比表(%)

矿物名称	沉积岩平均矿物成分	岩浆岩平均矿物成分
石英	31～34	20～21
玉髓	9	少见
云母类矿物	19～20	7
长石	7～15	49～50
黏土矿物	7～9	少见
碳酸盐	13～20	少见
氧化铁	3～4	4～5
石膏、石盐等	1	—
橄榄石、辉石、角闪石	少见	17～18
其他矿物	<3	<1

硅质矿物:石英、玉髓、蛋白石。
黏土矿物:高岭石、蒙脱石、水云母。
碳酸盐矿物:方解石、白云石、菱铁矿。
氧化铁矿物:褐铁矿、赤铁矿、针铁矿。
铝硅酸盐及硅酸盐矿物:长石、白云母、黑云母、绿泥石、海绿石等。
硫酸盐矿物:石膏、硬石膏等。
卤化物矿物:石盐、钾盐等。
含水氧化铝矿物:硬水铝石、软水铝石(勃姆石)等。

以上矿物在沉积岩中分布最广的有三类:石英及其他硅质矿物、黏土矿物和碳酸盐矿物。此三类矿物约占沉积岩所有矿物的78%。由此可见,沉积岩的矿物成分与岩浆岩有很大的差别。

从沉积岩与岩浆岩矿物成分之间的对比关系来看,有以下3种情况。

(1)只有在岩浆岩中大量存在的矿物,如橄榄石、辉石、角闪石等铁镁质矿物,它们是在高温高压条件下由岩浆冷凝结晶形成的成分复杂的矿物,转入地表常温常压的条件就变得不稳定了。所以,在沉积岩中这类矿物很少,仅在碎屑岩中偶尔发现,且多已风化。

(2)在沉积岩和岩浆岩中都有的矿物,如石英、长石、云母和铁的氧化物等。其中有的在岩浆岩中稍多些,如长石类矿物,它们是在岩浆中结晶形成的,在地表容易遭到破坏,不易保存。特别是中—基性斜长石在沉积岩中很少见到,在沉积岩中主要是钾长石和少量酸性斜长石,但在岩浆岩中各种长石都有出现。而另一些矿物则在沉积岩中相对增多,如石英和白云母等,不仅因为它们在地表条件下稳定,不易变化,同时在沉积岩形成过程中亦能生成。例如,在沉积岩中除了次生石英以外,还可以生成大量低温隐晶质和非晶质变种玉髓、蛋白石等。沉积岩中的云母几乎全是白云母,而在岩浆岩中白云母和黑云母含量大致相等。

(3)沉积岩中特有的矿物,它们是在沉积岩形成过程中,在地表常温、常压及 O_2、CO_2、H_2O 充足的条件下新形成的矿物,如黏土矿物、石盐、石膏、碳酸盐、有机物质等。

2. 沉积岩的矿物类型

沉积岩主要由母岩风化产物经改造而成的,因此可按母岩的破坏分解情况,将沉积岩中的矿物成分分为3种基本类型。

(1)碎屑矿物:为母岩机械破坏的产物,如石英、长石、云母等轻矿物及某些重矿物。

石英:是极普遍的碎屑矿物,各类母岩中均有供给,其抵抗风化的能力最强,很难分解,因而在沉积岩中可以大量出现。

长石:其含量仅次于石英,因为抵抗风化的能力弱,所以长石保存与否就决定于沉积时的气候条件和地壳运动的强度。在干燥气候条件下长石不易风化,易于保存;相反,在潮湿气候条件下,化学风化强烈,易分解成高岭石等黏土类矿物。在地壳运动剧烈地区,由于碎屑物质未经长期风化和搬运而迅速埋藏下来,因而长石易于保存;在地壳运动缓慢地区,长石经长期化学风化,多变为黏土矿物而不存在。另外,长石是否易于保存与其成分有关,一般中—基性斜长石易于风化,而酸性斜长石和钾长石抵抗风化的能力较强,在沉积岩中出现较多。

云母:为沉积岩中第三类分布较广的矿物,主要为白云母,而黑云母由于含 Fe、Mg 质较多,易于风化分解,在沉积岩中分布极少。

重矿物(相对密度>2.9):如锆石、磷灰石、石榴石、蓝晶石、金红石、十字石等,这些矿物虽然含量极少,但性质比较稳定,在划分地层和对比地层上有重要意义。

(2)黏土矿物:为硅酸盐或铝硅酸盐类矿物化学分解的产物,是沉积岩中数量较多的矿物。它们种类繁多,主要有高岭石、蒙脱石(胶岭石)、水云母等。所有的黏土矿物有极高的分散性,其粒径一般不超过 $1\sim2\mu m$(即 $0.001\sim0.002mm$)。这类矿物可以是胶体成因的。

(3)化学沉淀矿物:包括从胶体溶液及真溶液中沉淀出来的矿物,如硅质矿物(蛋白石、玉髓、沉积石英),碳酸盐矿物(方解石、白云石、菱铁矿、菱镁矿),硫酸盐矿物(石膏、硬石膏等),氢氧化物(褐铁矿、铝土矿等),铁的硅酸盐(海绿石、含铁绿泥石等),磷酸盐矿物(磷灰石),盐类矿物(石盐、钾盐等)。

三、沉积岩的分类及主要类型

在地壳表层常温常压条件下,由母岩(岩浆岩、变质岩、先成的沉积岩)的风化产物、生物物质、宇宙物质等,经过搬运作用、沉积作用和成岩作用而形成的岩石,称为沉积岩(姜在兴,2003)。根据沉积岩的物质来源、成因和物质成分等特征,可将沉积岩划分为三大类(表 6-3),第一类即火山碎屑岩,如火山集块岩、火山角砾岩、凝灰岩等。第二类是陆源碎屑岩,包括碎屑岩和黏土岩两种。碎屑岩如砾岩、砂岩、粉砂岩,黏土岩如页岩和泥岩。第三类是内源沉积岩,包括化学岩(如灰岩、白云岩、硅质岩、磷质岩、蒸发岩、可燃性有机岩等)和生物化学岩(如硅藻岩、放射虫岩)。值得说明的是,若要追究内源物质的上一代,它们也是由陆源、部分还可能是火山源的溶解物质在沉积盆地内通过化学或生物化学方式沉淀而成的。"内源"其实就是指沉积盆地内的溶解物质结合成矿物而沉淀形成的。以下就这三大类沉积岩中的主要品种进行简要说明。

表 6-3 沉积岩的分类

物源 类别	火山源	陆源		内源		
大类	火山碎屑岩	陆源碎屑岩		内源沉积岩		
		碎屑岩	黏土岩	蒸发岩	非蒸发岩	可燃有机岩
按沉积分异顺序排列分类	火山集块岩 火山角砾岩 凝灰岩	砾岩 砂岩 粉砂岩	高岭石黏土岩 水云母黏土岩 蒙脱石黏土岩 泥岩 页岩	石膏 硬石膏 石盐 钾镁盐岩	铝质岩 铁质岩 锰质岩 磷质岩 碳酸盐岩 硅质岩	煤 油页岩

1. 火山碎屑岩类

该岩类具火山碎屑结构,主要由火山碎屑组成,按照碎屑颗粒的粒级可分为集块岩、火山角砾岩和凝灰岩 3 种。

集块岩:主要由直径大于 64mm 的火山弹及熔岩碎块堆积而成,火山弹及熔岩碎块含量大于 50%。常混有火山角砾、火山灰等,分选性差,分布于火山通道附近。

火山角砾岩：由直径为 2~64mm 的火山碎屑物质及熔岩角砾所组成，含量大于 50%，胶结物一般为凝灰质。角砾除了熔岩角砾外，还有其他岩石角砾，分选性差，层理不明显。

凝灰岩：由直径小于 2mm 的火山碎屑物质组成的岩石，碎屑以中酸性的玻屑和晶屑为主，因岩浆的性质种类不同而颜色各异。一般颜色较浅，通常具层理，表面具粗糙感。

2. 陆源碎屑岩类

该岩类具有碎屑结构和各种层理构造，主要组成成分有石英、长石、岩屑、胶结物等，包括砾岩（粒径＞2mm）、砂岩（粒径 0.05~2mm）、粉砂岩（粒径 0.005~0.05mm）等。

砾岩：指粒径大于 2mm，陆源碎屑含量大于 50% 的沉积岩。砾状结构，按主要砾石的粒级将砾石划分为细砾岩（粒径 2~10mm）、中砾岩（粒径 10~50mm）、粗砾岩（粒径 50~250mm）、巨砾岩（粒径＞250mm）。砾石呈圆状或次圆状者称为砾岩；砾石呈棱角或次棱角状者称为角砾岩。角砾岩一般分选性不好或未经分选，搬运距离很短或未经搬运堆积而成。主要由一种砾石成分（含量＞75%）组成的砾石称为单成分砾岩，一般分选性和磨圆度均好，如石英砾岩；反之，砾石成分复杂者称为复成分砾岩，一般分选性不好，磨圆度变化大。砾岩的胶结物有钙质、泥质、硅质和铁质等。层理发育差。

砂岩：是指粒径在 0.05~2mm 之间，陆源碎屑含量大于 50% 的沉积岩。碎屑成分有石英、长石、岩屑等，具砂状结构，胶结物有钙质、铁质和硅质等。根据粒径可进一步划分为粗砂岩（粒径 0.5~2mm）、中砂岩（粒径 0.25~0.5mm）、细砂岩（粒径 0.05~0.25mm）；按成分可分为石英砂岩、长石砂岩和岩屑砂岩。石英砂岩中石英含量占 75% 以上，最多可达 95% 以上，一般磨圆度和分选性好，颜色浅；长石砂岩中石英含量小于 75%，长石含量大于 25%，浅红色或浅灰色，磨圆度较差，分选性中等或差；岩屑砂岩中石英含量小于 75%，岩屑含量大于 25%，甚至大于 60%，颜色深，磨圆度和分选性均差。常具斜层理。

粉砂岩：是指粒径在 0.005~0.05mm 之间，陆源碎屑含量大于 50% 的沉积岩。具粉砂结构，常呈薄层状，水平或微波状层理，颗粒细小，肉眼难辨认，放大镜下可识别石英颗粒或少量白云母，岩石断面粗糙，无滑感。

3. 陆源泥质岩类

泥质岩是指粒径小于 0.005mm 的陆源碎屑和黏土矿物组成的岩石，也称为黏土岩。矿物成分包括黏土矿物、陆源碎屑矿物和自生矿物。黏土矿物主要有高岭石、蒙脱石和水云母（伊利石）；陆源碎屑矿物主要有石英、白云母；自生矿物主要有赤铁矿、玉髓、方解石、白云石、石膏、重晶石、海绿石和绿泥石等。泥质结构，少数具鲕状或豆状结构，常具水平层理。通常按细层的可劈分性（页理）和固结程度，可分为泥岩和页岩；按混入物的化学成分可分为钙质泥岩或页岩、铁质泥岩或页岩、硅质泥岩或页岩、油页岩等。

4. 内源沉积岩类

此类岩石是母岩化学风化过程中形成的溶解物质和胶体物质，以及沉积盆地的生物化学产物和生物遗体等，通过化学方式、生物化学方式和机械作用沉积形成的岩石。包括非蒸发岩（铝质岩、铁质岩、硅质岩、锰质岩、磷质岩和碳酸盐岩——石灰岩、白云岩、生物灰岩）、蒸发岩（盐岩）、可燃性有机岩（煤、石油、油页岩）。其中分布最广的是碳酸盐岩，包括石灰岩和白云岩。

该类岩石结构多样，以化学结构为主，也有碎屑结构和生物结构，多为微晶质、隐晶质或非晶质。

灰岩：灰白—灰色，含碳质者呈灰黑色，化学结构、生物碎屑结构或碎屑结构，层状构造，主要由方解石组成，可含有黏土矿物和硅质等杂质，含量较高者称为泥灰岩、硅质灰岩，断口呈贝壳状，硬度小于小刀，加稀盐酸剧烈起泡。常因结构不同而有不同名称，如鲕状灰岩、竹叶状灰岩等。

白云岩：灰白色、灰色或灰黑色，风化后略带黄色调，结构构造与灰岩相似。矿物成分主要为白云石，风化面上常具刀砍状沟痕，硬度小于小刀，加稀盐酸起泡微弱，肉眼不易观察。

硅质岩：颜色呈灰白色、灰色、灰黑色，隐晶质，致密坚硬，小刀刻不动，不易氧化，矿物成分主要为石英、玉髓或蛋白石，以层状、条带状或结核状产出。

铁质岩：富含铁的化学岩或生物化学岩，樱红色、褐红色等，主要矿物为赤铁矿、褐铁矿、菱铁矿等，常混入砂土成分，常见鲕状、豆状或肾状结构，也有致密块状构造。

铝土岩：富含氧化铝和铝的氢氧化物的岩石，颜色呈白色、灰色或黄色，常呈鲕状或豆状结构，或泥质、粉砂质结构，一般为致密块状构造，外观与泥质岩相似，但是硬度和密度较大，没有可塑性，土腥味明显。

第四节　宝石矿床与沉积作用的关系

沉积岩是在常温、常压下，经外力地质作用而成的岩类，故在沉积岩中形成的宝石很少，主要是一些在沉积岩形成过程中，由古动植物残体、木质和树脂分解而成的宝石,如煤精、琥珀、硅化木及其他化石等。除此以外,沉积物中也可存有多种优质宝玉石的砂矿资源,如钻石、红宝石、蓝宝石、和田玉、翡翠等,但这些宝石不是在沉积岩形成过程中生成的,而是风化、剥蚀及搬运作用,将原岩中的这些宝玉石成分富集于沉积物中,并呈砂矿状态产出。还可以通过风化沉积作用形成玉髓、欧泊等宝玉石。

钻石中非宝石级别的金刚石可用作工业用途,一个矿山产出的宝石级金刚石与工业用金刚石的比例并不固定,但是冲积沉积砂矿中宝石级金刚石的出产比例要高于矿山。这是因为在金刚石被风化、侵蚀的过程中,大自然也在对它们进行第一次的筛选分类,那些有瑕疵的金刚石很少留存下来。其他种类的宝玉石也大多会经历这种大自然的洗礼,经过多次辗转搬运之后,最终沉积于砂石之中。

欧泊是世上最美丽和最珍贵的宝石之一,世界上95%的欧泊出产在澳大利亚。欧泊的化学成分组成是$SiO_2 \cdot nH_2O$,它是凝胶状或液体的SiO_2进入地层裂缝和洞穴中沉积凝固成无定形的非晶体宝石矿,其中也可包含动植物残留交代假象,例如树木、甲壳和骨头等。在高等级的欧泊中,其含水率可高达10%。沉积作用发生在距地表约40m的深处,大约每500万年沉积物会加厚1cm。这个阶段以后的一二百万年期间,随着气候变化,沉积物开始慢慢凝固,就形成了美丽的欧泊。

和田玉最早是以籽料的形式,发现于中国新疆玉龙喀什河中(图6-13)。籽料又名子儿玉,其特点是块度较小,常为卵形,表面光滑,一般质量较好。据考古发现,和田玉在我国的使用历史超过数千年,玉文化已成为中华民族的核心文化之一。玉龙喀什河,河流长504km,宽60～1400m。南北流向,有不少支流,依自然地势差异分高、中、低山区,扇积平原绿洲,沙漠径流域。海拔1220～6646m。自然落差5426m。积水面积14575km^2,流域面积1.46万km^2,年均径流量21.83亿m^3。年均输沙量1100万t。

根据考察,玉龙喀什河中、下游两侧的河床及延伸阶地中,广泛存在早期沉积作用形成的砾石层(图6-14),丰富的和田玉籽料蕴藏其间。每年玉龙喀什河的丰水期,巨大的流量冲击,不断地洗刷着两岸河床阶地(图6-15)。一些原本陡峭的河床两侧,在丰水期巨大洪流的冲刷和裹挟之下,常会出现河岸崩塌现象。其间的砾石层(图6-16)也会随着崩塌落入河中,散落在水中的砾石与蕴藏其间的籽料(图6-17),被洪流携带往下游流速平缓地区再次沉积。

图6-13 玉龙喀什河　　图6-14 河床砾石层　　图6-15 水流冲刷砾石层

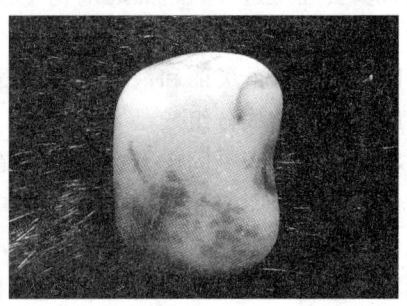

图6-16 沉积的砾石层　　图6-17 砾石层中产出的籽料

经现代地质勘探,环塔里木盆地,塔克拉玛干沙漠南缘,昆仑山北坡,东起若羌地区,中经于田、和田、皮山,西至叶城、喀什地区,在昆仑山北坡从东部到西部,广泛存在和田玉原生矿床。其中有:若羌境内,库如克萨依和田玉矿;且末境内,哈达里克奇台和田玉矿,塔特勒克苏和田玉矿;和田—于田境内,阿拉玛斯和田玉矿,柳什塔格和田玉矿;皮山县境内新藏公路旁,392和田玉矿;叶城县境内,密尔岱和田玉矿;塔什库尔干县境内,大同和田玉矿等。有的地区因为构造运动,原生矿的矿苗已经出露地表。山上原生玉矿产出的玉石,称为"山料",又名"山玉"(图6-18)。山料的特点是块度的大小不一,呈棱角状,质量常不如籽玉。依据颜色可分:白玉、青玉、黄玉、碧玉、糖玉等。原生矿石经风化崩落,环境地质作用的搬运,被移出原生矿区,形成最初的坡积。有些坡积玉石,其表面有明显的流体作用过的定向痕迹。我们将这些与水流相关的玉石称为"山流水"(图6-19)。山流水玉石的特点是距原生矿近,块度较大,棱角稍有磨圆,表面较光滑。此外,我们还将散落沉积在戈壁中,其表面又无方向性风化坑蚀痕迹的玉石,称为"戈壁玉"(图6-20)。

第六章 外力地质作用与沉积岩

图 6-18 和田玉山料　　图 6-19 和田玉山流水料　　图 6-20 和田玉戈壁料

总之,和田玉的山流水料、戈壁料及籽料的富集成矿均受到了沉积作用的重要影响,山料主要是由沉积岩中的白云岩变质而来,山流水料、戈壁料和籽料是和田玉原生矿床暴露于地表时经历了风化和搬运作用,在适当的地方沉积下来而形成的。

复习思考题

1. 沉积岩的主要外力地质作用都有哪些?
2. 何为风化作用,请描述它的主要类型。
3. 何为沉积作用,请描述它的主要类型。
4. 何为成岩作用,在成岩作用过程中经历了哪些阶段?
5. 何为沉积岩,它的结构构造特征有哪些?
6. 沉积岩中的矿物类型有哪些?
7. 沉积岩有哪些成分,如何根据成分进行分类?
8. 试举例说明哪些宝石是由沉积作用形成的?

第七章 变质作用与变质岩

第一节 变质作用

一、变质作用的内涵

(一) 变质作用的定义

变质作用(metamorphism)是原有的岩石基本在固态下,受内动力温度、压力、化学活动性流体的作用,使原有岩石的矿物成分、化学成分和结构构造发生变化,而变成另一种新岩石的过程。通常情况下,变质作用主要发生在地下深处。在特殊的情况下,变质作用不一定是由于地球内部的因素所引起,也可以发生在地表。如陨石的撞击也可以使岩石变质;大洋底部洋脊火山带上的玄武岩类岩石受到地下热流影响而出现的变质作用,也发生在地表。

一般变质岩与原岩相比,在化学成分和矿物成分以及结构、构造上都有比较大的变化。少数情况下,变质岩的成分与原岩相比并无显著变化,而仅仅是结构、构造上的差异,如石灰岩变成大理岩。

(二) 变质动力的来源

组成地壳的岩石,都是在特定的地质作用和一定的环境条件下形成并存在的。它们又处于不停地运动、变化与发展之中。地壳中已经形成的岩石(岩浆岩、沉积岩、变质岩)由于其所处地质环境的改变,在因地球内力作用引发的新的物理、化学条件下,就会发生原岩组分、矿物组合、矿物成分和结构、构造等方面的改造与转变。这是原岩在新的物理、化学环境中为建立新的平衡,以适应新的环境变化,达到相对稳定的必然结果。沉积岩和岩浆岩经变质作用都可变成变质岩。变质岩亦可再变质形成另一种新的变质岩,变质作用一般使岩石变得更坚硬、更致密。

在地壳形成和演化发展的过程中,变质作用会不断的发生,这是地壳的重要地质作用(包括上地幔对地壳的作用)。

(三) 变质作用的范围

一般认为,变质作用是在原岩基本保持固态状态下进行的,作用的方式主要是固态岩石中的矿物发生重结晶,使矿物颗粒重新生长和形成新的矿物组合;外来成分加入所引起的交代作用以及部分组分的选择性重熔等。因此,岩石的风化作用和沉积岩的成岩作用,不属于变质作用的范畴。

1. 与岩浆作用界限

变质作用的能量来自地球内部,主要发生在地下深处温度、压力较高的环境中,且基本上是在固态下进行的。如果由于高温、高压使原来的岩石变成熔融状态时,则属岩浆作用范畴。随着近代对岩石熔融温度实验资料的不断积累,人们对变质作用的温度、压力等条件有了进一步的认识。

目前,确定变质作用的温度上限是深熔作用的开始,当 $P_{H_2O}=0.1MPa$ 时,花岗岩在950℃左右开始熔融;当 $P_{H_2O}=1GPa$ 时,在620℃左右便可熔融。因此,变质作用的温度上限对于大多数岩石可估计为700~900℃(有的认为不超过850~900℃)。关于压力作用的范围,一般认为可从几十兆帕至0.7~1GPa,换算成深度可从1.5km至30~35km。

此外,岩石变质基本上未发生熔融,原有岩石(简称原岩)并未失去其整体性。如果原岩受热全面熔融变为岩浆,然后冷凝结晶成岩,这种新岩石就是岩浆岩。因此,从原岩是否遭受熔融这一角度来看,变质作用与岩浆作用的界线是清楚的。不过,如果引起变质作用的温度很高,达到岩石在该压力下的熔点,那么变质作用就会转变成为岩浆作用。据此可以认为:变质作用与岩浆作用有着发展上的联系。

2. 与沉积作用界限

引起变质作用的温度、压力等因素,主要来自地球内部,与此相应,变质作用主要发生在地表以下一定深度;而沉积岩的形成作用与大气、水、生物等外因相关,且发生在地球的表层,这是变质作用与沉积作用的基本差别。在接近常温常压的条件下,地表附近的岩石所发生的变化,也不是变质作用而是风化作用;在地表以下不太深,温度、压力不太高的条件下,使松散沉积物固结形成岩石的过程,也不是变质作用,而是固结成岩作用。

在沉积岩形成的过程中,固结成岩作用发生在沉积物被埋藏以后。这还与固结区域上覆盖的沉积物的压力和地下的一定温度相关。因此,变质作用与固结成岩作用在受到温度、压力的作用等方面有相似之处,不过固结成岩作用比变质作用温度低、压力小、深度浅。

二、变质作用的方式

变质作用的方式主要有重结晶作用、重组合作用和交代作用 3 种。

1. 重结晶作用

一般指由于物理化学条件的变化(如高温、高压的影响),使原矿晶体发生电离后,部分熔融或溶解而转入母液,然后又重新生长。一种情况是再次形成新的晶体,其结晶颗粒亦可小可大,新形成晶粒的化学成分和矿物成分可以与原岩的相同,也可以不同(原来的矿物可以是结晶质的,也可以是非晶质的);另一种情况是已形成的新的晶体,由于温度和压力的影响,在固体状态下再次成长,使结晶颗粒由细变粗、由小变大,但矿物成分并未改变。

现代地质学研究表明,在一定深度的剪切带中,尤其是板块或古地块碰撞带,在强烈的剪切应力作用下,原来的岩石常发生细粒化重结晶作用,形成具有一定的定向韧性变形特征的致密岩石,即糜棱岩。根据细粒化重结晶部分(亦称"韧性基质")在糜棱岩中所占的含量多少可将糜棱岩分为初糜棱岩、糜棱岩和超糜棱岩(韧性基质含量分别为 10%～50%、50%～90%、90%～100%)。这种重结晶作用被称为动态重结晶作用。进一步研究表明,从粗粒硬玉岩变成品质较好的翡翠,就是韧性剪切变质作用中动态重结晶作用的产物。深受人们喜爱的冰种、玻璃种翡翠实际上就是由动态重结晶作用形成的硬玉质糜棱岩和超糜棱岩。

在特定物理化学条件下,重结晶作用的产生及其强弱,取决于重结晶之前矿物的成分、颗粒大小及成分的均一性。一般情况下,颗粒细、溶解度大、成分均一的矿物容易发生重结晶作用,且重结晶程度强。碳酸盐类矿物、盐类矿物、硅质矿物等都易发生重结晶作用。如由细粒方解石组成的石灰岩变成由粗粒方解石组成的大理岩。这种重结晶作用主要发生在相对静态的变质条件下,主要是由温度升高导致的热力变质作用引起。在岩浆岩外围的热接触变质带和造山带基底变质岩(即区域变质作用带)普遍存在。

2. 重组合作用

在温度、压力增大时,原有的矿物将变得不稳定,与粒间孔隙溶液发生化学反应,并沿粒间孔隙做短暂运移,从而形成新的稳定矿物。这种作用叫重组合作用或称变质反应。如硅质石灰岩在较高温度时,将变成硅灰石大理岩。其化学反应如下:

$$CaCO_3 + SiO_2 \xrightarrow[\triangle]{P} CaSiO_3 + CO_2\uparrow$$
（方解石）（石英）　　　（硅灰石）（二氧化碳↑）

重组合作用或变质反应是变质作用最常见的方式，大多数变质岩中的矿物都是由这种变质作用方式形成的，如石英、长石、白云母、黑云母、石榴石、角闪石、辉石等。

例如：

(1) 变质作用过程中绿泥石和石英可以通过重组合作用形成铁铝榴石，化学反应式如下：

$$2Fe_{4.5}Al_{1.5}(Al_{1.5}Si_{2.5})_4O_{10}(OH)_8 + 4SiO_2 \xrightarrow[\triangle]{P} 3Fe_3Al_2Si_3O_{12} + 8H_2O$$
　　（绿泥石）　　　　　　　（石英）　　（铁铝榴石）　（水）

(2) 菱铁矿和叶蜡石也可通过重组合作用形成铁铝榴石和石英，化学反应如下：

$$3FeCO_3 + Al_2Si_4O_{10}(OH)_2 \xrightarrow[\triangle]{P} Fe_3Al_2Si_3O_{12} + SiO_2 + H_2O + 3CO_2\uparrow$$
（菱铁矿）　（叶蜡石）　　　（铁铝榴石）　（石英）（水）（二氧化碳↑）

(3) 白云母和黑云母及石英亦可通过重组合作用形成铁铝榴石和钾长石，化学反应式如下：

$$KAl_2(AlSi_3)_4O_{10}(OH)_2 + K(Fe,Mg)_3(AlSi_3)_4O_{10}(OH)_2 + 3SiO_2 \xrightarrow[\triangle]{P}$$
　（白云母）　　　　　（黑云母）　　　　　　（石英）

$$(Fe,Mg)_3Al_2Si_3O_{12} + 2KAlSi_3O_8 + 2H_2O$$
　（铁铝榴石）　　　　（钾长石）

重组合作用或变质反应形成的铁铝榴石粒度粗大、纯净度较好时，可作为磨料；如果颜色也较好，并具有工艺价值时，可作为宝石原料。

3. 交代作用

在变质过程中，当有大量化学活动性流体存在时，原岩组分将与化学活动性流体起积极的化学反应，出现物质成分的迁移。原岩中矿物的某些组分与溶液中的组分发生反应而被溶解进入溶液中，溶液中的某些组分又与矿物的另一些组分组合成新的矿物。这种物质成分带出和带入的化学反应是同时进行的，因此，交代前后的矿物体积基本保持不变。这种作用叫交代作用。经交代作用形成的新矿物可具原矿物的假象。

例如，一些岩浆岩接触带上的白云质大理岩，在岩浆带来的温度及SiO_2和H_2O的交代作用下，可形成透闪石化大理岩甚至透闪石岩。当所形成的透闪石岩质地纯净、细腻和致密时，就是重要的玉石品种——软玉，其化学反应式如下：

$$5CaMg(CO_3)_2 + 8SiO_2 + H_2O \xrightarrow[\triangle]{P} Ca_2Mg_5[Si_8O_{22}](OH)_2 + 3CaCO_3 + 7CO_2\uparrow$$
（白云石）　（石英）（水）　　　（透闪石）　　　　（方解石）（二氧化碳↑）

$$CaCO_3 + CO_2 + H_2O \xrightarrow[\triangle]{P} Ca(HCO_3)_2$$
（方解石）（二氧化碳）（水）　　　［碳酸氢钠（呈溶液带出）］

三、变质作用的影响因素

引起变质作用的因素有温度、压力以及化学活动性流体。

（一）温度

温度的改变是引起变质作用的主要因素，多数变质作用都是随温度的升高而产生的。当岩石温度升到较高时，岩石中矿物的原子、离子或分子的活动性增强，引起各种反应。如由非晶质变为结晶质，或由结晶细小变为结晶粗大，由一种矿物转变成另一种矿物等。温度的增高可以使矿物通过粒间溶液为媒介发生重结晶作用，也可以使原岩中某些矿物之间发生变质反应，产生重组合作用。变质作用发生的温度由 150～180℃（或 180～230℃）直到 800～900℃。低于这一温度的作用属于固结成岩作用；高于这一温度的作用，将使许多岩石发生熔融，属于岩浆作用范畴。

通常把随着变质温度升高而形成的变质作用称为进变质作用，而把随着变质温度降低而形成的变质作用称为退变质作用。变质温度获取来源通常有 3 个方面：①地热，地下温度随着深度增大而增高，如果地表岩石因某种原因沉陷到一定深处，就能获得相应的温度；②岩浆热，岩浆是高温熔融体，当岩浆侵入时，岩浆热便传到围岩，使围岩增温；③断裂热，地壳岩石因构造运动断裂，断裂块体相互错动和挤压，能产生高温。

（二）压力

压力可分为静压力、流体压力及定向压力 3 种，它们都会对变质程度产生影响。

1. 静压力与流体压力

静压力（static pressure）是由上覆岩石重量引起的，它随着地下深度增加而增大。静压力对岩石的作用力各向均等，如同人在水中所感到的压力一样，随水的深度增加而增加，而且各个方向的压力值相等（图 7-1）。变质静压力最低为 $1 \times 10^8 \sim 2 \times 10^8$ Pa，最高到 $13 \times 10^8 \sim 14 \times 10^8$ Pa，即变质可以在地下几千米以内至 40 多千米的深处发生。静压力能使岩石压缩，使矿物中原子、离子、分子间的距离缩小，形成密度大、体积小的新矿物。

静压力在岩石中的传递，不仅是通过固体的岩石质点，而且也通过循环于岩石空隙中流体所形成的流体压力(fluid pressure)。当岩石处于密闭状态时,全部岩石的重量都传递给了各部位的流体,此时流体压力的数值等于岩石的静压值;当岩石中有大量彼此连接,并与地面的裂缝沟通时,流体本身属于开放性系统,因而流体压力仅由流体本身的重量决定,它低于岩石的静压力。流体的成分及其压力的大小控制了许多化学反应的进程,对于岩石的变质具有重要影响。

2. 定向压力

在变质作用研究中把应力理解为定向压力(directional pressure),即有一定方向的压力。它主要是在地壳较浅处,由构造运动产生的,作用于地壳岩石的侧向挤压力,具有方向性,且两侧的作用力方向相反。它们可以位于同一直线上,也可以不位于同一直线上,前者称为挤压力(compressive pressure)(图 7-2a),后者称为剪切力(shear force)(图 7-2b)。定向压力是由于地壳岩石的相邻块体作相对运动而产生的。它的作用主要在于导致岩石结构与构造的变化。

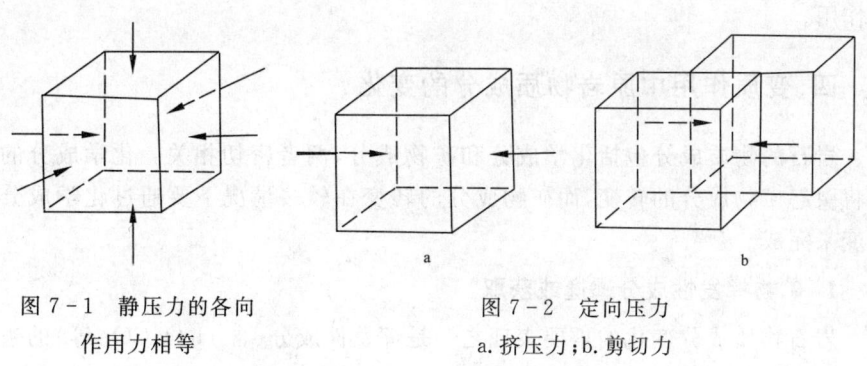

图 7-1　静压力的各向
　　　作用力相等

图 7-2　定向压力
a.挤压力;b.剪切力

定向压力一般在接近地表的地区作用强,随着深度增加,静压力增大而定向压力减弱。在应力的作用下,定向压力能使岩石发生变形、破碎,甚至重结晶。在最大压力方向上物质的溶点将降低而发生溶解,并在最小压力方向上沉淀。因此,岩石在定向压力作用下,其中的矿物便在平行压力方向溶解,而向垂直压力方向迁移并且沉淀出来。矿物在这种定向压力下重新结晶,新生成的柱状、片状矿物的长轴垂直于压力方向而排列,于是形成了岩石的片理构造。

(三)化学活动性流体

化学活动性流体成分以 H_2O、CO_2 为主,并含其他一些易挥发、易流动的物质。它们有多种来源:①岩石粒间孔隙及岩石裂隙中所含以水为主的液体;②许多造岩矿物,尤其是沉积岩矿物,其结构中含有较多 H_2O 或 CO_2 等挥发性物质,在温度与压力的作用下,它们被分离出来;③从岩浆中分泌和逃逸出来的成分;④因温度与压力的变化,从地壳深部的物质中分泌出含 K、Na、SiO_2 等化学成分的热液。在变质作用中,化学活动性流体是一种活泼的化学物质,一方面它们可以作为化学反应的媒介,积极参与变质作用的各项化学反应,并控制反应的进程;另一方面能降低岩石的熔点。因此,在化学活动性流体参与下,可大大加快变质作用的进程。同时,它们还将岩石中的一些元素溶滤出来,促使这些元素扩散和迁移,引起岩石物质成分的变化。

应该指出,温度、压力、化学活动性流体这 3 个因素在变质作用过程中,并不是孤立的,而常常是同时存在,相互促进或相互制约的。但是,在不同的情况下起主导作用的因素不同,因而变质作用就显示出不同的特征。各项变质因素,是在同时具备足够的时间条件之下,才能发生作用,因为变质作用的过程一般是缓慢的。如果没有足够的时间,变质作用就难以发生或者表现不明显。但在一般情况下,温度是最重要的因素,而化学活动性流体仅在少数情况下才能起到主要的作用。

四、变质作用中原岩物质成分的变化

岩石的物质成分包括化学成分和矿物成分,两者密切相关。化学成分的改变将引起矿物成分的转变,而矿物成分的转变在较多情况下要通过化学成分的改变来完成。

1. 矿物挥发性成分逃逸或获取

岩石物质成分变化的重要表现之一是挥发性成分(含 H_2O、CO_2 等)的逃逸或获得,使其余的化学成分重新组合,形成新矿物。如沉积岩中常见的黏土矿物脱水后可以变成红柱石和石英,其反应式如下:

$$Al_4[Si_4O_{10}][OH]_8 \underset{放热}{\overset{吸热}{\rightleftharpoons}} 2Al_2[SiO_2]O + 2SiO_2 + 4H_2O$$
$$\text{(高岭石)} \qquad \text{(红柱石)} \qquad \text{(石英)}$$

这一反应在 500℃左右的温度下即可发生。如果黏土矿物的脱水反应(dehydration reaction)进行不彻底,则形成白云母、绿泥石,它们也含有 OH^-,但含量较黏土矿物低。沉积岩中另一种常见矿物方解石,受热后可以释放 CO_2,剩余的 CaO 同岩石中的 SiO_2 结合,形成新矿物硅灰石,其反应式如下:

$$CaCO_3 + SiO_2 \underset{放热}{\overset{吸热}{\rightleftharpoons}} CaSiO_3 + CO_2 \uparrow$$
$$\text{(方解石)} \quad \text{(石英)} \qquad \text{(硅灰石)}$$

在这一反应中起决定作用的仍然是温度,当温度高于 400℃时,反应就会发生。

脱水与脱碳(或脱碳酸)反应是沉积岩变质中普遍存在的现象，如：含有黏土质的砂岩、页岩受热后多变成含红柱石、云母、绿泥石的变质岩；不纯的石灰岩受热后变成含硅灰石的大理岩。这都是它们从低温环境进入高温环境后遭受变质的结果。与此相反，如果原岩为岩浆岩，且变质的温度与压力并不很高，那么岩浆岩中那些不含或少含 H_2O 或 CO_2 的矿物，就会吸水、吸 CO_2 发生水合作用(hydration)、碳酸化作用(carbonatization)。经过水合作用后，橄榄石可以变成蛇纹石，辉石可以变成绿泥石或黑云母，钾长石可以变成白云母；经过碳酸化作用后，中性、基性斜长石等含钙矿物可变成方解石。这两种反应在岩浆岩中相当常见。当变质温度与压力很高时，含水矿物就趋向于消失。

2. 矿物密度增大体积缩小

矿物成分变化的另一个表现是由体积大、密度小的矿物转变成为密度大、体积小的矿物，其决定性条件是静压力。如黏土矿物在压力低于 $5.5×10^8 Pa$ 时转变成相对密度较小(3.13～3.16)的红柱石；压力高于 $5.5×10^8 Pa$ 时转变成相对密度较大(3.53～3.65)的蓝晶石，而这两种反应所要求的温度相差较小。

另外，在很高的静压力作用下，密度小、体积大的不同矿物可以结合成密度大、体积小的新矿物，并伴随着总体积缩小的情况。如岩浆岩中橄榄石与钙长石在高压下可以结合生成石榴石，新矿物的密度增大，而总体积大约减小了 17%，其反应式如下：

$$Mg_2[SiO_4] + Ca[Al_2Si_2O_8] \longrightarrow CaMg_2Al_2[SiO_4]_3$$

	(橄榄石)	(钙长石)	(石榴石)
相对密度	3.3	2.76	3.52

另据岩石实验研究，在压力为 $30×10^8 Pa$(相当于地下 110km 深度的压力)时，石英变成柯石英(coesite)，其成分未变，但相对密度由 2.65 变为 2.93。柯石英在自然界已经发现，它是形成于地幔的一种高压矿物。

3. 矿物发生化学成分交换

岩石物质成分变化的第三种表现形式是发生化学成分的交换，即某些成分的原子、离子、分子从原岩中带出，而另一些成分的原子、离子、分子从外部带入原岩中，从而使岩石的化学成分与矿物成分发生了改变，这种作用称为交代作用(metasomatism)。交代作用是岩石在固态下发生的，因而前后岩石的体积不变。此外，交代作用是通过矿物的原子、离子和分子交换进行的，因为交代作用的发生不仅需要有一定的温度，而且需要有媒介。起媒介作用的物质就是以水为主的富含各种化学成分的化学活动性流体，它们易于在岩石的空隙中进行渗透或扩散，促成交代作用进行。如果原子、离子、分子处在干燥缺水的环境中，尽管温度很高,其扩散仍是困难的,即使能扩散,速度也是缓慢的。钾长石被 Na^+ 交代而转变成为钠长石并带走 K^+,就是自然界广泛出现的一种离子交换现象,其反应式如下:

$$K[AlSi_3O_8] + Na^+ \longrightarrow Na[AlSi_3O_8] + K^+$$
$$\text{(钾长石)} \qquad\qquad\qquad \text{(钠长石)}$$

当岩浆侵入时,在侵入岩与碳酸盐围岩之间最易发生物质成分的交换。侵入岩中的 SiO_2、Al_2O_3 等成分被带到围岩中,围岩中的 CaO、MgO 等成分被带入侵入岩内,结果在接触带两侧通过交代作用而形成石榴石、透辉石、透闪石、阳起石等矿物。这些矿物既含 SiO_2、Al_2O_3(来自侵入岩),又含 CaO、MgO(来自围岩),说明物质成分发生了比较复杂的变化。

第二节 变质岩

一、变质岩的基本概念

1. 变质岩的定义

变质岩(metamorphic rock)是组成地壳的三大岩类之一,占地壳总体积的 27.4%。它在地表的分布范围较小,也不均匀。它是由岩浆岩、沉积岩或先成的变质岩经变质作用所形成的另一种新的岩石。根据原来岩石种类的不同,变质岩可分为正变质岩、副变质岩和复变质岩三大类。原岩为岩浆岩,经变质作用后形成的变质岩称为正变质岩;原岩为沉积岩,经变质作用后形成的变质岩称为副变质岩;原岩为先期形成的变质岩,再经变质作用后形成的变质岩称为复变质岩。

2. 变质岩的分布

变质岩在我国分布很广,从前寒武纪至新生代都有变质岩的形成,但多数分布在古老的结晶地块和构造活动带中。它们既可成区域性的广泛出露,也可成局部的分布。前者如东北的鞍山群及中南、西南地区广泛出露的昆阳群、板溪群浅变质岩系等;后者如岩浆侵入体周围的接触变质岩及构造错动带出现的动力变质岩。变质作用同其他地质作用一样,乃是地壳发展演化的结果,因而对变质作用及其产物的研究,对于重溯一个地区地壳发展和演化的规律是有用的。

3. 变质岩中矿物

变质作用是重要的成矿作用，已经形成的矿床在变质作用影响下可发生强烈的改造，同时变质作用又可促成新矿床的形成。由变质成矿作用所形成的矿床，分布广泛，矿种众多。如铁、锰、铜-钴-铀、金-铀、云母、菱镁矿-滑石、磷、刚玉（红宝石、蓝宝石）、石榴石、透辉石、石墨、石棉等。某些多晶集合体变质岩矿物的结构，具有良好的工艺性能，它们质地优异、色泽喜人、纹理美观，可成为良好的建筑装饰材料，如蛇纹石大理岩等；还有一些品质更优，具备宝石学特性的变质岩，本身就是玉石，如翡翠、和田玉、岫玉等。更有一些变质作用所形成的单晶体矿物，晶粒粗大完整、质地纯净、色泽艳丽，像一些地区混合岩中的刚玉，品质符合宝石级的要求，达到了蓝宝石或红宝石的品质。

二、变质岩的化学特性

1. 变质岩的化学构成来源

由于变质岩是地壳上已经形成的岩石经过变质作用而形成的，因此其化学成分与原岩成分有密切的依存关系，在不伴随交代作用的情况下，变质岩的化学成分就取决于原岩的成分。但是在变质作用过程中，经常伴随着交代作用的发生，此时变质岩的化学成分则不仅取决于原岩成分，还同时与交代作用的类型及强度有关。

2. 变质岩的化学组成特性

由于变质岩原岩的多样性，因此变质岩的化学成分也比较复杂，但总的来看，仍主要由 SiO_2、Al_2O_3、Fe_2O_3、FeO、MnO、MgO、CaO、K_2O、Na_2O、H_2O、CO_2 以及 TiO_2、P_2O_5 等主要造岩氧化物所组成，只是各种氧化物含量的变化幅度比岩浆岩要大得多，具体有如下特点。

(1) 由泥质岩变成的结晶片岩、千枚岩及部分片麻岩中常含有相当多的 Al_2O_3，即 Al_2O_3 的含量大于 K_2O、Na_2O、CaO 的含量总和，这种情况在岩浆岩中较为少见。

(2) SiO_2 含量变化范围特别大。由砂岩变成的石英岩，SiO_2 的含量可达 90% 以上；由石灰岩变成的大理岩，SiO_2 含量则极少；其他变质岩如结晶片岩、片麻岩等，SiO_2 的含量变化范围也较大。

(3) 碱质含量不高，特别是 Na_2O（少数例外）比较低，往往是 K_2O 的含量大于 Na_2O 的含量，而岩浆岩中则相反，经常是 Na_2O 的含量大于 K_2O 的含量。

(4) 某些由碳酸盐岩变质而成的变质岩，含有相当多的 CaO 和 MgO。变质岩的化学成分特点，与变质岩的矿物成分特点相对应。

3. 变质岩的化学研究意义

(1)变质岩化学成分是分类的依据。

变质岩化学成分是变质岩分类的重要基础,由于变质岩化学成分复杂,因此对全部变质岩拟定较合理的化学分类方案,尚待深入研究。本书暂时采用的是特纳(Turner,1955)提出的变质岩的简明化学分类方法,即将变质岩归纳为泥质、长英质、钙质、基性和镁质5个常见化学类型。除了5个常见化学类型之外,还存在有硅质、铝质、铁质、锰质、磷质和碳质6个特殊类型,它们是一些少见的变质岩石,以某种元素特别富集为特征。

(2)化学成分分析是成因研究的基础。

变质岩化学成分对恢复原岩方面有重要意义。在变质岩研究中,恢复变质岩原岩的成因类型是很重要的。在原岩变质较浅时,尚可根据地质产状和残留结构构造等进行辨认,如果岩石变质程度很深,残留结构构造消失,就需根据变质岩的化学成分来恢复原岩。此时进行变质岩的化学成分研究,就显得非常必要。有关如何根据化学成分特征来恢复原岩的问题,可参看有关岩石学或岩石化学的书刊。

三、变质岩的矿物特性

(一)变质岩的矿物特征

研究变质岩的矿物成分特征,对恢复原岩的化学成分特点和判断变质过程中的物理化学条件是极为重要的。变质岩的组成矿物,除了在矿物种属上与岩浆岩及沉积岩有着明显的区别外,在矿物本身的内部结构及其他特征上也有自己的特点,主要表现如下。

1. 矿物成分来源

变质岩的矿物成分主要取决于原岩的化学成分和变质作用类型,其次是变质作用的强烈程度。由于变质岩原岩成分的多样性及变质作用的复杂性,就决定了变质岩矿物成分比岩浆岩和沉积岩要复杂得多。其中变质岩常具有某些特征性矿物,这些矿物只能由变质作用形成,称为特征变质矿物。

2. 特征变质矿物(diagnostic metamorphic mineral)

特征变质矿物,只在变质岩中分布。有红柱石、蓝晶石、矽线石、方柱石、符山石、硅灰石、铁铝榴石、钙铁榴石、滑石、十字石、透闪石、阳起石、蓝闪石、硬玉、绿辉石、蛇纹石、叶蜡石、硬绿泥石、石墨等。如果这些矿物在岩石中出现较多,则反映出原岩已经变质,应归于变质岩类。特征变质矿物的出现,往往是发生过变质作用的佐证。

3. 变形晶体消光

变质岩矿物的晶体变形远比岩浆岩、沉积岩要显著得多。变质矿物经常出现晶形弯曲、破碎、裂纹发育等现象。其晶体也常常具有波状消光等现象,以石英、长石等矿物最为典型。

4. 锐状晶型发育

变质岩中的片状、鳞片状、柱状、针状矿物十分发育,如绿泥石、云母、角闪石等。而且这些矿物的平均长宽比要比岩浆岩中的大;如黑云母在岩浆岩中的长宽比为 1.5 左右,而在变质岩中则可达 7~10。

5. 晶体定向排列

变质岩中广泛发育纤维状、鳞片状、长柱状、针状的矿物,且常见它们作有规律的定向排列,如阳起石、透闪石、云母、滑石、蛇纹石、矽线石等。

6. 同质多象变体

变质岩矿物中同质多象变体较为发育,如红柱石、蓝晶石、矽线石均为 Al_2SiO_5 的同质多象变体。

7. 内含包体丰富

变质岩矿物中常常含有较多的包裹体,特别是在一些变斑晶中,包裹体更常见。如石榴石中常含有石英;红柱石中常含有碳质包裹体等。这是由于变质岩矿物在固态下重新结晶时,矿物间的结晶能力不同,结晶能力强的矿物生长比较迅速,这是把结晶能力弱的矿物捕获其中的缘故。

8. 羟基矿物发育

变质岩中含羟基(OH^-)的矿物比在岩浆岩中更为发育。

(二)变质岩的组成矿物特征

1. 三大岩类的矿物分布

组成变质岩的矿物种类很多,除了典型的特征变质矿物之外,变质岩中也有既能存在于岩浆岩,又能存在于沉积岩中的矿物。它们或者在变质作用中形成,或者从原岩中继承而来。属于这样的矿物有石英、钾长石、钠长石、白云母、黑云母等(表 7-1)。

表 7-1 造岩矿物在变质岩、岩浆岩、沉积岩中的主要分布情况

岩石类型\矿物种类	主要在沉积岩中出现的矿物①	变质岩、沉积岩中都可出现的矿物	主要在变质岩中出现的矿物	岩浆岩、变质岩中都可出现的矿物	主要在岩浆岩中出现的矿物
二氧化硅	蛋白石、玉髓	石英		石英	鳞石英
富铝矿物	水铝石	水铝石	刚玉	尖晶石、刚玉	
富含铝的硅酸盐	黏土矿物	高岭石、地开石			
碱质或钙质铝硅酸盐	黏土矿物	斜长石、钾长石	红柱石、蓝晶石、矽线石、叶蜡石、十字石、硬绿泥石、硬玉、钠云母、绢云母	斜长石、钾长石、白云母、霞石	歪长石、白榴石、方钠石、黝方石、蓝方石
钙铝质硅酸盐			浊沸石、方柱石		
含铝的铁镁质硅酸盐和铁镁质铝硅酸盐			铁铝榴石、葡萄石、硬柱石、绿纤石、钙铝榴石、符山石	铁铝榴石、堇青石、黑云母、金云母、普通角闪石、碱性角闪石	
铁镁质的硅酸盐			滑石、蛇纹石、直闪石、硅镁石	镁铁闪石、斜方辉石、霓石、橄榄石	
钙镁质和钙镁质硅酸盐			透闪石、阳起石、镁橄榄石、钙铁辉石、硅灰石、甲型硅灰石	透辉石、普通辉石、黄长石、楣石	
碳酸盐		碳酸盐矿物		碳酸盐矿物	
碳 质	有机碳质		石墨		
其 他	硫酸盐和卤化物矿物	重晶石、硬石膏、萤石	方镁石		

注:①沉积岩中的重砂矿物未列入表内。

2. 变质岩的组成矿物分类

根据造岩矿物在变质岩、岩浆岩和沉积岩中的主要分布情况(表 7-1)可知,组成变质岩的矿物有以下 3 种类型。

(1)与岩浆岩共有矿物:岩浆岩中的矿物除了似长石类(霞石、白榴石等)外,其他矿物绝大多数都可在变质岩中稳定存在,如石英、各种长石、云母、辉石、角闪石、橄榄石等。但这些矿物在成分及其性质上往往有某些差别,如橄榄石在岩

浆岩中多为普通橄榄石,而在变质岩中则多为镁橄榄石;又如变质岩中的斜长石趋向形成简单的钠长石双晶,而岩浆岩中斜长石常形成复杂的卡钠复合双晶。另外,岩浆岩中一些为数较少的次生矿物,如绢云母、绿泥石等,在某些变质岩中大量存在。

(2)与沉积岩共有矿物:沉积岩中的一般碎屑矿物如石英、长石、云母等,在由沉积岩形成的变质岩中仍可继续存在。而沉积岩中,在低温低压条件下形成的黏土矿物、化学及生物化学成因的矿物(如蛋白石、高岭石、盐类矿物等)一般都不稳定。这些矿物在后期形成的变质岩中一般不出现。

(3)变质岩的特有矿物:是指只出现于变质岩中,在其他两大类岩石中不出现或很少出现的矿物。这些矿物主要是一些富铝矿物,如矽线石、红柱石、蓝晶石、十字石、堇青石等;还有一些是富钙矿物,如硅灰石、透闪石、石榴石、符山石、黝帘石、绿帘石;及一些富镁矿物,如滑石、水镁石、方镁石等。

(三)变质岩的组成矿物演化

变质岩中的矿物演化有一定的规律,我们可按其在变质作用过程中的稳定程度,将变质岩中的矿物分为两大类:稳定矿物和不稳定矿物。稳定矿物中,某些稳定范围窄的矿物就成了变质岩中的特征变质矿物,指示成岩变质作用的性质和强度,说明原岩变质作用的发生程度及阶段完成性。而变质岩中的不稳定矿物,则指示着成岩的变质作用发生不完全即停止。

下面详细了解一下稳定矿物和不稳定矿物。

(1)稳定矿物:指在一定的变质作用条件下处于稳定平衡状态的矿物,由此类矿物所组成的变质岩,表明其变质反应已达到化学平衡。在稳定矿物中,有一些是在变质前就存在,而在变质后仍然稳定的原生矿物,另一些是在变质过程中产生的新矿物。在新生的矿物中,有些矿物稳定范围窄,具有能说明变质作用的性质和强度的意义,就称它们为特征变质矿物或指示矿物。如黏土质岩石的变质,低级变质时出现绢云母、绿泥石;中级变质时形成蓝晶石、十字石;高级变质时则出现矽线石。上述矿物都属于指示矿物。而另一些矿物如石英、长石、方解石、金红石等,可在温度压力条件变化较大的范围内形成和存在,不具有反应变质条件的意义,称为贯通变质矿物。

(2)不稳定矿物:指在一定的变质作用条件下不稳定的矿物,当变质反应达到化学平衡时,这些矿物将不会继续存在,我们称这类矿物为不稳定矿物或残余矿物。不稳定矿物的出现,说明该变质反应没有达到化学平衡。

但是,变质岩的复杂性就在这两种矿物的相互演化上。稳定和不稳定,二者是相对的,某一矿物在此条件下稳定,而在另一条件下则可能呈残余状态出现。

如上述黏土质岩石变质时,其中的绢云母、绿泥石在低级变质时为稳定矿物,到中级变质时就变为不稳定矿物,并将反应转变成黑云母,如果它们在后一状态下仍然存在,那仅能呈残余矿物出现。所以,我们研究矿物的稳定与不稳定,实际上就是在研究和判定变质作用是否达到化学平衡,由此进一步区分形成变质岩的原岩与变质岩本体。

第三节 变质岩结构与构造

一、变质岩的结构

变质岩的结构,是指组成变质岩的矿物颗粒的结晶大小、结晶形态及矿物颗粒之间的相互关系特征等。岩浆岩与沉积岩的结构通过变质作用可以全部或者部分消失,形成变质岩特有的结构。实际上,我们见到的变质岩结构主要有4种:变晶结构、变余结构、变形结构、交代结构。以下一一介绍。

1. 变晶结构(crystalloblastic texture)

变晶结构又称变斑晶结构(porphyroblastic texture),是原有岩石经变质作用在固态下重结晶形成的晶质结构。它反映的是变质岩石中的矿物,其变晶粒度的相对大小、自形程度、矿物变晶的形态以及彼此间交生关系的特征。变晶结构(图7-3)是变质岩中最主要的一种结构,按矿物及集合体形态分为:粒状变晶结构、鳞片状变晶结构、片状变晶结构、柱状变晶结构、纤状变晶结构等;按矿物粒度大小划分为:粗粒变晶结构(>2mm)、中粒变晶结构(1~2mm)、细粒变

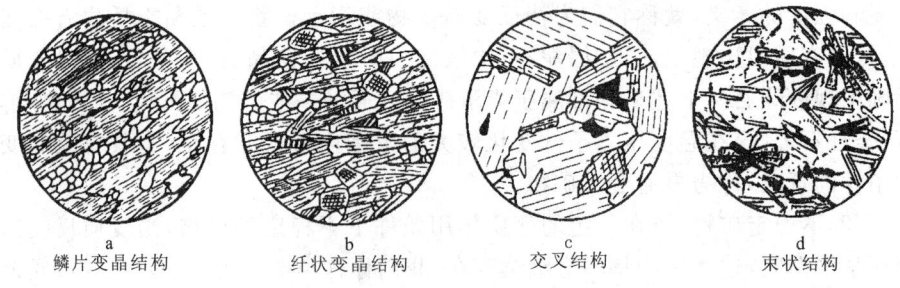

a 鳞片变晶结构　　b 纤状变晶结构　　c 交叉结构　　d 束状结构

图7-3　变晶结构(转引路凤香等,2002)

a.绿泥石-钠长石-石英-白云母片岩;b.斜长石-普通角闪石片岩;c.透闪石-绿泥石;
d.硬绿泥石角岩

晶结构(0.1～1mm)、显微变晶结构(<0.1mm)。

2. 变余结构(palimpsest texture)

变余结构指变质程度不深时残留的原岩结构,如变余斑状结构(保留有岩浆岩的斑状结构)、变余砾状或砂状结构(保留有沉积岩的砾状或砂状结构)等。

3. 变形结构(deformatation texture)

变形结构(图7-4)是动力变质岩石的一种结构。在应力作用下,岩石中的矿物颗粒破碎成外形不规则的棱角状碎屑,碎屑的边缘常呈锯齿状,并常具裂隙、扭曲变形及波状消光等现象。包括:①狭义的碎裂结构(cataclastic texture),由岩石脆性变形产生破裂和粉碎形成的结构;②糜棱结构(mylonitic texture),由岩石在韧性剪切条件下塑性变形产生细粒化、变形和动态重结晶形成的结构;③玻璃质碎屑结构,高应变速率下强烈变形引起的部分熔融产物形成的结构。

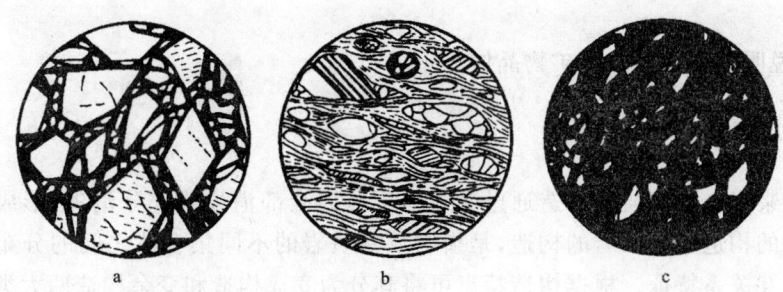

图7-4 动力变质岩的结构(转引路凤香等,2002)
a.碎裂结构,断层角砾岩,基质中含氧化锰胶结物;b.糜棱结构,斜长石-石英-白云母-绿泥石糜棱岩;c.玻璃质碎屑结构,假玄武玻璃

4. 交代结构(metasomatic texture)

交代结构(图7-5)是在接触变质作用或混合岩化作用过程中,由交代作用形成的结构。发生交代变质作用时,原岩中的矿物被取代、消失,与此同时形成新生的矿物。其特征是:在变质岩形成过程中有物质成分的加入和带出,而岩石中原有矿物的分解和新矿物的形成是同时的;既可以置换原有矿物,保持原有矿物的晶形,又可以由交代方式形成新矿物,产生一系列特征的交代结构;先形成的矿物常被后形成的矿物代替,二者边界往往呈港湾状,称为港湾结构(embayed texture)。交代作用进一步增强时,先成矿物可被后成矿物分割成孤立分散的岛屿状残留,称为岛屿结构(island texture),这些彼此分离的岛屿有一致的

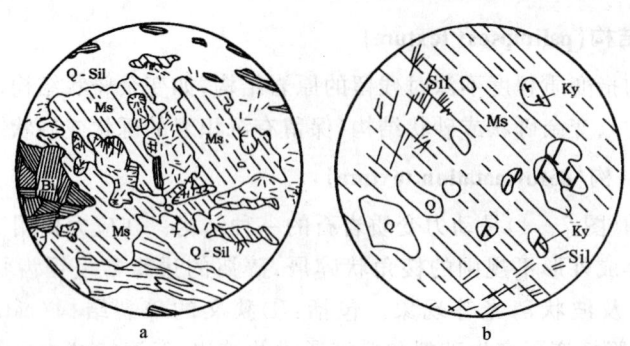

图 7-5　交代港湾结构(a)和岛屿结构(b)素描图(转引路凤香等,2002)
a. 白云母(Ms)被石英-矽线石交生体(Q-Sil)替代,边界呈港湾状,石英-矽线石交生体(Q-Sil)中有白云母(Ms)残留,白云母(Ms)残留与白云母主晶解理和光性平行;
b. 白云母(Ms)中包有先成的蓝晶石(Ky)和石英(Q)的岛屿,岛屿在光性上是连续的,白云母(Ms)还含有晚期的针状矽线石(Sil)

光性,说明它们原为同一矿物晶体。

二、变质岩的构造

岩浆岩与沉积岩的构造通过变质作用可以全部消失或部分消失,形成变质岩特有的构造。变质岩的构造,是指组成变质岩的不同集合体之间的分布特征及其相互关系特征。根据构造特点可将其分为变成构造和变余构造两大类。

(一)变成构造(metamorphic structure)

变成构造是变质作用过程中由变形作用和重结晶作用所形成的构造,在变质岩中占有重要地位。具有变成构造的变质岩一般定向构造比较显著,如板岩中的板状构造、千枚岩中的千枚状构造、片岩中的片状构造、片麻岩中的片麻状构造等。有时定向构造不明显,如接触热变质作用形成的斑点状构造等。变成构造常见类型有斑点状构造、块状构造、板状构造、千枚状构造、片状构造、片麻状构造。

1. 斑点状构造

它是接触变质岩的一种变成构造,指矿石矿物集合体呈近等轴状斑点,斑点大小较均匀的构造,主要见于轻微热接触变质的泥质岩中。当温度升高后,这些斑点可重结晶形成变斑晶。当斑点形状不规则,大小不一,且分布不均匀时,称为斑杂状构造。

2. 块状构造

它是指岩石中矿物排列无次序、分布均匀的构造，又称均一构造。具有块状构造的变质岩，其特点是岩石各组成部分的成分和结构是基本均一的。其中的矿物排列无一定次序，无一定方向，是不具任何特殊形象的均匀块体。

3. 板状构造

板状构造又称板劈理。它是板岩的特征构造，由泥质岩经低级区域变质作用形成的。在应力作用下，岩石中出现了一组互相平行的劈理面，使岩石沿劈理面形成板状。它与原岩层理平行或斜交。劈理面常整齐而光滑，有时有少量绢云母、绿泥石等，显微弱的丝绢光泽。但是，由接触热变质作用形成的板岩，其板状构造有时是代表原来岩石的板状层理，而不是由应力作用形成的板状劈理(图7-6)。

4. 千枚状构造

它是区域变质岩中的一种变成构造，并且是千枚岩的典型构造。其特征是岩石中的鳞片状矿物呈定向排列，但因粒度较细，肉眼不能分辨矿物颗粒，仅在片理面上见有强烈的丝绢光泽，这是由于绢云母的微细鳞片平行排列，对光反射后所致。通常在片理面上还有许多小皱纹。千枚状构造的变质重结晶程度不高，矿物颗粒肉眼不能分辨(图7-7)。

图7-6　板状构造

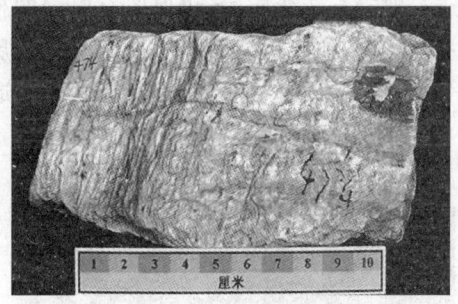

图7-7　千枚状构造

5. 片状构造

其特征是岩石主要由云母、绿泥石、滑石、角闪石等片状或柱状矿物所组成，它们呈连续的平行排列，一般粒度较粗，肉眼能分辨矿物颗粒，以此区别于千枚状构造。由矿物平行排列所组成的平面称为片理面。片理面可以是较平直的面，也可以呈波状的曲面(图7-8)。

6. 片麻状构造

片麻状构造又称片麻理。变质岩中常见的一种构造，也是变质最深的一种变成构造。其特征是岩石主要由浅色粒状矿物组成，但也有一定数量的深色片状或柱状矿物定向排列，并因浅色粒状矿物的存在而呈不均匀的断续分布状态（图7-9）。

图7-8 片状构造

图7-9 片麻状构造

（二）变余构造（palimpsest structure）

岩石经过变质后，仍保留有原岩的构造特征称为变余构造。又称"残留构造"，即岩石经变质后，仍保留有原岩的构造特征。变余构造是恢复原岩性质的重要标志，如沉积岩经变质后常有变余层理构造、变余泥裂构造、变余波痕构造等。岩浆岩经变质后，常有变余气孔构造、变余杏仁构造、变余流纹构造等（图7-10、图7-11）。

图7-10 变余层理构造

图7-11 变余气孔构造

第四节　变质类型与相应变质岩

根据地质环境、变质因素及产物的特征，可将地壳中深成的变质作用划分为接触变质作用、动力变质作用、区域变质作用、混合岩化作用4个类型和与陨石相关的冲击变质作用类型，而地壳浅成的埋藏变质作用本节不再讨论（图7-12）。此外，还有两种成矿作用也涉及到变质作用，一是伟晶作用，二是热液作用。它们都是非常复杂的成矿作用，在成矿过程中都既有结晶（充填）又有交代（蚀变）作用。为了研究方便，本书已将相关内容放在岩浆作用之后讨论，本章不再赘述（参阅第五章）。

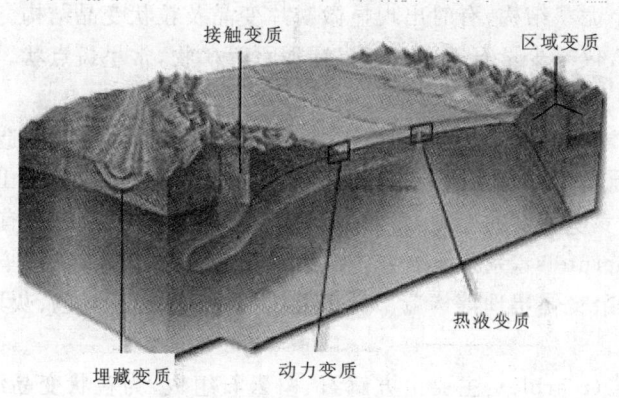

图7-12　变质作用类型图（http://baike.zidiantong.com）

一、接触变质作用与相关变质岩

我们一般把发生在岩浆岩体与围岩的接触带上，由岩浆散发的热量和流体及挥发性物质所引起的变质作用，称为接触变质作用（contact metamorphism）。一般接触变质作用发生在3~8km深度范围内。接触变质作用所需的温度较高，一般在300~800℃，有时达1000℃，但所需的静压力较低。接触变质作用是一种高温低压的变质作用。温度和化学活动性流体是变质作用形成的主要原因。由接触变质作用形成的岩石称为接触变质岩，它们分布在紧靠岩浆岩侵入体的围岩中。围岩由于温度升高，发生重结晶作用，形成新的岩石，称为接触热变质岩，而由于岩浆中逸出的气态、液态溶液的影响使围岩发生交代作用，所形成的新岩石,称为接触交代变质岩。

按照引起接触变质的主要因素和围岩变质特征,将接触变质作用分为以下两类。

1. 接触热变质作用与变质岩

接触热变质作用(contact thermal metamorphism)是由于岩浆侵入,使围岩受到岩浆热辐射的影响而引起的变质作用。引起变质的主要因素是温度。围岩受热后发生矿物的重结晶、脱水、脱碳以及物质成分的重新组合,形成新矿物与变晶结构。但是,变质过程中基本不发生交代作用,岩石中的总化学成分并无显著改变。如泥质岩经接触热变质作用形成斑点板岩和角岩;碳酸盐岩经接触热变质作用形成大理岩,石英砂岩经接触热变质作用形成石英岩等。接触热变质作用形成的代表性岩石如下。

(1)斑点板岩(spotted slate):具有斑点状构造及板状构造。岩石重结晶程度低,多为变余泥状结构,有时出现显微鳞片变晶及粒状变晶结构。矿物成分的重组合不普遍,仅有少量石英、绢云母、绿泥石等矿物,常呈斑点状。原岩主要是黏土岩、凝灰岩等,其变质温度较低。

(2)角岩(hornstone):具有显微粒状变晶结构,主要为块状构造。岩石常很致密、坚硬。原岩可以是泥质、粉砂质、砂质的沉积岩,也可以是火山岩。因原岩成分不同以及变质程度的差异,角岩中的矿物多种多样。其中具有变余层理者称为角页岩(hornfels),系由页岩或富含泥质的沉积岩变来,致密坚硬并常具有变余层理及变余交错层理等构造。颜色常为暗色,具有灰绿色、灰黑色、肉红色等色调。

(3)大理岩(marble):主要由方解石、白云石组成,为粒状变晶结构,块状构造,常有变余层理构造。原岩为石灰岩-白云岩。纯粹的大理岩几乎不含杂物,洁白似玉,称汉白玉(white marble)。多数大理岩因含有杂质,而显示不同颜色的条带,如蛇纹石大理岩因含蛇纹石而显绿色条带,系由含镁质石灰岩(如白云质石灰岩)变质而来。石灰岩的接触热变质示意图见图7-13。

(4)石英岩(quartzite):主要由石英组成,具有粒状变晶结构,块状构造。岩石极为坚硬。原岩为石英砂岩。

接触热变质岩的变质程度由原岩距离岩浆侵入体的距离而定。原岩离岩浆侵入体近者,受到的热辐射大,环境温度高,变质较强烈;离侵入体远者,受到的热辐射小,环境温度低,变质较轻微。因此,不同变质程度的岩石常常围绕侵入体呈环带状分布。角岩往往出现在内部带,斑点板岩往往出现在外部带。

2. 接触交代变质作用与变质岩

接触交代变质作用(contact metasomatic metamorphism)发生在岩浆侵入

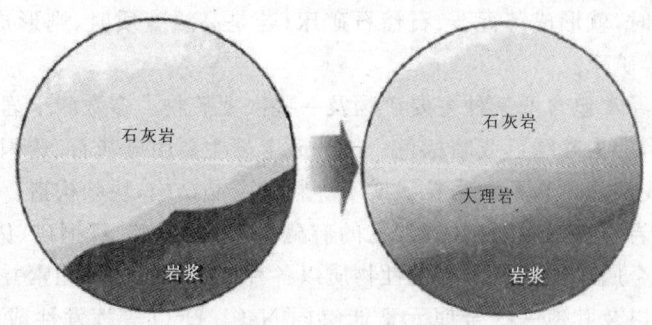

图 7-13 石灰岩的接触热变质示意图

体与围岩的接触带上，是由于岩浆结晶晚期析出的大量挥发性物质和热液，通过交代作用，使接触带附近的侵入岩和围岩在岩性及化学成分上均发生变化的一种变质作用。与接触热变质作用相比，引起变质的因素除温度以外，还须从岩浆中分泌的挥发性物质与围岩发生物质交换作用。在挥发分和热液的影响下，原岩发生变质所形成的岩石即为交代变质岩。其化学成分和矿物成分，与原岩相比较，都发生了显著的变化。岩石中原有的矿物在交代过程中发生溶解、消失并生成新的矿物，相应的岩石结构构造也发生了改变。交代变质岩的种类较多，变化也较复杂。接触交代变质作用发生在侵入体与围岩的接触带上，同时影响到围岩及侵入体的边缘。由接触交代变质作用形成的典型岩石是矽卡岩(skarn)。

接触交代变质作用是岩体中的挥发组分与围岩发生作用引起的变质，使之产生新矿物组合的岩石。特别是中酸性岩体与碳酸盐类的岩石接触(包括石灰岩、泥灰岩、白云岩、钙质页岩等)而形成矽卡岩(含多金属，如 Fe、Cu、W、Sn、Mo、Pb、Zn 等)。组成矽卡岩的主要矿物是石榴石、绿帘石、透闪石、透辉石、阳起石、硅灰石等，有时还有云母、长石、石英、萤石、方解石。矽卡岩经常包含 2~3 种主要矿物及一些次要矿物。多数矽卡岩含有钙镁质硅酸盐矿物，常为暗绿色或暗棕色。部分矽卡岩主要由硅灰石、透闪石等浅色矿物组成，为浅灰色。岩石常为粒状或不等粒状变晶结构，块状构造。

在侵入岩体(主要是中性及酸性岩浆岩)和碳酸盐质岩石(包括石灰岩、泥灰岩、白云岩、钙质页岩等)以及火山-沉积岩系的接触带及其附近可形成接触交代变质矿床。其中由中酸性岩浆岩与碳酸盐质岩石接触交代形成的矿床称为"矽卡岩矿床"，它是最常见的接触交代矿床类型。在接触带上，由于气化-热液的交代作用，可形成由石榴石、透辉石、阳起石等矿物组成的矽卡岩，并在其中或附近形成相应的宝石矿床。此类宝石矿床常见的有：石榴石、尖晶石、水晶、紫晶、青金岩、蓝宝石、和田玉、蔷薇辉石等。若是低级变质时,则形成斑点状红柱石;若是中级变质时,就形成堇青石、石榴石矿床;若是高级变质时,则形成矽线石、正长石、刚玉等矿床。

矽卡岩经常包含两三种主要矿物及一些次要矿物。多数矽卡岩含有铁镁质硅酸盐矿物,常为暗绿色或暗棕色。部分矽卡岩主要由硅灰石、透闪石等浅色矿物组成,为浅灰色。岩石常为粒状或不等粒状变晶结构,块状构造。某些金属矿物常在矽卡岩中富集成为矿体,常见的有磁铁矿、黄铜矿、辉铜矿、闪锌矿、白钨矿等。这些金属矿物是由于挥发性物质以各种形式搬运金属元素并在此沉积的结果。如铁以及其他一些金属元素能够同 $NaCl$、H_2O 等挥发性成分结合成多种化合物,成为交代作用中的化学活动性流体而进行迁移,并在特定地方通过交代作用的化学反应,以金属氧化物或硫化物形式沉淀下来,如果条件有利,便可聚积成矿体。

二、区域变质作用与相关变质岩

1. 区域变质作用机制

区域变质作用(regional metamophism)是在广大范围内,伴随区域构造运动而发生大面积分布的变质作用。变质带长几百至几千千米;宽几十至几百千米;深度从几千米至几十千米。它是由温度、压力以及化学活动性流体等多种因素引起的。区域变质作用的温度下限为 200～300℃,上限为 700～800℃;压力变化在 $(1\sim2)\times10^8 Pa$ 至 $(13\sim14)\times10^8 Pa$ 之间,除引起这种变质作用的静压力以外,构造运动引起的定向压力常叠加其上。构造运动可以对岩石施以强大的定向压力,使岩层弯曲、揉皱、破裂;也可以使浅层岩石沉入地下深处,以遭受地热和围压的作用;或使深层岩石被推挤到表层。构造运动还能导致岩浆的形成与侵入,从而带来热量和化学物质,或从地下深处引来化学活动性流体。此外,由构造运动所造成的破裂,是热能和化学能向围岩渗透的良好通道。因而,构造运动为岩石的区域变质创造了极为有利的物理、化学条件。

区域变质过程中,来源于岩石和矿物的脱水及脱碳反应的化学活动性流体普遍都起了作用。但引起区域变质作用的因素较复杂,区域变质作用往往是温度、定向压力和具有化学活动性流体等因素综合作用的结果。按变质因素,一般可将其分为 3 类,即低压高温环境、正常地温梯度环境和高压低温环境的区域变质作用。其温度变化可在 200～300℃ 至 700～800℃,压力可从 0.1～0.2GPa 至 1.0GPa,地热梯度的变化范围也很大,可从 7～60℃/km。总的来说,区域变质作用是变质因素综合作用引起的。区域变质岩与原岩相比,不论在化学成分、矿物成分以及结构、构造上都有改变。在空间上，变质程度随温度的升高而逐渐加深，从而反映出变质作用由低级到高级的排列规律。

2. 区域变质作用环境

区域变质作用中，温度与压力总是联合作用并相辅相成。一般说来，地下的温度与压力随深度增加而增加。但是，由于各处地壳的结构与构造运动性质不同，因而温度与压力随深度而增长的速度并非处处相同。有的变质地区压力增加慢，而温度增加快；有的变质地区压力增加快，而温度增加慢。这样便出现了不同的区域变质环境，主要有以下三类。

(1) 低压高温环境：地温梯度高，约 25～60℃/km，在地下不到 10km 处，温度最高可达到 600℃。温度是引起岩石变质的主要因素，此环境下以出现红柱石等低压高温变质矿物为特征；火成岩相当发育，广泛发生接触变质作用。

(2) 正常地温梯度环境：地温梯度正常，大约在 20～30℃/km。随着温度与压力的变化可以出现不同的变质岩。

(3) 高压低温环境：地温梯度低，约为 7～25℃/km，在地下 20～30km 深处，温度约为 300℃。此环境下以出现如蓝闪石等高压低温变质矿物为特征，缺乏火成岩。高压低温条件的出现与岩石圈板块的俯冲作用相关。

在区域变质作用中，原岩的矿物可以发生重结晶、重组合以及交代作用，所形成岩石的结构、构造也发生了综合性的变化。

区域变质作用中有一种特殊类型，称为埋藏变质作用（burial metamorphism）。它是由于上覆巨厚层沉积物的重量所产生的静压力及较低的温度（一般低于 400℃）所引起。热源以辐射性热为主，来自地层本身。这种变质作用的发生与岩石的埋藏深度大有关系，而与构造运动及岩浆活动无关。其变质程度较浅。

3. 区域变质作用与代表性岩石

区域变质岩是原岩经区域变质作用所形成的岩石。由于区域变质作用的分布范围是区域性的，因而区域变质岩常大面积分布。其分布面积有时可达数百至数千平方千米，有的地区甚至达百万平方千米以上。同一区域中，不同变质程度的区域变质岩，在空间上常作带状分布。区域变质岩从太古代早期到新生代都有出现，前寒武纪结晶基底主要由区域变质岩和混合岩、岩浆岩构成。古生代以后的区域变质岩主要分布在造山带，主要有：板岩、千枚岩、片岩、片麻岩、变粒岩、角闪岩、麻粒岩、榴辉岩、石英岩。区域变质岩普遍具有鳞片变晶结构和矿物作定向性排列的片理构造。由低级到高级显示为：板状→千枚状→片状→片麻状构造。区域变质岩在高温高压下，因产生塑性变形，且多次叠加，所以变质岩中常见复杂的小型构造。

板岩(slate)，具有板状构造。原岩主要是黏土岩、黏土质粉砂岩和中酸性凝灰岩。重结晶作用不明显，主要矿物是石英、绢云母及绿泥石等。板岩常具变余泥状结构及显微鳞片变晶结构，是变质程度轻微的产物。板岩中含碳质者，为黑色，称为碳质板岩，其他板岩常根据颜色定名。

千枚岩(phyllite)，具千枚状构造。原岩性质与板岩相似，但重结晶程度较高，基本上已全部重结晶。矿物主要是绢云母、绿泥石及石英等。岩石具有显微鳞片变晶结构，片理面上常能见到定向排列的绢云母细小鳞片，呈丝绢光泽。千枚岩可以根据颜色定名。

片岩(schist)，具有片状构造。原岩已全部重结晶。矿物主要是白云母、黑云母、绿泥石、滑石、角闪石、阳起石、石英及长石等，有时出现石榴石、矽线石、蓝晶石、蓝闪石等。岩石中片状或柱状的矿物含量不少于 1/3，以鳞片变晶、纤状变晶及粒状变晶结构为主，有时出现斑状变晶结构。肉眼能清楚分辨矿物，可根据其中主要矿物(或特征性矿物)进一步命名，如云母片岩、石英片岩、绿泥石片岩、角闪石片岩、矽线石片岩和蓝闪石片岩等。岩石中如含有 2 种主要矿物或特征矿物，命名时以"多数者在后，少数者在前"为原则，如云母石英片岩、石榴石云母片岩和蓝晶石白云母片岩等。

片麻岩(gneiss)，具有片麻状构造，中粗粒粒状变晶结构，并含较多长石。主要矿物是长石、石英、黑云母、角闪石等，有时出现辉石或红柱石、蓝晶石、矽线石、石榴石等。片麻岩中，长石与石英的含量大于 1/2，且其中长石含量大于石英。若长石含量减少，石英增加，则过渡为片岩。片麻岩可根据长石的成分进一步命名，以钾长石为主要成分者称为钾长片麻岩，以斜长石为主要成分者称为斜长片麻岩。此外，还可根据片状、柱状或特征性的变质矿物作补充命名，如角闪石斜长片麻岩、矽线石钾长片麻岩、黑云母钾长片麻岩等。所谓花岗片麻岩就是其成分与花岗岩相当，由钾长石、石英及黑云母组成的片麻岩。

变粒岩(granulite)，主要由长石和石英组成，但片麻状构造不发育的细粒状岩。长石和石英含量占 70% 以上，且长石含量大于 25%，片状与柱状矿物占 10%～30%。其主要为粒状变晶结构，块状构造。原岩主要是粉砂岩、硅质岩、砂岩等。根据其中片状矿物或柱状矿物可进一步命名，如黑云母变粒岩、角闪石变粒岩等。

斜长角闪岩(plagioamphibolite)，主要由角闪石和斜长石组成，角闪石等暗色矿物含量大于 50%，石英很少。角闪石含量大于 85% 者称为角闪岩。这类岩石是由基性岩浆岩或富含钙镁成分的沉积岩在中高温条件下变质而成，具有粒状变晶结构，块状构造或片理构造。

麻粒岩(granulite)，变质程度很深的岩石，主要由长石、辉石、石榴石、石英等粒状矿物组成，一般不含黑云母、角闪石等含 OH^- 的矿物。麻粒岩具粒状变晶结构，块状构造。粒状矿物有时被压扁而定向，浅色矿物与暗色矿物的条带有时粗略交互而显示微弱的片麻状构造。

榴辉岩(eclogite)，主要由浅红色的石榴石与鲜棕色的绿辉石(辉石的一种，含有 Ca、Na、Mg、Fe、Al 等多种成分的硅酸盐)构成，不含斜长石。它具不等粒变晶结构，块状构造。颜色深。相对密度为 3.6～3.9，是变质岩中密度最大的岩石。它是在压力极大兼有适当的温度条件下产生的。

4. 区域变质作用程度与相应岩石

区域变质岩有许多类型，各类型中因其矿物不同又有许多变种，因此区域变质岩的种类很多、很复杂。那么，是什么因素造成区域变质岩的这种多样性的呢？第一是原岩的成分。原岩的成分不同，其变质产物就不一样，如石灰岩能变成各种大理岩，而页岩或黏土岩则变成各种片岩。第二是变质的温度与压力条件。变质温度与压力的差异能使同种成分的原岩变质成不同的产物。以含钠、钙、镁、铁、硅的页岩来说，当它遭受较低的温度与压力作用时，仅变成含绢云母与绿泥石的板岩或千枚岩；当它受到 300℃ 温度及较低压力作用时，则变成含钠长石、绿帘石及绿泥石的片岩；当变质温度高达 600℃ 时，可变成斜长角闪岩。上述板岩、千枚岩、片岩及斜长角闪岩就是同一种页岩在不同温度、压力条件下的不同变质程度的产物。因此，不同的变质岩一方面反映了原岩成分的差别，另一方面反映了由不同的变质温度和压力条件所决定的岩石变质程度。根据变质岩的矿物组合特征及其化学成分就能够探讨岩石变质的环境、温度和压力条件，并恢复其原岩的性质。

区域变质作用按温度、压力条件不同常可分为低级、中级和高级。它们有着不同的矿物组合(图 7-14)。

(1) 低级区域变质作用：绢云母、绿泥石、绿帘石、阳起石、滑石、蛇纹石和黑云母等含 OH^- 的硅酸盐。

(2) 中级区域变质作用：角闪石、斜长石、石英、石榴石、透辉石和云母。

(3) 高级区域变质作用：不含 OH^- 且在高温高压下稳定的矿物，如正长石、斜长石、堇青石、矽线石、单斜辉石(如透辉石)、斜方辉石(如紫苏辉石)、橄榄石、尖晶石、刚玉等。

三、混合岩化作用与相关变质岩

混合岩化作用(migmatization)是变质作用向岩浆作用过渡的超深变质作

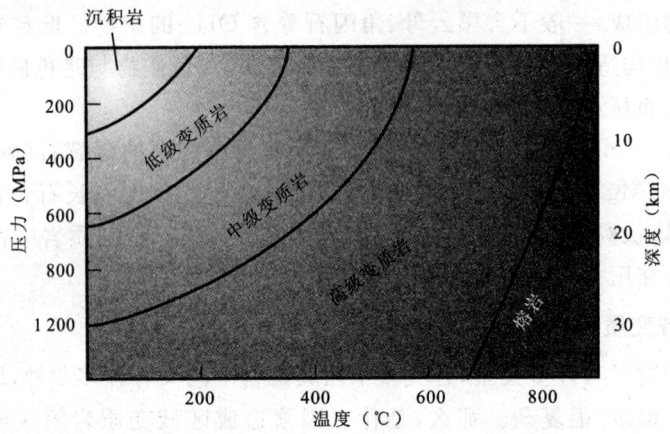

图7-14 变质环境与温度、压力关系示意图

用。当区域变质作用进一步发展，特别是在温度很高时，岩石受热而发生部分熔融并形成酸性成分的熔体，同时由地下深部也能分泌出富含钾、钠、硅的热液，这些熔体和热液沿着已形成的区域变质岩的裂隙或片理渗透、扩散、灌入，甚至和变质岩发生化学反应，以形成新的岩石，这就是混合岩化作用。混合岩化作用所形成的岩石称为混合岩(migmatite)。

混合岩基本物质系由基体和脉体两部分组成。基体(matrix)指的是混合岩形成过程中残留的变质岩，是区域变质作用的产物，主要是斜长角闪岩、片麻岩、片岩、变粒岩等，颜色较深。脉体(vein)指的是混合岩形成过程中，从活动状态的、新生成的流体-熔融体相中，沉淀出的结晶物质，通常是花岗质、长英质、伟晶质和石英脉等。和基体相比，其颜色较浅。混合岩是在区域变质作用基础上发展起来的，但它以普遍发育交代现象和矿物成分、结构构造的不均匀性区别于区域变质岩。混合岩主要分布于前寒武纪结晶基底和古生代以后的某些区域变质岩发育地区。根据混合岩化作用的强度和混合岩的构造特征，主要类型有：角砾状混合岩、网状混合岩、条带状混合岩、眼球状混合岩、肠状混合岩、阴影混合岩、混合花岗岩。

混合岩中脉体与基体的相对数量关系及其存在状态不同，反映了混合岩化的不同程度，相应地有不同特征的混合岩。如果脉体呈斑点状分散在基体中，则形成斑点状混合岩；如果脉体呈条带状灌入到基体中，则形成条带状混合岩(图7-15)；如果脉体呈肠状盘曲在基体中，则形成肠状混合岩(图7-16)。当长英质熔体或富含钾、钠、硅的热液彻底交代原来的岩石时，原来岩石的宏观特征完全消失,并形成花岗岩,这种花岗岩称为混合花岗岩(migmatitic granite),它是混合岩化作用程度极高时的产物。这种作用是花岗岩形成的一种重要途径,在区域变质岩分布地区变质程度较深的核心地带常有花岗岩存在就是这一原因。

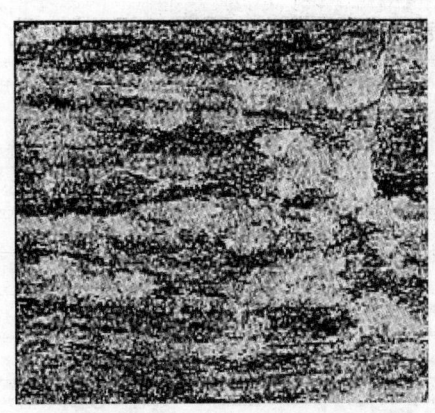
图7-15 条带状混合岩

图7-16 肠状混合岩

在许多矿区的片麻岩中,含刚玉(蓝宝石或红宝石)的浅色脉体,实际上就是混合岩化作用的产物。其中浅色脉体与残留暗色基体的特征组合,是混合岩的典型结构构造。浅色脉体中钾长石的有序度明显低于暗色基体中的钾长石的有序度,说明前者的形成温度明显高于后者的。此外,在浅色脉体的刚玉中,普遍发现流体-熔融包裹体的存在,进一步说明浅色脉体是随变质温度升高而发生的部分熔融作用的产物。这些证据都说明此类红、蓝宝石是混合岩化作用的产物。另外,在缅甸、越南和我国云南红宝石中亦发现具有指示意义的流体-熔融包裹体,说明此类红宝石的形成亦与混合岩化作用有关。

四、动力变质作用与相关变质岩

动力变质作用(dynamo metamorphism)是在构造应力作用下发生的变质作用。通常发生于大型剪切构造带,即剪切断裂带中。其在近地表的浅部位置,表现为以碎裂、角砾岩化和细粒化等脆性变形为特征;在深部则形成韧性剪切带,以亚颗粒化、塑性裂解、动态重结晶等韧性变形为特征,形成特征的动力变质岩——糜棱岩(mylonite)。

由动力变质作用形成的变质岩称为动力变质岩,动力变质作用常与构造运动有关。在不同性质的应力影响下,岩石和矿物主要发生塑性变形(表现为矿物的粒内滑移、扭折、碎裂拉长、动态重结晶等,也称为韧性变形)和脆性变形(矿物发生碎裂)。根据岩石碎裂的特征,将动力变质岩划分为以下主要类型,以岩石碎裂特征定出基本名称(表7-2)。冰种、玻璃种翡翠就是由韧性变形过程中动态重结晶作用形成的硬玉质糜棱岩和超糜棱岩。

表7-2 动力变质产物及动力变质岩

固结程度	结构及其定向性	主导作用	基质含量及多数颗粒粒径		产物或岩石名称
未固结的		碎裂作用	可见碎块>30%		断层角砾
			可见碎块<30%		断层泥
固结的	紊乱结构	玻璃化或部分脱玻化			假玄武玻璃
		碎裂作用（脆性变形）	<50%	>2mm	断层角砾岩
			50%~90%	0.1~2mm	碎粒岩
			>90%	<0.1mm	碎粉岩(超碎裂岩)
	流动结构	糜棱岩化（韧性变形）	<10%		糜棱化×××岩
			10%~50%		初糜棱岩
			50%~90%		糜棱岩
			>90%		超糜棱岩
	变晶结构面状定向	重结晶及新矿物生长			千糜岩
					构造片岩
					构造片麻岩

注:据徐开礼、朱志澄(1989)略改。

五、冲击变质作用与冲击岩

冲击变质作用是指陨石冲击地球表面岩石圈层,产生特殊高温和高压所引起的一种瞬间变质作用。宇宙中的巨大陨石,以很大的速度降落在地球表面,在很短的时间内,给地球岩石以特大的冲击,使之发生强烈爆炸,产生超高压、极高温和释放出巨大能量,使冲击中心形成巨大的陨石坑。在陨石坑中及其周围,生成各种冲击岩,含有柯石英、斯石英和尖晶石等高温高压矿物,有时在含碳质岩石(如含石墨岩石)中形成细粒金刚石。

第五节 岩石的相互演变

三大类岩石具有不同的形成环境和条件,而环境和条件又随地质作用的发生而变化。因此,在地质历史中,总是某些岩石在形成,而另一些岩石在消亡。如岩浆岩(变质岩、沉积岩的情况相同)通过风化、剥蚀而破坏,破坏产物经过搬运、堆积和成岩作用而形成沉积岩;沉积岩受到高温作用又可以熔融转变为岩浆岩。岩浆岩与沉积岩都可以遭受变质作用而转变成变质岩;变质岩又可再转变成沉积岩或熔融而转变成为岩浆岩。因此,三大类岩石不断相互转化,图7-17表示了三者间的相互转化关系。

图7-17中表层作用即表层地质作用,指大气、水和生物在太阳辐射能、重力能和日月引力等动力影响下产生的对地壳表层所进行的各种作用。包括了风化作用、剥蚀作用、搬运作用、沉积作用、成岩作用等一系列作用,是地表最常见的一种地质作用。

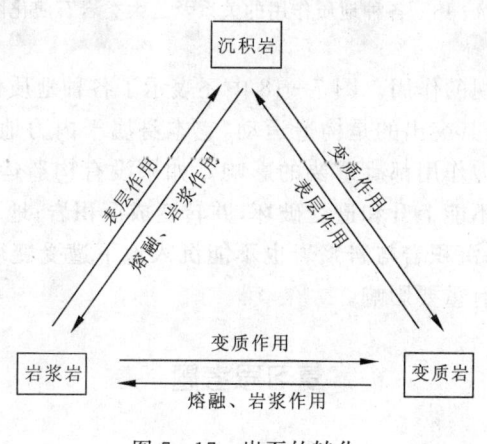

图7-17 岩石的转化

图7-18进一步表示了岩石的转变与环境、条件、能量和地质作用的性质、方式的关系。图中的地表环境指沉积岩形成的环境,属于常温、常压;深部环境指地壳下层,具有较高的温度与压力。图中表示出的各种能量来源,一种是太阳能,它主要影响地表,控制了外力作用的进行;另一种是放射性热能,它蕴藏在岩石中,控制了内力作用的进行。

此外,以地球重力能和地球旋转能为代表的地球因素,在各种地质作用的发

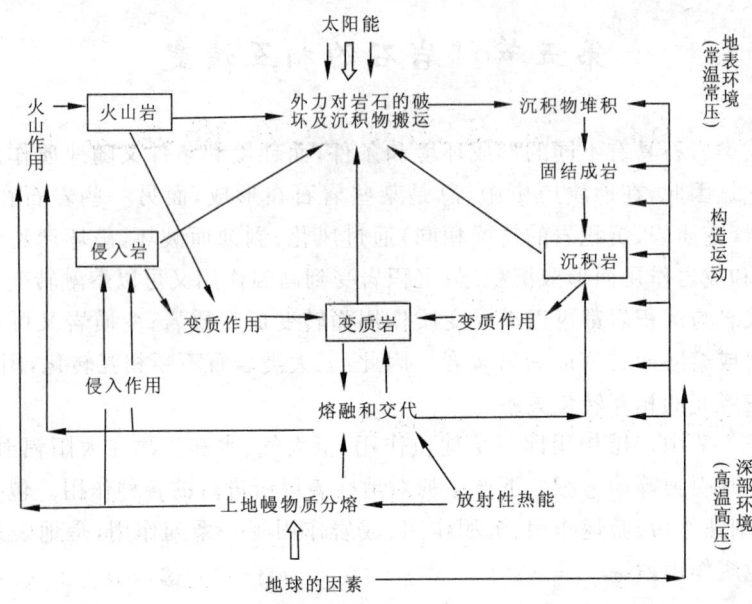

图 7-18 各种地质作用的关系及三大类岩石演化图

生中也起着不可忽视的作用。图 7-18 中还表示了各种地质作用的内容和作用进行的方向,其中极其突出的是构造运动,它本身属于内力地质作用,但是它对其他内力作用及外力作用都有重要的影响。如果没有构造运动,在地下形成的侵入岩与变质岩就不能上升和遭受破坏,并转变成沉积岩;地表就难以强烈坳陷并堆积大量沉积物;沉积岩与岩浆岩也不能沉入地下遭受变质。构造运动对岩浆的形成和上升也有重要影响。

复习思考题

1. 什么是变质作用,它与岩浆作用和沉积作用有何不同?
2. 何为变质作用的方式?什么是影响变质作用的因素?
3. 什么是变质岩?
4. 按化学成分可将变质岩分成几类?
5. 变质作用都有哪些类型,它们各自的特点是什么?
6. 变质岩的矿物特性有哪些?
7. 简述变质岩的结构与构造类型及特征。
8. 变质作用可形成哪些宝石和玉石?

第八章 宝玉石矿床及资源分布

第一节 概述

一、与宝玉石矿床相关的基本概念

在地质学中,矿床是指地表或地壳中由地质作用形成的,并在现有条件下可开采和利用的有用矿物的矿物集合体。矿床的概念包括了地质和经济技术两个方面的含义,一方面矿床是由地质作用形成的产物,矿床的形成取决于地质作用的规律;另一方面矿床的范围及其利用价值要随经济技术条件的发展而改变,过去不够矿床条件的某些矿化岩体或岩石,今天可能成为矿床。地质学中矿床的概念并不能包括所有的宝玉石资源,本章所谈论的宝玉石矿床仅指天然产出的宝玉石。

1. 矿床

矿床是指在各种地质作用下,如岩浆活动、火山活动、热液活动、地下水活动、风化、淋滤、搬运、沉积及变质作用等,在地壳表层和内部形成的并在现有技术和经济条件下,其质和量均符合开采利用要求的有用矿物质的集合体。不符合此条件的,只能称为"矿化岩石"或"岩石"。

2. 围岩

围岩是指位于矿床周围的岩石。

3. 成矿母岩

成矿母岩是指对一个矿床的形成提供成矿物质或与成矿作用直接有关的岩石。有些矿床,矿体的围岩就是母岩,如伟晶岩,因为伟晶岩中矿体的形成正是由这些伟晶岩提供成矿物质的。另一些矿床,矿体的围岩并非母岩,如砂矿,因为砂矿中的重矿物是从远处搬运来的,而不是来自砂矿层的顶底岩石。

4. 矿石

矿体指矿床的主体部分,由矿石和脉石两部分组成,在空间上是一个地质体,有一定的大小、形状和产状。矿石指产于矿床中有价值的部分,通常被称作矿石。矿石是指在现有的技术和经济条件下,能够从中提取有用组分(元素、化合物或矿物)的自然矿物集合体。

5. 脉石

脉石是指矿床中与矿石相伴生的非矿石部分,如矿体中所含的围岩角砾或低矿化的围岩残余等。它们通常在采矿或选矿过程中被废弃。显然,宝玉石矿床中矿石含量越高就越好,而脉石含量越高就越差,为了有效衡量和对比这些差异,通常使用"品位"这一概念。

6. 矿石品位

矿石品位是指矿石中有用组分的含量。矿种不同矿石品位的表示方法也不同,大多数金属矿石,如铜、铅等矿石,品位以金属含量(质量)百分比表示,也有些以其中氧化物的质量百分比表示。原生钻石(金刚石)的品位以 ct/t 或 mg/t 来计量,砂矿品位一般以每立方米中所含有用矿物的质量(g/m^3 或 kg/m^3)来计量,钻石(金刚石)砂矿则以 ct/m^3 或 mg/m^3 来计量。

二、宝玉石矿床的成因

化学元素在地壳和上地幔中含量不是固定不变的,它们总是处在不断地运动状态中,从而导致化学元素的相对分散和集中。在地球的演化过程中,分散在地壳和上地幔中的化学元素,在一定的地质环境中相对富集而形成矿床。其实宝玉石矿床的形成过程是整个地质作用的一部分,它涉及到物质来源、成矿环境及成矿作用等各种地质因素。这些因素在宝玉石矿床的形成过程中是密切联系的,其中成矿物质来源是形成宝玉石矿床的基础和前提。成矿环境是外界条件,是指综合的地质-物理化学环境,除了温度、压力外,还包括地层、岩石、构造以及 pH 及 Eh 值等,在外生矿床中还应包括气候、地理等因素。在物质来源、成矿环境及成矿作用 3 个因素中,成矿作用是划分矿床成因类型的主要依据,因为不管物质来源如何,宝玉石矿床总是要在某种成矿环境中通过一定的成矿作用才能形成。成矿作用包括内生成矿作用、外生成矿作用和变质成矿作用三大类,具体如下。

(1)宝玉石矿床的内生成矿作用是由地球内部热能,如放射性元素的蜕变能、地幔及岩浆物质的热能等,在地壳不同深度、不同压力、不同温度和不同地质构造条件下进行的能够导致形成宝玉石矿床的各种地质作用,主要包括岩浆成矿作用、伟晶岩成矿作用、热液成矿作用与接触交代成矿作用。

(2)宝玉石矿床的外生成矿作用主要指在太阳能等外动力的影响下,在岩石圈上部、水圈、大气圈、生物圈的相互作用过程中,导致在地壳表层形成宝玉石矿床的各种地质作用。外生成矿作用基本上是在常温、常压条件下进行的。主要包括风化成矿作用、沉积成矿作用、生物成矿作用等。

(3)宝玉石矿床变质成矿作用是指内生作用或外生作用中形成的岩石或矿床,由于地质环境的改变,特别是经过深埋或其他热动力事件,它们的矿物成分、化学成分、结构构造以及物理性质等都发生改变,甚至可以使原来的矿床消失,特别是盐类矿床,产生某种有用矿物的富集而形成新矿床;或者使原来的矿床经受强烈的改造成为另一种工艺性质的矿床。从本质上看,变质作用是内生成矿作用的一种。在变质作用中形成宝玉石矿床的过程,称为宝玉石矿床的变质成矿作用。

三、宝玉石矿床的成因分类

按照宝玉石矿床的成矿作用(成因)不同而划分的矿床类型,称为宝玉石矿床的成因分类。在具体分类中,一级划分是和三大类地质作用即内生成矿作用、外生成矿作用、变质成矿作用相对应的;二级划分是按照在一定地质环境下的主要成矿作用系列来划分的,如岩浆矿床、热液矿床等;三级划分则是由于各类矿床形成环境的复杂性和成矿方式的多样性,包括矿床的主要特征和标志、成矿方式、含矿建造、成矿环境等。详细分类见表8-1。本书将宝玉石矿床按照一级划分方式进行分类,由于第七章已详细介绍了变质成因矿床类型,因此本章将详细介绍内生成因矿床和外生成因矿床。

表8-1 宝玉石矿床的成因分类

成矿作用	成因类型	岩石类型	宝玉石种类	实际意义	代表性产地
内生成矿作用	岩浆型矿床	金伯利岩型	金刚石、镁铝榴石	金刚石、镁铝榴石的主要原生矿类型	南非,中国辽宁、山东
		钾镁煌斑岩型	金刚石	金刚石原生矿的主要类型之一	澳大利亚阿盖尔
		玄武岩及其深源岩石包体型	蓝宝石、锆石、红宝石、石榴石、橄榄石	大型蓝宝石、锆石、橄榄石、砂矿的源岩	澳大利亚、柬埔寨、泰国、中国山东等
		辉长-斜长岩型	晕彩拉长石	晕彩拉长石的母岩	乌克兰、巴西、芬兰
		流纹岩型	月光石	月光石的母岩	美国科罗拉多州

续表 8-1

成矿作用	成因类型	岩石类型	宝玉石种类	实际意义	代表性产地
内生成矿作用	伟晶岩型矿床	晶洞伟晶岩型	海蓝宝石、绿柱石、托帕石、黄水晶、碧玺、祖母绿、磷灰石、金绿宝石	海蓝宝石、绿柱石、托帕石、黄水晶、碧玺矿床的主要类型	巴西,乌拉尔,中国阿尔泰、云南,美国
		稀有金属伟晶岩型	碧玺、绝绿柱石、紫锂辉石、锰铝榴石、铁铝榴石	可作综合利用	中国阿尔泰、俄罗斯乌拉尔
	热液矿床	云英岩化型	祖母绿、红宝石、海蓝宝石	祖母绿矿床主要类型	乌拉尔、津巴布韦
		深成热液型	紫水晶、黄水晶	紫水晶、黄水晶矿床主要类型	产地多
		岩浆后期热液型	紫水晶、玛瑙、黄玉	紫水晶和玛瑙的主要矿床类型	巴西
		远成热液型	祖母绿	祖母绿矿床类型	哥伦比亚
	接触交代矿床	与镁质有关的矽卡岩型	红蓝宝石、尖晶石、钙铝榴石、锆石、和田玉	红蓝宝石、尖晶石、钙铝榴石、锆石主要矿床类型,和田玉主要原生矿床类型	缅甸抹谷,斯里兰卡,中国新疆、青海等地
外生成矿作用	沉积矿床	生物化学沉积岩型	煤精、琥珀	煤精的主要矿床类型和琥珀砂矿源岩	中国辽宁
		砂矿 残坡积砂矿型	金刚石、红蓝宝石、尖晶石、锆石、翡翠、闪石类玉、绿柱石、石榴石	大多数优质宝玉石的主要来源	产地多
		砂矿 冲积砂矿型			
		生物成因矿床	珍珠、珊瑚、象牙、玳瑁	有机宝石	沿海地带
	风化矿床	砂-黏土质岩石和超基性岩	欧泊、绿玉髓	欧泊、绿玉髓的主要矿床类型	澳大利亚
		风化壳型,含铜、磷的风化壳型	绿松石	绿松石的主要矿床类型	中国湖北,美国
		矽卡岩铜-铁矿床风化壳型	孔雀石	孔雀石的主要矿床类型	中国广东
变质成矿作用	接触变质矿床	变质灰岩型	汉白玉	汉白玉的主要矿床类型	中国北京西山
	区域变质矿床	低温中低压变质相型	蔷薇辉石、碧玉、硅化木、蛇纹石玉(岫玉)	砂矿的主要源岩	俄罗斯乌拉尔、澳大利亚、美国、中国辽宁岫岩等地
		低温高压变质相型	翡翠		缅甸、俄罗斯、危地马拉等地
		中高温变质相型	铁铝榴石、红宝石、蓝宝石、月光石		斯里兰卡、芬兰

第二节 内生成因矿床

内生成因矿床是指与岩浆活动等相关地质作用密切相关的矿床类型,包括岩浆矿床、伟晶岩矿床和气成-热液矿床。

一、岩浆矿床

该类矿床是指赋存于岩浆岩体内的矿床,有些晚期矿浆灌入矿床,赋存于围岩中。其成因方式有两种:一种是岩浆分异和结晶作用,使分散在岩浆中的成分通过分异结晶聚集而形成的矿床,这一类矿床与岩浆活动有直接的成因联系。不同的岩浆岩常产生不同的岩浆矿床,这种现象叫作成矿的专属性。另一种是岩浆将上地幔中已形成的宝石矿物,在岩浆侵入和喷发过程中,携带到地表而形成的宝石矿床,这类矿床与岩浆活动有间接成因关系(表8-1)。如与金伯利岩有关的钻石(金刚石)矿床,与玄武岩有关的橄榄石、蓝宝石矿床等,都属于岩浆矿床。岩浆矿床具有以下特点。

(1)矿床的形成和岩浆作用基本上同时进行。部分岩浆矿床的成矿作用可以延续到较晚的时间,但大体上不超过总的岩浆活动时期。

(2)宝玉石矿床一般产在火成岩(母岩)内。少数情况下,矿床可离开火成岩进入邻近的围岩中。

(3)宝玉石矿床的矿体与母岩一般呈渐变或迅速过渡关系,矿体围岩蚀变一般不明显。

(4)岩浆矿床的成矿温度一般较高(700~1500℃)。形成的深度除火山岩浆矿床外,多在地下几千米至十几千米。

(一)金伯利岩型和钾镁煌斑岩型的金刚石矿床

1. 金伯利岩型的金刚石矿床

中国的辽宁和山东、南非、刚果(金)、安哥拉、博茨瓦纳、坦桑尼亚、俄罗斯等地区的金刚石矿床均产于金伯利岩中。在成因和空间上均与金伯利岩有关,常呈岩筒(管)、岩脉产于前寒武纪地台区。金伯利岩是一种偏碱性、富含挥发分的浅成—超浅成超基性岩类,与深大断裂有关。岩石具有斑状结构,块状或角砾状构造。斑晶主要为橄榄石(大部分蚀变成蛇纹石)、金云母,其次为镁铝榴石、铬尖晶石、单斜辉石及钛铁矿。基质由细粒的蛇纹石、碳酸盐、滑石、磷灰石、绿泥石等矿物及玻璃质组成。金伯利岩中往往含有石榴二辉橄榄岩、纯橄岩及榴辉岩等上地幔包体。

金刚石在金伯利岩中呈斑晶(部分还产在榴辉岩包体中)。晶体大小不一,一般为数毫米至粉末状,大的可达6～8cm,常有破碎,分布不均且含量低,平均为千万分之几,并随着深度的加大而贫化。

金伯利岩中的镁铝榴石作为副矿物产出,或产于金利岩的榴辉岩包体中。从成分和颜色来说有两类:一类为带紫色调系列的镁铝榴石。颜色艳丽、粒度较小的紫青色者常具变色效应;另一类为橙红和橙黄色,常含金红石、钛铁矿包体,粒度较大,但透明度及颜色均不佳。该类矿床的典型实例是南非金伯利岩中伴生的石榴石矿床。

在南部非洲境内共发现有250多个筒状金伯利岩体,它们侵入于古老的结晶片岩、花岗岩以及石炭纪至侏罗纪的页岩、砂岩和粗玄岩中。岩筒多分布在非洲地台南太古代地盾与卡鲁台向斜的结合处,以及卡拉哈里北部和南部两个台向斜结合带的隐伏裂隙交错处,是深断裂发育渗透性较好地带。它们控制了金伯利岩岩筒的分布,如金伯利地区15个岩筒群在空间上成群分布,有时一条构造线上就有3个或更多的岩筒。金伯利岩岩筒在平面上大多呈不规则椭圆形,有的呈肾状、双轮状或拉长状,岩筒的面积大小不等,直径250～850m,在剖面上呈陡立的漏斗状(图8-1、图8-2)。通常向深处约1000～1500m以下过渡为岩墙。金伯利岩除大部分呈岩筒产出外,也呈岩脉产出。岩筒构造复杂,它是由岩浆爆发活动形成的,充填岩筒的岩石是由金伯利岩胶结的火山角砾岩。其中角砾有来自同源的超基性岩,也有各种成分复杂的围岩,常受到强烈的蚀变作用。

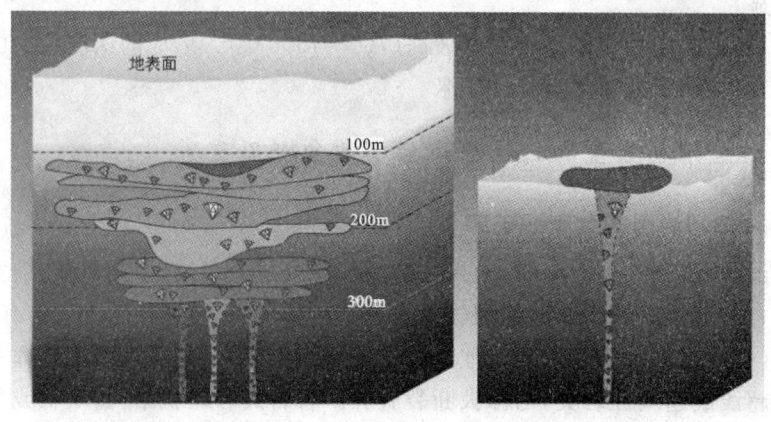

图8-1 金伯利岩岩筒示意图

金刚石在金伯利岩中的分布很不均匀,有的地段完全没有,有的地段每立方米内可有3~4ct钻石。金刚石大小和颜色在不同地区也不一致,这说明矿床形成是物理化学条件变化的复杂过程(图8-3)。对于"金伯利岩中的金刚石到底是岩浆早期结晶形成的产物,还是金伯利岩岩浆的捕虏晶"这个问题,长期以来学界总是争论不休。不过,目前绝大部分地质学家认为,金刚石是上地幔形成的产物,金伯利岩仅起了将它们携带到地表的作用。

2. 钾镁煌斑岩型的金刚石矿床

钾镁煌斑岩型金刚石矿床是1979年在澳大利亚发现的一种金刚石原生矿的新类型。钾镁煌斑岩是一种二氧化硅不饱和富镁超钾质的超基性岩类。岩体呈岩筒和岩床,分布于褶皱活动带中。岩石具有斑状结构,块状、角砾状构造。

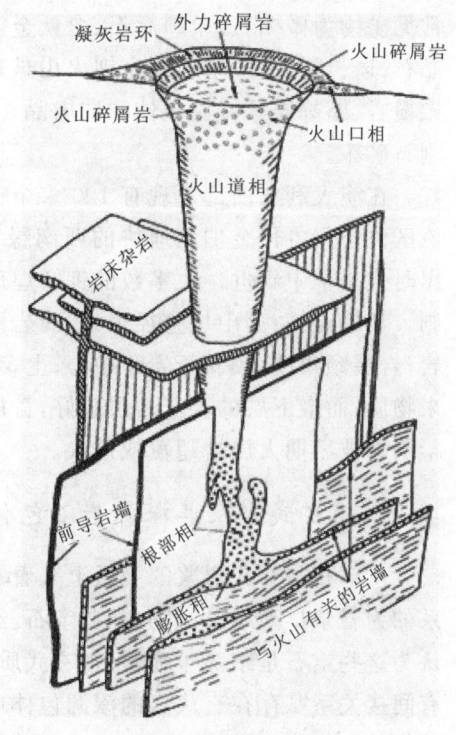

图8-2 金伯利岩型金刚石原生矿模式图
(据 R. H. 米切尔,1987)

图8-3 南非开采中的金伯利岩矿床(黄作良,2010)

常见矿物为橄榄石、单斜辉石、含钛金云母、白榴石、碱性角闪石、斜方辉石、铬尖晶石、透长石,基质中含有富钾火山玻璃。钾镁煌斑岩中有时可见橄榄岩、二辉橄榄岩、榴辉岩等幔源包体和捕虏晶。典型矿床为澳大利亚钾镁煌斑岩中的金刚石矿床。

在澳大利亚西部发现有 100 多个钾镁煌斑岩岩筒分布在 3 个主要矿区中。该区位于元古代金伯利地块的西南缘,煌斑岩侵入到 King Leoplod 活动带,喷出时代是早中新世。大多数的钾镁煌斑岩受菲茨罗伊地槽边缘北西西向断裂控制。其特点是:火山口直径很大,而岩管通道极为狭窄;火山口一般充填有凝灰岩;岩层倾角缓,倾斜于岩管中心;上覆凝灰岩一般较粗,层理不清,几乎不含外来物质;而最下层的凝灰岩层理好,含崩解的围岩及同源角砾岩;在许多岩管中,凝灰岩被后期火成岩超覆或侵入。

(二)玄武岩及其深源岩石包体型的宝石矿床

从宝石与玄武岩浆的关系上来看有两种类型,一种是与玄武岩浆有直接关系的为岩浆早期结晶产物,如蓝宝石、红宝石、锆石、石榴石等宝石矿床。有观点认为这些宝石是结晶于地幔,被玄武质岩浆从深部带上来的;另一种与玄武岩浆有间接关系赋存在玄武岩的深源包体中或来自上地幔的捕虏晶,玄武岩浆仅仅起携带作用,如橄榄石矿床。

1. 橄榄石宝石矿床

大部分橄榄石宝石矿床均产在玄武岩的深源包体中,如中国河北万全县大麻坪及吉林蛟河大石河、俄罗斯萨彦-贝加尔地区、美国西南部科罗拉多高原熔岩区等地的橄榄石矿床均属此类。下面以中国河北万全县大麻坪橄榄石矿床为例,来说明该类矿床的特点。

该矿床位于中朝准地台,冀东隆起带南缘,受尚义-赤城-凌源大断裂与张北-沽源-滦平-平泉-凌源深大断裂控制(交会处)。矿床产于第三系汉诺坝碱性玄武岩中下部尖晶石二辉橄榄岩深源包体中。尖晶石二辉橄榄岩形态各异,大小不一,常呈浑圆状、次棱角状,不均匀地分布在玄武岩中。矿物组成主要为橄榄石、尖晶石、灰黑色的普通辉石、翠绿色铬透辉石及少量的顽火辉石。该矿床被认为系上地幔碱性玄武岩浆沿构造裂隙运移并喷出地表,在尚未凝固之前,因重力分异作用使携带的密度大、呈固态的含橄榄石宝石的尖晶石二辉橄榄岩深源包体下沉至碱性玄武岩浆底部堆积富集成矿。

2. 蓝宝石、红宝石、锆石、石榴石宝石矿床

该类宝石矿床与碱性玄武岩有直接关系,一些学者认为它们是玄武岩浆早期结晶的巨晶或粗晶。碱性玄武岩浆多与深大断裂有关,分布于多次构造活动的复合部位。如产于中国东部新生代沿环太平洋构造带分布的碱性玄武岩,北起黑龙江省、山东省、江苏省,南至福建省、海南省均有该类型宝石矿床的产出。宝石矿物常见于熔岩中,有时也可出现于火山碎屑物中,多分布于火山口附近。

柬埔寨拜林、泰国的占他武里、澳大利亚等地的蓝宝石(红宝石)矿床,也都是这种成因类型。在该类矿床中,锆石和石榴石是作为蓝宝石的伴生矿物产出。石榴石一般颜色深,透明度差。

中国山东昌乐蓝宝石矿床的矿区位于华北地台鲁西台背斜东北部,昌乐凹陷南端,矿床明显受郯庐大断裂及次一级断裂控制。区内玄武岩主要以熔岩产出,基底岩石为太古界泰山群混合岩化的斜长角闪岩和角闪斜长片麻岩。

蓝宝石原生矿赋存于方山岩体中。方山岩体南北长近 2km,东西宽约 1.1km,平面呈"丁"字形。岩性主要为新生界尧山组碧玄岩,少量碱性橄榄玄武岩,同时岩体中还含有大量的幔源包体(二辉橄榄岩、二辉岩)及多种巨晶(普通辉石、锆石、镁尖晶石、镁铝榴石、斜长石、蓝刚玉等)。

昌乐蓝宝石,颜色以深蓝为主,并有浅蓝、黄绿、蓝绿、棕等色。表面多被一层灰黑色或黑色不透明薄壳包裹。大多数具较好的六方柱状晶形,粒径一般为 2~4cm,个别达 10cm 左右。含有针状铌铁矿和金红石包裹体的蓝宝石可具有星光效应。

(三) 辉长-斜长岩型的晕彩拉长石矿床

辉长-斜长岩是晕彩拉长石的母岩。晕彩拉长石是辉长-斜长岩的主要造岩矿物,这种类型的矿床主要产于乌克兰、加拿大和芬兰。

辉长-斜长岩岩体由斜长岩、辉长-斜长岩、辉长-苏长岩等岩石组成,出露面积可从几平方千米至几百平方千米。岩石具粗粒和斑状结构,块状构造。主要矿物成分为拉长石(斑晶)和中长石(基质),其次还有紫苏辉石、普通辉石及少量的橄榄石。

拉长石板状晶体粒径大小不等。乌克兰的拉长石具有鲜艳的金黄色和紫蓝色晕彩,而加拿大的拉长石多具金黄色和红色晕彩。

(四) 流纹岩型的月光石矿床

在流纹岩中常可见到月光石,即具月光效应的钾长石(透长石)斑晶。美国科罗拉多州莱古山和斯别林谷矿床产的透长石斑晶粒径为 1~2cm,新墨西哥州布列克山的含矿石英-长石脉体长达 4cm。除此之外,斯里兰卡、缅甸、印度、澳大利亚、马达加斯加、坦桑尼亚、巴西也有月光石产出。

二、伟晶岩矿床

伟晶岩是一种矿物颗粒结晶粗大,常呈不规则岩墙、岩脉或透镜状的地质体。富含挥发分的熔浆在稳定的地质和物理化学条件下,经过结晶和气液交代双重作用,使宝石矿物聚集的过程称为伟晶成矿作用。由这种作用形成的宝石矿床称为伟晶岩型宝石矿床。伟晶岩型矿床又可分为花岗伟晶矿床、基性和超基性伟晶岩矿床,但最具有经济意义的宝石矿床是花岗伟晶岩矿床,它的主要特点如下。

(1)化学元素复杂,矿物成分丰富多彩,除一般造岩矿物外,还包括与宝石矿物有关的稀有、稀土和放射性元素矿物及含挥发分矿物。

(2)矿物颗粒粗大,粒度不均。具有一般岩浆岩所不具备的特殊结构——文象结构。

(3)岩体大小差别很大,厚度从几厘米到几米,沿走向长几米到几百米,甚至上千米,延深可达几百米。形态多种多样,最常见的是脉状、囊状及凸透镜状,还可见到串珠状及其他不规则状。

(4)岩体具有明显的分带性。发育完好的带状构造从伟晶岩体的边缘到中心,一般可分成如下几个带。

边缘带:矿物晶体较小,主要由细粒结构的石英、长石组成,厚度不大,约为几厘米。形态不规则,有时并不连续。与围岩界线明显,但也可为渐变关系。

外侧带:矿物颗粒结晶较粗,主要呈细粒结构或文象结构。由斜长石、微斜长石、石英、白云母等组成。有时也有绿柱石出现。外侧带的厚度比边缘带大,但变化较大,有时不对称,也不连续。

中间带:矿物颗粒结晶更大,常呈粗粒结构、文象结构。矿物成分也较复杂,除块状的长石、石英和云母外,还可能有绿柱石、锂辉石等矿物。该带厚度变化大,有的为几十厘米,有的可达数十米,是伟晶岩矿床的主要部分。

内核:矿物颗粒特别粗大,常由石英、石英-长石或石英-锂辉石等矿物组成。分布于伟晶岩体膨胀部位的中央,或发育良好的厚大伟晶岩体的中心部位。

在一些伟晶岩岩体膨胀部分的中心或巨厚伟晶岩岩体的中心,可以形成晶洞构造,常有石英和宝石类矿物产出,因为晶洞构造可以为宝石晶体的自由生长提供空间,有利于形成大而完美的晶体。产于伟晶岩中的宝石品种主要有托帕石(图8-4)、海蓝宝石(图8-5)、黄色绿柱石、红色绿柱石、各种颜色的碧玺、黄水晶、烟水晶、紫水晶、金绿宝石、钙铝榴石、锰铝榴石、锂辉石、芙蓉石等。不同建造类型的伟晶岩,其矿物组合的特点也不同。如文象伟晶岩和白云母伟晶岩中有天河石、晕彩拉长石产出;而在稀有金属伟晶岩中有海蓝宝石、各种颜色的碧玺、石榴石、钠长石产出。产于伟晶岩中的宝石品种多，质量好，典型产地有中国新疆阿尔泰、俄罗斯的乌拉尔、巴西的米纳斯吉拉斯、美国的科罗拉多和加利福尼亚等。如新疆阿尔泰佳木斯海蓝宝石、彩色碧玺矿床，该矿床位于阿尔泰褶皱带内的可可托海地背褶皱带的层间断裂内。海西晚期的花岗伟晶岩侵入到由奥陶系和志留系的夹碳酸盐岩的变质碎屑岩、泥盆系碎屑岩及少量的石炭系碎屑岩组成的地背斜内，伟晶岩脉宽小于2m，分带性明显，从内到外可分为：石英核、长石-石英带、长石带。该矿床所产海蓝宝石多呈浅蓝色、海蓝色，透明度高。彩色碧玺有玫瑰红色、绿色、黄绿色。

图8-4 花岗伟晶岩中的托帕石
(http://chinaneolithic.net)

图8-5 花岗伟晶岩中的海蓝宝石

三、热液矿床

由热液成矿作用形成的宝玉石矿床称为热液矿床。热液成矿作用是指含宝玉石矿物成分的气水热液，在与围岩的相互作用（充填和交代）过程中，由于温度、压力、浓度等变化，使成矿物质有聚集的作用。

热液矿床的特点如下。

（1）形成矿床的热液是多来源的。包括来源于深部岩浆的岩浆期后热液、火山热液、地下水热液和变质水热液，以及不同来源的含矿热液在长距离搬运过程中形成的混合热液。由于含矿热液的成因不同，成矿地质条件不同，因而热液矿床的种类众多，地质特征各异。

（2）含矿热液的主要成分是H_2O，并含有各种挥发组分。

（3）矿床的形成温度不高，一般低于400℃，矿床形成的深度从地表至地下4.5km内。

（4）构造控矿作用显著。构造裂隙既是热液运移的通道，又是成矿物质沉淀的场所。

（5）成矿时间一般晚于围岩，并常具有不同程度的围岩蚀变。

（6）热液矿床的形成是一个长期复杂的过程，因而具有明显的多期性和多阶段性。

（7）热液作用形成的主要宝玉石品种有祖母绿、海蓝宝石、水晶等。

1. 云英岩化型的宝石矿床

云英岩是花岗岩的高温气水热液影响经交代作用所形成的产物，其主要矿物成分为云母和石英、海蓝宝石、萤石及黄玉等，云英岩化常发生在花岗岩体的顶部及边部。云英岩呈似脉状产出，局部膨胀，并有可能在此处形成矿化孔洞。孔洞中有海蓝宝石、萤石、烟水晶、黄玉晶簇。该类矿床常出现在俄罗斯、印度、津巴布韦、澳大利亚、巴西、赞比亚等地。

2. 热液水晶矿床

水晶、紫晶、黄晶及烟晶的形成常与中—酸性岩浆期后的热液活动有关，分布于花岗岩、正长岩、火山喷出岩及其围岩中。构造控矿作用明显，常以脉状充填方式形成，交代作用不明显。

在水晶脉中，紫晶和黄晶少见，而常见到的是无色水晶。一般水晶形成于 $200\sim350℃$，属于中温热液作用的产物，而紫晶形成的温度较低，为 $160\sim180℃$。

该类水晶矿床产于俄罗斯乌拉尔瓦希塔、非洲姆瓦坎比科及巴西、乌拉圭、印度、马达加斯加、美国、中国等地。

3. 远成热液型祖母绿矿床

该类型的代表性矿床是哥伦比亚祖母绿矿床。它以含祖母绿的方解石和白云石脉的形式赋存在沥青质的黑色黏土页岩中，或其他沉积岩的断裂和裂隙中，其中木佐、科斯凯斯、契沃尔等矿床较大。

矿区分布有花岗岩、变质岩及含沥青黑色页岩。矿体受背斜和断裂控制。有明显的碳酸盐化和钠长石化的围岩蚀变。

四、接触交代（矽卡岩）矿床

接触交代矿床主要是在中酸—中基性侵入岩类与碳酸盐类岩石的接触带上或其附近由含矿气水溶液进行交代而形成的。接触交代矿床中一般都具有典型的矽卡岩矿物组合（透辉石-透闪石系列，钙铝-钙铁榴石系列，透辉石-钙铁辉石系列），故又称矽卡岩矿床。

接触交代矿床常具分带性，在靠近岩浆岩一侧称为内带，主要由较高温矿物组成,如磁铁矿、赤铁矿、石榴石及辉石,另外还有符山石、方柱石等矿物。靠近围岩一侧称为外带,主要由中—低温矿物组成,有软玉(透闪石-阳起石质)、绿泥石、蛇纹石、石英、萤石等矿物。

接触交代矿床按原岩成分可分为镁质矽卡岩和钙质矽卡岩两种类型。其中以镁质矽卡岩价值最大。这类矿床中富产最优质的红宝石、蓝宝石、青金石、尖晶石、钙铝榴石、蔷薇辉石、和田玉等。

著名的缅甸抹谷红宝石和蓝宝石矿床,位于印支中生代褶皱系中结晶基底的中间隆起带上。矿体呈层状,产于花岗岩岩体与大理石岩的内接触带或花岗伟晶岩与碱性岩岩墙的接触带上,红宝石呈浸染状或巢状产于其中,与之共生的矿物有金云母、铬透辉石、方柱石、榍石、磷灰石、尖晶石等。

中国新疆(和田玉)、青海、贵州,俄罗斯等地的软玉矿床,主要产在岩浆岩与白云岩或白云质灰岩的接触带上,是接触交代变质作用的产物。

世界上几乎所有的青金石矿床均为接触交代矽卡岩型矿床。根据被交代岩石的成分,青金石矿床可划分为镁质矽卡岩型和钙质矽卡岩型两类。镁质矽卡岩型青金石矿床,位于地台的地盾及中间地块内。围岩一般属于太古宙或元古宙地层。含青金石矽卡岩化硅酸盐产于麻粒岩或角闪岩变质相的白云质大理岩和斑状大理岩中,矿体呈圆形、椭圆形、扁豆状和透镜状,具同心环带状结构。青金石呈细脉或浸染状。主要产于阿富汗萨雷散格、前苏联小贝斯特拉和斯柳甸等。钙质矽卡岩型青金石矿床,位于褶皱区内的复向斜构造中。矿体分布在花岗侵入体接触带内受到高温变质作用的碳酸岩-陆源岩系中大理岩化带,呈脉状、透镜状产出。青金石呈细脉、浸染体和小的巢状堆积体,该类型矿床主要见于智利卡连。

矽卡岩矿床几乎是尖晶石矿床唯一的成因类型,矿体多产于镁质灰岩与酸性侵入岩的接触带上,宝石级尖晶石和斜硅镁石产于外接触带的蛇纹石、绿泥石岩带中,如帕米尔西南的床希拉尔尖晶石矿床。

第三节 外生成因矿床

外生成因矿床主要与风化作用、沉积作用和生物作用有关。

一、风化作用矿床

风化矿床是指地表或近地表岩石在风化作用下形成的,质和量都达到了宝石矿床要求的地质体。风化矿床具有如下特点:①大部分风化矿床是近代地质作用的产物,多呈面型分布;②组成风化矿床的物质组分是在风化条件下比较稳定的元素和矿物,多为氧化物、含水硫酸盐、磷酸盐等;③风化矿床的深度决定于自由氧渗透到地下的深度,一般埋藏浅,结构疏松多孔。

风化壳在剖面上往往具分带性,从深处到地表依次为新鲜岩石带、半风化带和风化带。宝石矿床一般形成于风化带中。常见风化矿床有欧泊、绿玉髓、绿松石、孔雀石等。

风化壳型欧泊矿床主要产于澳大利亚东部的新南威尔士州、昆士兰州和南澳大利亚州,风化壳厚度一般为20～60m,呈带状分布。欧泊矿区的风化剖面自上而下分为:①强烈硅化岩石带,厚约20m,常形成坚硬的正地形;②铁染高岭石带,厚5～30m;③淡白色高岭石带,厚约5～30m;向下逐渐过渡为砂质黏土岩。欧泊多产于风化壳最底部,充填于岩石的裂隙和孔洞中。澳大利亚的欧泊是世界上质量最好的欧泊,其中特别贵重的是那种显红、绿和深蓝色变彩的黑欧泊(产自于新南威尔士州莱延岭矿床)。

澳大利亚富产欧泊与其有利的地质条件有关。欧泊矿区多位于准平原,地形起伏小,构造活动弱,气候温暖潮湿,风化作用使岩石中的长石转变为高岭石和铝土矿,同时析出二氧化硅和铁质。由于降水充足,潜水面高且稳定,二氧化硅和铁质向下淋滤至风化壳底部,经砂岩滤水层至泥质挡水层,含二氧化硅的溶液在铁质黏土层或砂页岩裂隙或层间沉淀形成蛋白石脉,若淋滤速度适合,二氧化硅球体可沿三维方向有规则地排列,从而形成欧泊矿床。

绿玉髓主要分布在含镍超基性岩石风化壳——蛇纹岩淋滤、硅化带中,多呈细脉状、网脉状及脉状产出,长几十米,厚十几米。

绿松石矿床都属于外生淋滤成因,与含磷和含铜的硫化物矿化岩石的线性风化壳有关。著名矿床有伊朗的尼沙普尔、中国的湖北、埃及、美国、俄罗斯、中亚等。

孔雀石矿床与铜的硫化物矿床氧化带密切相关。多见于矽卡岩型铜矿床和铜铁矿床(美国莫伦锡、比斯比、科帕奎克矿床,澳大利亚克顿斯矿床,俄罗斯乌拉尔矿床)及层状铀-钴-铜矿床[刚果(金)和赞比亚铜矿带]内。

二、沉积作用矿床

(一)机械沉积矿床(砂矿床)

地壳表层的岩石和矿石在风化作用下被破碎、分解的产物,被水、风、冰川、生物等营力搬运到有利于沉积的环境中,经过沉积分异作用沉积下来所形成的宝石矿床称为机械沉积矿床,也称为砂矿。其形成条件如下。

(1)形成砂矿床的物质必须是重砂矿物,而许多宝石密度较大,都能形成砂矿。重砂矿物可以来源于原生矿床,也可来源于其他岩石的副矿物。

(2)大多数的宝石矿物具有化学性质稳定,物理性质坚固,在风化和搬运过程中不易分解,不易磨损和破碎的特性。

(3)一般是潮湿气候区,物理化学风化作用显著。

(4)搬运力以水为主,有河流、湖水和海水,其次为风和冰川作用力。

(5)形成宝石矿床的地貌条件也很重要,最有利于形成宝石砂矿的地貌条件是低山丘陵的河谷区、海滨及湖滨区。

世界上大多数的宝石都富集在砂矿中形成有价值的矿床。实际上砂矿是宝石矿床最主要的工业类型。同时也是开采成本低,开采价值最高的矿床。

(二)宝石砂矿的主要类型

根据成因,可划分为风成砂矿、冰川砂矿和水成砂矿三类,其中水成砂矿最重要。

水成砂矿又可分为残坡积砂矿、洪积砂矿、冲积砂矿、湖滨砂矿和海滨砂矿,但其中以冲积和海滨砂矿最为重要(图8-6)。

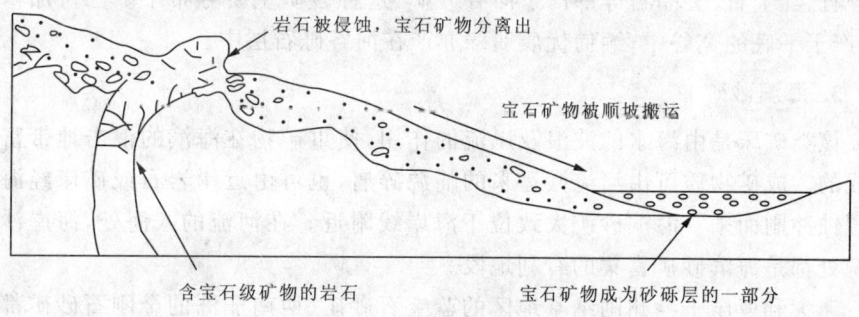

图8-6 宝石砂矿的剖面示意图

1. 残坡积砂矿

含有宝石矿物的岩石或矿石,在风化作用下崩解为岩石碎块或矿物碎屑,其中可溶的和较轻的物质,被水和风等带走,难溶的、较重的宝石在原地堆积起来或在斜坡平缓部位形成残积物,并富集形成矿床,称为残坡积砂矿,残坡积砂矿离原生矿床不远。

砂矿是大多数优质宝石的主要来源。其中南非、澳大利亚等地的金刚石矿床主要产在风化残坡积砂矿中;缅甸优质红宝石矿床常富集在含红宝石变质大理岩溶洞中(残坡积),蓝宝石常富集在残坡积、洪积、冲积物中;中国海南残坡积蓝宝石矿富集在黏土质砾石层中,还有缅甸北部巨厚的新生代砾岩层是富含片岩、蛇纹岩、辉长岩等岩石的浑圆形的碎屑,经砂-黏土或钙质胶结而成,该砾岩层组成乌尤江高层阶地,覆盖着山区平原。砾岩露头中的有些层位富含翡翠漂砾和卵石。

2. 冲积砂矿

冲积砂矿是指由含重砂矿物的原岩或矿床的风化碎屑物,被河流搬运到适宜的地方经机械沉积分异而形成的宝石矿床。河流发育后期是形成砂矿的主要时期。

冲积砂矿主要分布部位有现代河流的河道,河谷的底部和谷道附近,由冲积层构成的河漫滩及河流阶地等。例如由翡翠原生矿床经风化剥蚀搬运到乌尤江流域沉积而成的翡翠矿床,主要分布在乌尤江上游度冒之东南的坎底、蒙冒、潘冒、卡杰冒、桑卡等村庄附近的河谷中,其中蒙冒是最大的翡翠冲积砂矿床,并以产坎底玉和蒙冒玉著名,共同特点是以黑皮者居多。另外,加拿大不列颠哥伦比亚省、美国阿拉斯加和怀俄明州的软玉矿床也产于冲积砂矿中;印度古吉拉特邦、巴西南里奥格朗德州、美国蒙大拿州的玛瑙产于河床砾石层;斯里兰卡优质蓝宝石、红宝石、尖晶石等都产于河谷砂矿,这种砂矿主要分布于萨巴拉加穆瓦省,产于平底的宽谷中;缅甸优质翡翠亦产在河谷砾石层中。

3. 海滨砂矿

该类矿床是由海水的波浪及岸流的作用,使重矿物在海滨的浪击地带富集形成的。成矿物质可由河流搬运来的陆源碎屑,也可由近岸岩石或矿床经海浪的侵蚀冲刷而来。海滨砂矿大致位于海岸线附近。在河流的入海处,海岸沙堤发育处都是海滨砂矿富集的有利地段。

澳大利亚昆士兰州阿纳基地区的蓝宝石砂矿、西南非洲的金刚石砂矿都是海滨砂矿,同时海滨砂矿也是琥珀矿床的重要类型。

三、生物作用矿床

该矿床是指由沉积作用堆积起来的生物遗体或经过生物有机体的分解而导致宝石矿物沉淀所形成的矿床,主要产于陆棚浅海盆地的边缘地带。宝石矿物以致密块状、条带状和浸染状构造为主。

中国辽宁抚顺的煤精、波罗的海的琥珀矿床均属此类。抚顺的琥珀和煤精都产于古近纪褐煤层中。世界著名的琥珀产地在波罗的海沿岸国家,如俄罗斯、波兰、德国、丹麦、挪威等。煤精主要产于美国、西班牙、法国等(图8-7、图8-8)。

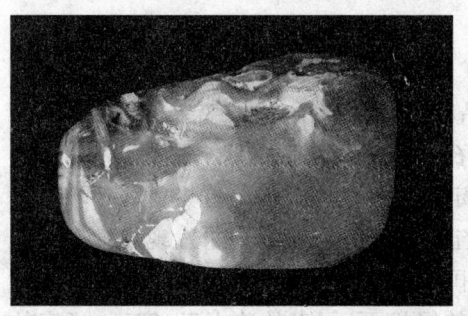
图8-7 波罗的海琥珀

图8-8 硅化木

第四节 世界宝玉石资源概览

宝玉石矿产资源的分布，从世界范围来说，几乎遍布全球，各大洲均有产出。大型优质宝玉石矿床主要分布在斯里兰卡、缅甸、泰国、柬埔寨、印度、澳大利亚、巴基斯坦、阿富汗、非洲南部、马达加斯加、巴西、哥伦比亚、俄罗斯、加拿大等国，占世界宝玉石资源分布总量的95%以上。

一、亚洲宝玉石资源

亚洲是世界上优质宝玉石的重要产区，其中宝玉石产出国有缅甸、斯里兰卡、泰国、柬埔寨、印度、阿富汗、伊朗、巴基斯坦以及越南等，主要产出红宝石（星光红宝石）、蓝宝石（星光蓝宝石）、金绿宝石（猫眼、变石）、祖母绿、海蓝宝石、碧玺、锆石、尖晶石、水晶、磷灰石、堇青石、透辉石猫眼、托帕石、橄榄石、月光石等60多个宝石品种。缅甸居于首位，主要产出红宝石、翡翠、蓝宝石、尖晶石、橄榄石、锆石、月光石、水晶等宝石。其中缅甸抹谷地区产出的鸽血红色红宝石是世界上最好的红宝石；缅北乌尤河流域产出世界上最优质的翡翠，并且其年产量占世界产量的90%以上。泰国、柬埔寨和越南则产出红宝石、蓝宝石、锆石、石榴石等。印度也是亚洲地区最具历史的宝石产出国，是世界上最早出产钻石的国家，并且印度克什米尔的苏姆扎姆地区是世界上最优质的蓝宝石产地；其拉贾斯坦邦出产祖母绿、石榴石和鱼眼石；印度其他地区还有红宝石、海蓝宝石、石英质宝玉石、石榴石等宝石产出。阿富汗萨雷散格产出的青金石，其产量占世界之首；库希拉尔出产尖晶石。伊朗产出的主要宝石是绿松石，在尼沙普尔有世界著名的大型优质绿松石砂矿产出。巴基斯坦主要产出红宝石、祖母绿、海蓝宝石、石榴石、尖晶石、托帕石等宝石。

我国宝玉石矿产资源大约有46个矿种，100多个品种，现有宝玉石产地50余处，几乎遍布全国。主要宝石矿物的品种有金刚石、刚玉(红宝石、蓝宝石)、锆石、钙铁榴石、镁铝榴石、铁铝榴石、绿柱石(海蓝宝石、祖母绿)、彩色电气石(各色碧玺)、橄榄石、黄玉(托帕石)等，有一定数量的资源。但是世界上几种较珍贵的宝石矿物，例如绿柱石(祖母绿)、金绿宝石(变石、猫眼)，尚未发现规模较大或者有利用价值的矿床。玉石的利用在我国有悠久的历史，主要品种和产地有新疆的和田玉，湖北、陕西、安徽、青海等地的绿松石，河南的独山玉、密玉，辽宁的岫玉，湖北、广东、西藏的孔雀石等，其制品在国内外市场上很受欢迎。但较为名贵的高档玉料——硬玉岩(翡翠)、贵蛋白石(欧泊石)、青金石、木变石等矿产资源，在我国尚未发现。因此，目前在我国的这些玉石原料主要依赖进口。我国的宝玉石矿产资源稀少分散，除金刚石、橄榄石和水晶外，绝大多数只做过简单的地质工作(初查、详查)，各种宝玉石矿物和岩石的分布情况还很不清楚。现将一些主要品种的资源概况表述如下。

(1)金刚石：从20世纪50年代至70年代，先后在湖南、贵州、山东和辽宁找到并探明了一定数量的金刚石砂矿和原生矿的储量，但是大部分原生矿中宝石级金刚石较少。辽宁的50号管是这些原生矿中，含宝石级金刚石较多的岩管，现已开采完主体；山东的胜利1号由于品位较富，亦已建矿开采。金刚石砂矿，虽然宝石级金刚石的含量比较多，但是品位太低，在开采过程中，经济效益不高，无法正式建设矿山。因此，这类资源多系民采，资源浪费很大。无论是金刚石原生矿还是砂矿，已建矿开采的储量仅占探明储量的很小一部分，如能充分提高找矿勘探和矿山开采水平，我国的金刚石资源有可能还是很可观的。

(2)红色刚玉(红宝石)：我国已经在云南找到红宝石的大理岩型原生矿床和砂矿床，经初步地质工作证明，宝石级红宝石的资源是比较丰富的。此外，在新疆的南天山和帕米尔地区也发现了红宝石的找矿线索；在青海和安徽找到了刚玉斜长云母岩型的红刚玉矿点，虽然有的颗粒细小且颜色极不均匀，不具开采价值，但已提供了一定的找矿线索。

(3)蓝色刚玉(蓝宝石)：在我国东南沿海一带，在新生代碱性玄武岩分布地区的残坡积、冲洪积层中，已经发现蓝宝石和含红宝石的蓝宝石砂矿床，在山东还发现了原生矿床。南起海南岛，经福建、江苏、山东至黑龙江都有分布。对海南、福建、江苏和山东的砂矿做了较多的地质工作，有近十处矿床已达到详查评价的程度，其余部分亦做了初查地质工作。在海南和黑龙江的蓝宝石砂矿中，还含有少量的红宝石。

(4)海蓝宝石：在我国已有多处发现。例如，新疆、宁夏、湖南、云南和内蒙古等省、区的伟晶岩矿床中，均有海蓝宝石伴生，一般颜色较浅。此类宝石矿物的产出非常分散，地质工作的难度太大，其资源的多少难以预估。我国的伟晶岩分布区相当广阔，找矿线索很多，从这一点来看，我国海蓝宝石的矿物资源是很有希望的。

(5)橄榄石：产于橄榄玄武岩的二辉橄榄岩包体中。我国已在河北、吉林等省找到了有经济价值的橄榄石矿床。其中对河北的橄榄石宝石矿床，做了简单的地质工作，由于当地采矿者滥采乱挖，从1979—1983年，短短四五年的时间基本开采完。我国所产橄榄石质量好，特别是颜色黄绿，透明度高，多属宝石级的橄榄石。资源情况，除河北和吉林外，山西、黑龙江、内蒙古、辽宁等省区，也有希望找到此类宝石矿物的矿床资源。

(6)彩色电气石：新疆、云南和内蒙古等省区的伟晶岩矿床中，均已发现此类宝石矿物，产量较少。然而我国伟晶岩分布地区较广，只要地质工作能跟上去，一定会有新的发现。新疆的彩色碧玺、云南和内蒙古的绿色碧玺在宝石市场已有销售，而且价格不菲。随着宝石业的发展，碧玺的资源勘查和开发情况也会发生进一步的变化。

(7)石榴石：苏北有较多的镁铝榴石资源，产于蛇纹石化超基性岩中，原生矿不易开采。已在砂矿做了一定的地质工作，此处资源一般颗粒较小，大块的容易破碎，不易于加工。在大块的镁铝榴石中，常含有细小的红宝石脉，无法利用；云南、黑龙江亦产有暗红色石榴石（铁铝榴石），有一定的资源量；新疆产有翠榴石（钙铁榴石），裂纹多，质量不好，不易加工成宝石制品。

(8)锆石：主要产于福建、海南的蓝色刚玉（蓝宝石）砂矿中。福建所产的为白锆石，而海南的则为红锆石。

(9)黄玉（托帕石）：在新疆、云南、广东、广西及湖南、内蒙古等地，均有产出。原生矿产于伟晶岩中。我国黄玉无色者居多，经改色后，可呈美丽的蓝色。

(10)水晶：江苏、福建、广西、四川、云南和黑龙江等省区均有水晶产出。为了工业的需要，1974年以前，对压电水晶做了大量的地质工作，有些矿区的地质工作，已达到勘探程度。自合成水晶发展以后，工业水晶主要被合成水晶代替。因此，天然水晶的地质工作基本上停止了。我国的水晶资源比较丰富，但是也难以满足宝石业蓬勃发展的需要。

(11)紫晶：在我国发现较少，特别是优质紫水晶，非常短缺，每年都要从巴西和非洲进口。我国河南、山西出产紫晶的历史比较悠久，但产量不多，质量也不好。近年在辽宁也有发现。

(12)和田玉（软玉）：主要产于新疆昆仑山主峰北坡，从塔什库尔干到阿尔金山北坡,一个延续很长的范围内,断续有产出。流经这一带的叶尔羌河、喀拉喀什河、玉龙喀什河等河流,均有玉石的籽料。由于过度开采,资源已近枯竭,产量极不稳定。之后,对软玉矿床做过一些地质工作,发现了一些山料;此外,在青海、四川、贵州、广西也发现有软玉矿;在新疆天山的玛纳斯县、台湾花莲县都有碧玉(绿色软玉)产出。

(13)岫玉(蛇纹岩玉):岫玉颜色丰富,主要为淡绿—浓绿色、黄绿色、白色,次为烟灰色、黑色及花斑色,颜色深浅由 Fe^{2+} 含量的多少决定,Fe^{2+} 含量高时颜色加深,透明至半透明甚至可达微透明,质地细腻,主要成分为叶蛇纹石和纤维蛇纹石,硬度 4.8~5.5,相对密度 2.54~2.84,以中国辽宁岫岩玉为代表。

(14)独山玉(黝帘石化斜长石玉):主要产于河南南阳的独山,质优者酷似翡翠,在国际市场上享有盛誉,独山玉的地质工作已达详查。开采历史久远,采矿能力较强,浅部玉料已基本采完,开采难度逐年增大,每年的产量已不能满足玉雕行业的需求。

(15)密玉(含铬绢云母石英玉):产于河南密县,优质翠绿色玉料已近枯竭。

(16)绿松石:主要产于湖北、陕西和河南三省的交界处。由于绿松石的分布规律很难掌握,开采难度极大,已不能满足玉雕行业的需要。此外,在安徽、青海、云南等地也发现了绿松石。

(17)玛瑙:玛瑙是我国传统的玉石原料之一,资源比较丰富。例如,黑龙江、辽宁、内蒙古、湖北、云南和四川等地,均有玛瑙产出。由于国外产出量较多,故价格比较低。

(18)鸡血石:主要产于浙江的昌化和内蒙古的巴林右旗。

就宝玉石矿床的空间分布而言,我国的宝玉石矿主要分布在以下成矿带。

(1)东部沿海宝玉石矿带:北起黑龙江省,南至海南岛,是我国宝玉石集中分布的地区。如分布在辽宁瓦房店、山东蒙阴、湖南沅江一带的钻石矿床;分布在海南蓬莱、福建明溪、江苏六合、山东昌乐、辽宁宽甸、黑龙江一带的蓝宝石、锆石、尖晶石等矿床。此外,岫玉也产在这一带。

(2)天山至阿尔泰宝玉石矿带:宝玉石主要产在伟晶岩中,最著名的是新疆阿尔泰伟晶岩宝石矿床,盛产海蓝宝石、彩色碧玺、黄玉、水晶。

(3)阴山及边缘地区宝玉石带:分布在东西向构造控矿的花岗伟晶岩、石英脉及热液蚀变带,也是产出宝玉石的主要部位。特别是内蒙古的角力格太伟晶岩中海蓝宝石、石榴石、绿色碧玺、水晶等,乌拉山的芙蓉石、紫晶、水晶等,巴林右旗的鸡血石。

(4)昆仑-祁连山宝玉石带:著名的新疆和田玉、青海格尔木软玉、甘肃祁连岫玉等产于此。

(5) 喜马拉雅宝玉石矿带:云南发现许多宝玉石,如托帕石、海蓝宝石、祖母绿、红宝石、锡石等,是我国重要的宝玉石产出地和贸易区之一。

(6) 秦岭宝玉石矿带:河南独山玉、密玉等,特别是湖北郧阳地区的绿松石,是世界著名的玉石品种。湖北铜录山的孔雀石在我国也久负盛名。

二、非洲宝玉石资源

非洲被誉为地球上最丰富的宝玉石产区,大多处于南非-东非地盾和东非大裂谷地区。产宝玉石的国家主要有:南非、马达加斯加、津巴布韦、博茨瓦纳、坦桑尼亚、赞比亚、肯尼亚、埃及和埃塞俄比亚。

南非产出的主要宝玉石品种有钻石、红宝石、祖母绿、石榴石、橄榄石等。津巴布韦主要产有祖母绿、海蓝宝石、碧玺、托帕石、石榴石、金绿宝石、紫晶等,桑达瓦纳地区是世界上祖母绿的主要产地之一。博茨瓦纳主要产钻石、玛瑙等。坦桑尼亚主要产钻石、红宝石、蓝宝石、祖母绿、海蓝宝石、碧玺以及质量极好的坦桑石等,靠近肯尼亚的边界地区产有蓝宝石、红宝石、碧玺、石榴石、祖母绿;姆瓦堆地区还有大型钻石原生矿,含有丰富的宝石级钻石。赞比亚的米库-卡富布地区有祖母绿矿床;卡洛英地区开采紫水晶;铜带省是世界上主要的孔雀石产地之一。肯尼亚产出红宝石、蓝宝石、橄榄石和石榴石(沙弗莱石)等。埃及西奈半岛的西南部是世界上最重要的绿松石产地,杰别尔盖特(红海中的一个岛)所产的橄榄石是世界上主要的供应地之一。埃塞俄比亚产出有欧泊、橄榄石等。

象牙虽然不是矿床,但也是一种重要的有机宝石资源。非洲也是象牙的主要产区。虽然有国际公约保护大象、禁止猎杀大象和非法进行象牙贸易,但是由于利益的驱使,偷猎大象和象牙的非法贸易屡禁不止。

三、美洲宝玉石资源

宝玉石矿床主要集中在美洲西部科迪勒拉构造带——安第斯山脉一带。产宝玉石的国家有 巴西、哥伦比亚、加拿大、美国、墨西哥等。

巴西是世界重要的钻石和有色宝石基地,产有红宝石、蓝宝石、海蓝宝石、祖母绿、石英质宝玉石、石榴石、黄玉、碧玺、金绿宝石、钻石等。米拉斯吉拉斯拥有世界著名的宝石伟晶岩,集中了世界上 70% 的海蓝宝石,95% 的黄玉(最好的是玫瑰色和蓝色黄玉),50%~70% 的彩色碧玺,80% 的水晶类宝石;还产有绿柱石宝石,同时又是金绿宝石的主要产地。加拿大主要产有紫晶、玛瑙、石榴石、和田玉、彩色拉长石、钻石等;西北地区发现 100 余个含钻石的金伯利岩岩筒,其中最有经济价值的是阿卡提矿;西部不列颠哥伦比亚省是世界上重要的软玉产地。

加拿大也是晕彩拉长石的主要出产国。美国主要产出红宝石、蓝宝石、海蓝宝石、祖母绿、石英质宝玉石、石榴石、黄玉、和田玉、碧玺、绿松石等。美国西部加利福尼亚州主要产出软玉、碧玺；新墨西哥州有世界上最大的绿松石矿。墨西哥则是世界上火欧泊的著名产地。哥伦比亚的祖母绿闻名于世，姆佐（Muzo）和契沃尔（Chivor）是世界著名的优质祖母绿供应地，又是世界上罕见的热液祖母绿矿床的产地。

四、欧洲宝玉石资源

欧洲的宝玉石产地主要集中在西伯利亚和乌拉尔山一带。

俄罗斯有3个宝玉石成矿区，11个产区，其中著名的有雅库特、西西伯利亚和阿尔汉格尔斯克地区的钻石，东西伯利亚的青金岩，东西伯利亚软玉，乌拉尔的祖母绿、翠榴石、变石、查罗石等。俄罗斯西萨彦岭发现翡翠矿床。

波罗的海沿岸俄罗斯、挪威、芬兰、波兰、罗马尼亚等国产出世界优质的琥珀。

五、大洋洲宝玉石资源

大洋洲的主要宝玉石产出国是澳大利亚，盛产蓝宝石、欧泊和钻石，这3种宝石的产量均居世界前茅。其他宝玉石还有绿玉髓、祖母绿、软玉和珍珠等。澳大利亚的绿玉髓（也称澳洲玉或因卡石）的质量之优举世闻名，主要产地是昆士兰的马力波罗和西澳的卡尔古尔莱。南澳的考韦尔有大型软玉矿床，中部的阿利斯泼林发现了大型的红宝石矿床，是世界主要的红宝石矿床之一；西澳大利亚省阿盖尔大型钻石矿床，产量居世界首位。新西兰有质量较好的碧玉产出。

第五节　主要宝玉石资源分布概况

宝玉石作为一种珍贵的资源，分布是极不均匀的。世界宝玉石资源主要分布在南部非洲、东南亚、俄罗斯、澳大利亚和南美洲的某些特定地区，有些宝玉石品种甚至集中在某一个国家或地区内，如南部非洲的钻石、东南亚的红蓝宝石、缅甸的翡翠和澳大利亚的欧泊，大多数中低档宝玉石分布较为广泛。下面介绍几种主要宝玉石的资源分布情况。

一、宝石类矿床

(一)钻石

目前,世界上已有30多个国家拥有钻石资源,其中7个主要钻石产出国,包括博茨瓦纳、俄罗斯、南非、安哥拉、纳米比亚、澳大利亚和刚果(金)(按钻石产值排序,排名经常随时间发生改变),它们的钻石产出量占世界总产量的80%以上。另外,巴西、圭亚那、委内瑞拉、几内亚、塞拉利昂、科特迪瓦、加纳、中非共和国、津巴布韦、坦桑尼亚、加拿大、中国、印度尼西亚和印度等国也开采钻石。

印度是世界上最早发现钻石的国家,自2500年前至18世纪初,印度克里希纳河、彭纳河及其支流是世界唯一产出钻石的地方。历史上许多著名钻石如光明之山(Kohi-noor)、奥尔洛夫(Orloff)和大莫卧儿(Great Mogul)都来自印度,但目前印度的钻石产量很小。1725年,巴西钻石的发现及开采使巴西取代印度,成为当时全球钻石的最重要产地。1867年以后,南非冲积砂矿床和大量原生金伯利岩筒的发现使得南非成为世界上最重要的钻石生产国,而且其产量长期处于世界前列,并由此开创了钻石业的新纪元。1905年,在南非阿扎氏亚发现了世界上最大的金伯利岩岩筒——普列米尔岩筒,并在此发现了世界上最大的钻石——库利南。目前,南非拥有世界上产量最大,最现代化的维尼蒂亚钻石矿。南非钻石颗粒大,品质优,50%的金刚石均是可切割的。因此,产量虽不及澳大利亚等国,但产值一直居世界前列。

1979年西澳发现钾镁煌斑岩中含有金刚石,至1986年澳大利亚的钻石产量已居霸主地位,但宝石级仅占产量的5%,澳大利亚钻石主要分布在西澳新南威尔士的宾加拉(Bingara)和科普顿(Copeton),尤其是阿盖尔(Argle)矿床储量为5.5亿ct。

博茨瓦纳盛产优质钻石,宝石级占50%,其产值居世界首位。博茨瓦纳的钻石来自露天开采的金伯利岩,巨大的矿山有奥拉帕(Orapa)岩筒(1967)、莱特拉卡内(Letihakena)岩筒(1977)和朱瓦能(Jwaneng)钻石矿(1982),3个矿的总产量早在1989年就超过了1500万ct。俄罗斯的钻石主要分布在西伯利亚中部雅库特地区,该区找到100多个含金刚石金伯利岩筒。1988年,俄罗斯在欧洲附近又找到了新的钻石矿。俄罗斯钻石产量在1200万ct左右,一半为宝石级。多年来,俄罗斯形成了独立的钻石开采加工销售体系,其钻石数量大、质量优、均匀性好,在市场上具有很强的竞争力。

中国的金刚石探明储量和产量均居世界第10位左右,年产量在20万ct,主要钻石矿山为辽宁瓦房店、山东蒙阴和湖南沅江流域。其中,辽宁瓦房店是目前亚洲最大的钻石矿山。

(二)红宝石和蓝宝石

1. 红宝石

东南亚是世界上优质红宝石的重要产地,优质鸽血红红宝石就产于缅甸抹谷(Mogok),该区砂矿面积达 $400km^2$,年产量为 4~15 万 ct。1992 年缅甸掸邦孟素(Mongshu)地区又发现了大量红宝石。近年来,泰国的红宝石产量不断上升,占世界红宝石产量的一半以上;阿富汗的哲格大列克、坦桑尼亚的莫若哥拉(Morogora)地区、巴基斯坦北部的罕萨也有红宝石产出,但产量不大,20 世纪 90 年代以来,越南也成为红宝石的重要产地,越南北部安沛省罗延(Luc Yen)一带发现多处红宝石矿床。中国的红宝石产量极少,仅在云南元江地区发现有红宝石矿。

2. 蓝宝石

世界上蓝宝石主要产地为澳大利亚、泰国、缅甸、斯里兰卡、柬埔寨和中国。澳大利亚的蓝宝石产量最大,占世界蓝宝石产量的一半以上,其最大的蓝宝石矿为昆士兰州的安纳基(Anakie)矿床;另外近年在新南威尔士州也发现有蓝宝石;缅甸的蓝宝石产于抹谷和孟素地区;印度的克什米尔蓝宝石品质极优,但由于矿区位于海拔 5000m 以上,终年积雪、产量极小;美国蒙大拿州朱季河上游约弋谷也有蓝宝石产出,但质量不佳。近年来,坦桑尼亚、马达加斯加亦发现有较好的蓝宝石资源。

中国自 20 世纪 80 年代以来,在海南、福建、安徽、江苏、山东、黑龙江省的新生代碱性玄武岩中相继发现了蓝宝石。其中,以山东昌乐蓝宝石储量较大,质量较好,但颜色较深。在海南省文昌县也发现有蓝宝石矿。

(三)绿柱石类宝石

1. 祖母绿

祖母绿的主要产地是哥伦比亚、津巴布韦和俄罗斯,次要产出国有印度、南非、巴西、巴基斯坦和赞比亚等。哥伦比亚的祖母绿在世界上久负盛名,其祖母绿产量大,质量好,矿床位于哥伦比亚境内的东安第斯山脉东侧的姆佐(Muzo)、契沃尔(Chivor)、考斯科韦茨(Cosquez)和伽沙拉(Gachala)等地,其中姆佐和契沃尔是世界著名的优质祖母绿所在地。津巴布韦自 1956 年以来,陆续发现了一些大型祖母绿矿床,如桑达瓦纳、穆斯塔德、诺维络-克薮母斯、斯克旺达等,产量较大,但优质祖母绿仅占 5%;印度阿吉玛(Ajmer)产出的祖母绿一般质量较差;

南非北德兰士瓦科(Cobra)所产祖母绿晶体虽小,但质量高;中国新疆靠近西部边境发现有优质祖母绿,但地质情况及储量不明,云南滇东南地区也发现质量较差的祖母绿矿。

2. 海蓝宝石

世界优质海蓝宝石主要产自巴西,其年产量约占世界海蓝宝石产量的70%,目前世界上最大的海蓝宝石晶体(重110.5kg)就产自巴西。美国、俄罗斯、马达加斯加和印度也是海蓝宝石生产国,其中马达加斯加海蓝宝石的产地不少于50处。近年,莫桑比克产出了大量高品质大颗粒的海蓝宝石。中国新疆、内蒙古、云南等均发现海蓝宝石,但颜色浅,质量一般。

3. 其他绿柱石

其他绿柱石主要产于巴西、马达加斯加、美国、加拿大、俄罗斯和墨西哥等国。

(四)金绿宝石

猫眼的传统产地是斯里兰卡,而且优质猫眼多来自斯里兰卡,变石最早是在俄罗斯的乌拉尔发现的,但目前大部分猫眼和变石产自巴西米纳斯吉拉斯。另外,马达加斯加、津巴布韦、印度、赞比亚、缅甸均有金绿宝石产出。

(五)其他宝石品种

橄榄石:主要产于美国的亚利桑那州、中国的河北和吉林、埃塞俄比亚,其次产于俄罗斯、巴西、澳大利亚、肯尼亚。

碧玺:主要产于巴西、马达加斯加、俄罗斯、美国、中国、斯里兰卡。

托帕石:主要产于巴西和斯里兰卡,其次产于中国、美国、英国、缅甸、澳大利亚。

尖晶石:主要产于缅甸、斯里兰卡、柬埔寨和泰国。

石榴石:世界各国均有产出,但主要产于马达加斯加、巴西、斯里兰卡、印度、美国、南非、坦桑尼亚、肯尼亚、中国。

水晶:主要产于巴西、乌拉圭、俄罗斯、中国、印度、马达加斯加、美国、墨西哥。

月光石:世界优质月光石主要来自缅甸。

日光石:主要产于墨西哥、美国、挪威和俄罗斯。

拉长石:主要产于马达加斯加、苏丹和俄罗斯。

锆石:主要产于缅甸、斯里兰卡、中国和柬埔寨。

青金石：主要产于阿富汗、俄罗斯和智利。

二、软玉矿床

软玉在世界上分布广泛，中国、加拿大、新西兰、西伯利亚、美国等均有产出。新疆和田、且末等地区过去一直是我国软玉矿床的著名产地，较早的产地还有台湾花莲、四川龙溪、江苏小梅岭、辽宁岫岩等地。近十多年来，我国软玉矿床的发现又有了较大的突破，新发现的软玉矿床产地有青海格尔木、贵州罗甸、广西大化等地，其他如福建、江西等也有软玉矿床的新发现(何发荣，1996；李玉加等，2002；廖宗廷等，2003)。国外产软玉矿床的国家较多，重要的产出国有俄罗斯、澳大利亚、加拿大、新西兰、印度、意大利等国(张晓晖，2001；廖宗廷，2003)。以俄罗斯所产的软玉质量最好，产量也较高，并且已较大规模的进入我国市场。

（一）新疆和田玉矿床

我国软玉矿床最著名的是新疆和田及周围邻近地区。和田玉分布于塔里木盆地之南的昆仑山-阿尔金山地区，和田玉成矿带断续绵延长达约1100km，在高山之上分布着和田玉的原生矿床及矿点。

1. 昆仑山产区

该区是中国软玉的主要产地，东起且末，西至塔什库尔干，在长达1200km的昆仑山麓以及相关各条河流的河床中，已发现软玉矿体和矿点20多处。其中和田-于田矿区产有白玉、青玉和青白玉。该矿区所产的软玉质量较高。

2. 天山产区

该区产的软玉主要是碧玉，因具体产地在玛纳斯县境内，故又称"玛纳斯碧玉"。

3. 阿尔金山产区

产于阿尔金山地区的软玉被称为"金山区"，该产区所产的软玉主要是碧玉，有少量青玉，特征与天山产区的软玉极为相似。

南疆地区不少河流中还产出和田玉的籽料，其中最著名的产地是喀拉喀什河和玉龙喀什河。古代所产的和田玉大都是这两条河所产的籽料，但至今为止，其具体的矿床数和产量均无法统计，也无史料记载，即使像清朝那样由皇家垄断和田玉开采的朝代，由于民间私采屡禁不止，也无法确知其产量。和田玉原生矿床和世界上其他软玉矿床一样，具有规模小、变化大的特征，因此对探明和田玉储量十分不利。

(二)青海软玉矿床

20世纪90年代初,在青海省格尔木市东昆仑山玉女峰附近三岔口地区发现了软玉矿床,并随之得到了开发利用。值得注意的是,最近沿东昆仑山脉的三岔口—小灶河一线陆续发现了不少软玉矿点。东昆仑地区极有可能是一个极具潜力、储量巨大的软玉成矿带。该地区的软玉主要产于岩浆岩与碳酸盐岩接触部位或呈顺层状产于碳酸盐岩夹层中。前者从岩浆岩体—青玉—白玉—碳酸盐岩围岩可见明显的渐变接触关系,沿断层往往可见软玉呈透镜体状或片状产出;后者软玉矿多位于平缓褶皱的核部,与围岩呈突变接触关系,矿体规模不大,厚度一般不超过50cm。

(三)其他产地的软玉矿床

除新疆、青海、辽宁外,我国软玉矿床重要的产地还有四川汶川县、石棉县,以及台湾花莲县等。

龙溪玉:玉矿位于四川省汶川县,软玉矿床主要产于志留系碳酸盐岩中,矿体分布于中厚层状透闪石化大理岩内,所产软玉主要为绿色,还有黄色及黄绿色,多裂纹,部分可显猫眼效应,在该地区称为"龙溪玉"。该类玉石的矿物成分为透闪石单矿物集合体为主,含少量的伊利石、绿泥石、石榴石和榍石,但由于产量低,尚不能提供大量的玉料。

台湾软玉:产于台湾东部山区花莲县寿丰乡,矿体形成于古生代—中生代结晶片岩与蛇纹岩的接触带上,接触带以透辉石矽卡岩及纤维状蛇纹岩为主。含有绿色透闪石玉(碧玉)和透闪石猫眼(碧玉猫眼)。

加拿大闪石类玉矿床主要产在科迪勒拉山脉,最著名的闪石类玉产在不列颠哥伦比亚省境内,沿着中部的大断裂和蛇纹岩带展布。闪石类玉矿体呈脉状、透镜状分布安山岩和蛇纹岩接触带内,与叶片状透闪石、绿泥石关系密切,或赋存于蛇纹岩内断层剪切带透闪石岩体中,闪石类玉矿体几乎都与晚古生代蛇纹岩相伴生。

新西兰产闪石类玉大部分来自南岛的奥塔戈区、西部区和坎特伯里区的冲积矿床,后生闪石类玉蛇纹岩沿南岛长轴方向展布,产于蛇纹岩与围岩的接触反应带中。

西伯利亚闪石类玉呈透镜状和似脉状产出,接近岩墙和捕房体,而优质闪石类玉一般赋存于辉长岩和接触带。

美国闪石类玉矿床分布于华盛顿州、俄勒冈州、阿拉斯加州、怀俄明州和加利福尼亚州,矿体主要产于前寒武纪变质岩和蛇纹岩中,闪石类玉呈淡橄榄绿、淡蓝绿及暗蓝绿色。

三、翡翠矿床

翡翠是多晶宝石中最珍贵的品种,被称为"玉石之王"。当今的缅甸是世界上几乎所有商业级翡翠的来源地,主要产地位于缅北勐拱西北部的乌尤河上游三条支流流域内,产区方圆约 13km²。从 3 世纪初就开始开采翡翠的冲积矿床和冰川砂矿,18 世纪后发现翡翠原生矿。

除此之外,世界上的翡翠产地还有俄罗斯、哈萨克斯坦、危地马拉、美国的加利福尼亚、日本新潟等,但质量较差,达不到宝石级。现今,我国云南不产出翡翠,中国境内其他地区也未发现有翡翠矿床产地。

(1)哈萨克斯坦。哈萨克斯坦的伊特穆隆达翡翠矿床位于哈萨克斯坦巴尔喀什市以东 110km 处,该矿床与肯捷尔劳蛇纹岩体有关。翡翠岩主要为细粒—中粒结构,颜色为浅灰色和暗灰色,带绿色斑点或细脉状。

(2)危地马拉。该地区的翡翠矿主要出现于莫塔奎山谷靠近曼泽村的地方,产有绿色、黑色和紫色翡翠,矿物成分中含有明显的钠长石,结构较为粗糙。

(3)美国的加利福尼亚。1939 年,在加州的桑木利脱克利尔斯普林地区发现了白色硬玉岩和深绿色硬玉岩。另外,在加利福尼亚的伊尔河北福克处和索罗马县也发现了小规模的硬玉矿,但均无开采价值。

(4)日本。日本的翡翠矿床发现于新潟等地,翡翠矿体与钠长石和石英伴生,但多半不能雕琢,无较大的经济价值。

翡翠矿床有原生矿床和次生矿床两大类型。次生矿床又分为残坡积矿床和河床冲积砂砾矿床。

1. 翡翠原生矿床

缅甸克钦邦密支那西南的勐拱一带,乌尤河中上游地区的原生矿床产于蛇纹岩化的橄榄岩体中,翡翠矿床在橄榄岩体中呈带状分布。矿带一般长几十米到几百米,宽几米到几十米。它是一种与蛇纹石化橄榄岩有关的变质岩条带,各种品级的硬玉质条带或透镜体与钠长石条带共生。硬玉质的块体可以很大,可达数百千克。这种条带或透镜体是在低温高压区域变质条件下形成的,属变质岩矿床。其中硬玉多为杂色玉,优质翡翠只是其中很小一部分。这种原生矿床翡翠被称为"翡翠山石"。产原生矿的坑口又叫"新坑"或"新场口"。目前,开采见到的原生矿翡翠棱角分明,无风化表皮,水头差,杂质多,外部与内部特征相差无几,多用来加工翡翠大件或中低档手镯。现在开采的品质中—高档的翡翠次生矿床,是品质较好和很好的翡翠原生矿经剥蚀、搬运和沉积形成的。翡翠的原生矿床,经历了硬玉岩的成岩阶段和中—高档翡翠的成玉阶段 2 个主要形成阶段。在成岩阶段,主要是以区域低温高压变质作用为主,所形成的硬玉岩结构较粗,颗粒之间结合不够紧密,透明度差,属于低档翡翠。在成玉阶段,主要以韧性剪切动力变质作用为主,伴随有交代作用发生,所形成的产物为硬玉质初糜棱岩、糜棱岩和超糜棱岩,结构较细腻—非常细腻,颗粒之间结合较紧密—非常紧密,透明度中等—好,属于中—高档翡翠。硬玉岩即低档翡翠的形成需要富钠铝贫硅的化学成分条件和低温高压的变质条件,而高档翡翠的形成在此基础上还需要适宜的韧性剪切动力变质作用条件。形成之后还需要不再经历强烈的脆性变形等条件,否则又会形成大量的裂隙和微裂隙等缺陷,将大大降低已经形成翡翠的品质和可用性。绿色翡翠的形成还需要有 Cr^{3+} 的物质来源、活化迁移和适量替代硬玉中的 Al^{3+}。可见,中—高档翡翠的形成,尤其是绿色中—高档翡翠的形成,是需要苛刻地质条件的。

2. 翡翠次生矿床

(1)原生矿床经风化剥离,在地表或附近山坡的残积层中形成的翡翠碎屑块体的堆积,也就是残坡积矿床,又叫"新老坑"或"新老场口",这种部位的翡翠棱角磨圆度低,有一层经风化的土质表皮,块头大,小则几十千克,大则几十吨。目前这种部位产出的翡翠水头差,结构疏松,外表粗糙,无光泽。

(2)古近系至第四纪河床冲积砂砾矿床,是外力地质作用的产物。它是原生翡翠矿床经风化、剥蚀、搬运和沉淀作用形成的、有价值的翡翠砾石的堆积。这些翡翠砾石在南方温暖潮湿的环境中,经化学风化作用和地表水的侵蚀,在其表面常常会形成由新矿物组成的皮壳层及该层与原生矿物间的过渡带(所谓"雾层")。一些质量好透明度高,质地致密、细腻、光滑的优质翡翠,也产于河床冲积砂砾岩矿床中。河床冲积砂砾矿床是缅甸北部翡翠原石的最重要的来源,它分布广,产量大。这种翡翠砾石有一层或光滑或粗糙的带色风化外皮壳,外表磨圆度高。外部与内部特征千差万别,行业内称之为"水石",产水石的坑口又叫"老坑"或"老场口"。

四、绿松石矿床

我国是世界上绿松石的著名产地,由于绿松石矿床多形成于地表风化带中,开采十分便利,因而成为古代先民最早利用的天然玉石品种之一。绿松石矿主要集中分布于湖北、陕西和河南三省的交界地带,以及青海、新疆、安徽、云南等地,其中以湖北郧阳县的绿松石矿床最为著名。从 20 世纪 50 年代开始,湖北省地质工作者已在郧阳及邻近地区发现 40 余处绿松石矿床,该类矿床主要产于碳质、硅质岩层中,含矿地层的时代是距今约 5 亿年前的寒武纪早期,属硅碳质板岩、片岩、页岩沉积淋滤型矿床。

五、其他玉石矿床及有机宝石资源

(一)蛇纹玉类矿床

1. 岫岩玉矿床

岫玉主要矿物成分为叶蛇纹石和纤维蛇纹石,脉石矿物有白云石、方解石、透闪石、橄榄石等。以中国辽宁岫岩县岫玉为代表,产于元古代中上部的白云质大理岩中,与滑石、菱镁矿共生,变质热液交代而成。由于岫岩玉所在地区主要位于中朝地台辽东台隆营口-宽甸古隆起的西端,区内古老地层发育,构造复杂,变质作用强烈,因此为岫岩玉矿床的形成提供了良好的条件。玉石矿体主要呈透镜体状,赋存于古代辽河群大石桥组的富镁碳酸盐岩层中,受一定的层位控制,特别是其中的白云石大理岩-菱镁矿层为最主要的含玉层位。岫岩除了产出优质岫玉,还有黄白色软玉产出。

2. 其他产地的蛇纹岩玉矿床

酒泉玉:亦称"祁连玉",是一种含黑色斑点和不规则黑色团块的暗绿色致密块状蛇纹石,产于蛇纹石化超基性岩中,主要产地在我国甘肃酒泉。

南方玉:亦称"信宜玉",为一种暗绿色、绿色的致密块状蛇纹石,产于透闪石化和蛇纹石化白云岩中,产地在我国广东信宜地区。

威廉玉:一种含铬铁矿、水镁石、镍蛇纹石集合体,其中以美国宾夕法尼亚州为代表。

蛇纹石猫眼:一种具有纤维构造的蛇纹石,纤维平行分布并有丝绢光泽,琢磨成弧面型宝石后,出现猫眼效应,因主要产地在美国的加利福尼亚州,故又称"加利福尼亚虎睛石"。

(二)二氧化硅类宝石

该类宝石包括石英微晶组成的东陵石,由玉髓组成的绿玉髓、玛瑙等,非晶质的含水胶状蛋白石(欧泊),二氧化硅交代角闪石、蛇纹石、石棉等形成的木变石、虎睛石,SiO_2 热水置换交代形成的硅化木和其他化石等十余种。其范围分布广泛,矿床类型丰富,有古风化壳型和热液型(欧泊等)、沉积型(玛瑙)、变质型(东陵玉等)。

1. 欧泊

欧泊按成因产状可分为两种类型:古风化壳型欧泊矿床和热液型欧泊矿床,以前者为主,如澳大利亚欧泊矿床。澳大利亚是世界著名的"欧泊王国",其年产量约占世界总产量的90%以上,主要集中在库伯佩迪和明塔比地区,世界上最优质的黑欧泊产于澳大利亚南威尔士的闪电岭,南澳的安达穆卡以产白欧泊为主。巴西北部的皮澳伊州出产优质的欧泊,且产量丰富。另外,美国、墨西哥、加拿大也有欧泊产出,但产量不大。中国至今无高质量的欧泊矿床产出,但有蛋白石矿床分布,以陕西八宝台蛋白石矿床为典型。该矿床中的矿体赋存于早期蚀变斜长橄榄岩和辉石的风化壳中,风化壳厚7~10m不等,欧泊露头范围呈椭圆形。另外,在浙江江山侏罗系火山岩的孔洞中产变彩欧泊。

2. 玛瑙

玛瑙矿床主要分布于基性和中性熔岩中,有时分布于次火山侵入体和凝灰岩中,属热液型、沉积型和砂矿型,以热液型为主。含玛瑙的玉髓矿带多出现在中基性喷发岩系的多孔隙(杏仁状)岩石地段和熔岩破碎地段。玛瑙和玉髓充填于熔岩中的原生多孔、多节理交会处和裂隙膨胀处。玛瑙产地广泛,几乎遍及全球各地。世界上玛瑙著名产地有中国、印度、巴西、美国、埃及、澳大利亚、墨西哥等国。墨西哥、美国和纳米比亚还产有花边状纹带的玛瑙,称为"花边玛瑙"。美国黄石公园、怀俄明州及蒙大拿州还产有"风景玛瑙"。我国玛瑙产地分布也很广泛,几乎各省都有,著名产地有云南、四川、黑龙江、辽宁、河北、新疆、宁夏、内蒙古、江苏等,著名的南京雨花石就是一类特色鲜明的玛瑙。

3. 硅化木

硅化木是真正的木化石,是几百万年或更早以前的树木被迅速埋葬地下后,被地下水中的SiO_2替换而成的树木化石。它保留了树木的木质结构和纹理。颜色为土黄色、淡黄、黄褐、红褐、灰白、灰黑等,抛光面可具玻璃光泽,不透明或微透明。我国的硅化木分布较广,浙江、新疆、云南、北京和西藏等地均有分布。

(三)鸡血石

我国鸡血石的产地主要有两处,一处是浙江省昌化县;另一处是内蒙古自治区巴林右旗。两地所产出的鸡血石分别被称为"昌化鸡血石"和"巴林鸡血石",两地鸡血石的矿床成因并不相同。

昌化鸡血石产于浙江省临安市昌化区西北面的玉岩山一带。矿区出露地层较为简单,其矿体产出主要受构造裂隙所控制,但主要分为顺层理产出和穿插层理产出方式两种。顺层产出的矿体多为似层状、透镜状或不规则团块状,沿岩层层面断续分布，此类鸡血石矿体块度较大，但质量较差。穿插层理的矿体分布在裂隙中，多为脉状或沿裂隙分布的不规则团块状，此类鸡血石块度较小，但质地纯，水头足，辰砂含量高，常产出优质的鸡血石。

巴林鸡血石就是上侏罗统岩浆岩经后期高岭石化和辰砂化等热液蚀变而形成，矿床属低温火山热液型矿床。矿石主要呈脉状产出，矿脉严格受南北向断裂构造控制，分段集中，密集成组，平行排列，矿脉一般长 30~100m，宽 0.3~1m。

（四）寿山石

寿山石是指由高岭石类层状硅酸盐矿物（地开石、高岭石等）组成的章料石，分布在福州市北郊晋安区与连江县、罗源县交界处的"金三角"地带。若以矿脉走向，又可分为高山、旗山、月洋三系。因为寿山矿区开采得早，旧说的"田坑""水坑""山坑"，就是指在此矿区的田底、水涧、山洞开采的矿石。它们都是由岩浆期后的热液交代早期的火山碎屑岩而形成的低温热液矿床。产于田坑的田黄是寿山石的上品，闻名海内外，有"一两田黄，十两金"的说法。

（五）独山玉

独山玉有"南阳翡翠"之称，因产于中国河南南阳市北的独山而得名，简称"独玉"，又名"南阳玉"。它是我国特有的玉石品种，迄今为止，国际上具有这种矿床类型并达到工业要求的仅中国南阳独山一矿。它也是我国应用历史最长、最广泛的玉种之一。独山玉是由岩浆期后的热液交代早期基性岩浆岩——辉长岩或辉绿岩形成的，由黝帘石、斜长石、铬云母等矿物共同组成的细粒矿物集合体。色彩丰富且反差大，适合作为中大型玉雕摆件，尤其是俏色作品的雕刻原料。

（六）琥珀

琥珀石是一种古老的有机质玉石，现代宝玉石学研究认为，琥珀是中生代白垩纪（缅甸）至新生代古近纪—新近纪（辽宁抚顺、波罗的海）松柏科等植物的树脂，经地质作用石化后形成的一种有机化合物的混合物。琥珀的产地众多，国外主要有俄罗斯、波兰、挪威、丹麦、德国、缅甸、多米尼加等国。我国的琥珀矿床主要产于新生代古近纪—新近纪泥砂质及含煤系地层中，其次产于中生代的白垩系地层中，已知的产地有辽宁、河南等地。

（七）珊瑚

珊瑚主要产于太平洋西海岸的日本，中国台湾、琉球、南沙群岛等地，地中海的意大利、阿尔及利亚、突尼斯、西班牙、法国等国家，以及美国夏威夷北部中途岛附近的海区。

复习思考题

1. 何为矿床？何为宝玉石矿床？
2. 何为矿石？何为脉石？两者间有何不同？
3. 何为矿石的品位？它对矿床有什么意义？
4. 宝玉石矿床按其成因大致可以分为几类？
5. 内生成因的宝玉石矿床有哪几类？请举例描述。
6. 外生成因的宝玉石矿床有哪几类，都有什么特点？
7. 什么是接触变质矿床？它的特点是什么？
8. 请简要描述世界宝玉石资源的分布情况。

主要参考文献

B E 霍布斯, W D 米恩斯, 等. 构造地质纲要[M]. 刘和甫等, 译. 北京: 石油工业出版社, 1982.

B P 格拉斯. 行星地质学导论[M]. 陈书田等, 译. 北京: 地质出版社, 1985.

D 约克, R M 法夸尔. 地球年龄与地质年代学[M]. 中国科学地质研究所同位素地质研究室, 译. 北京: 科学出版社, 1976.

Felix E Mutschler, 孙中庆. 与碱性火成岩有关的贵金属矿床[J]. 国外地质勘探技术, 1992(6): 38—43.

G H 戴维斯. 区域与岩石构造地质学[M]. 张樵英等, 译. 北京: 地质出版社, 1988.

K Dahanayake, 李上森. 斯里兰卡沉积宝石矿床的成因[J]. 国外前寒武纪地质, 1982(2): 48—54.

蔡建明, 李保华. 包裹体在宝石研究中的意义[J]. 成都理工学院学报, 1995(4): 26—32.

常丽华, 曹林, 高福红. 火成岩鉴定手册[M]. 北京: 地质出版社, 2009.

陈洪冶, 李立志, 李雪梅. 矿床学[M]. 北京: 地质出版社, 2012.

陈曼云, 金巍, 郑常青. 变质岩鉴定手册[M]. 北京: 地质出版社, 2009.

陈岳龙, 杨忠芳, 赵志丹. 同位素地质年代学与地球化学[M]. 北京: 地质出版社, 2005.

程裕淇, 李璞. 关于我国地质年代学研究的一些成果及讨论[J]. 科学通报, 1984(8): 659—666.

戴俊生. 构造地质学及大地构造[M]. 北京: 石油工业出版社, 2006.

戴文赛. 天体的演变[M]. 北京: 科学出版社, 1977.

邓燕华. 宝(玉)石矿床[M]. 北京: 北京工业大学出版社, 1992.

费尔斯曼. 趣味矿物学[M]. 北京: 中国青年出版社, 2011.

冯明, 张先, 吴继伟. 构造地质学[M]. 北京: 地质出版社, 2007.

傅昭仁, 蔡学林. 变质岩区构造地质学[M]. 北京: 地质出版社, 1996.

何发荣. 中国宝玉石资源现状及对策[J]. 中国宝玉石, 1996(2): 42—46.

何永年, 林传勇, 史兰斌. 构造岩石学基础[M]. 北京: 地质出版社, 1988.

胡楚雁.宝石次生包裹体的成因分类及表现特征探讨[J].桂林理工大学学报,2004(1):28—31.

胡楚雁.宝石的某些次生内含物特征研究[J].宝石和宝石学杂志,2001(4):1—4.

黄国平,胡清乐,陈冬明,等.马达加斯加地质矿产概况[J].资源环境与工程,2014(5):626—632.

黄志良.磷灰石矿物材料[M].北京:化学工业出版社,2008.

黄作良.宝石学[M].天津:天津大学出版社,2010.

乐昌硕.岩石学[M].北京:地质出版社,1984.

李昌年.火成岩微量元素岩石学[M].武汉:中国地质大学出版社,1992.

李德威.关于大陆构造的思考[J].地球科学,1995(1):10—19.

李继亮,孙枢,郝杰,等.论碰撞造山带的分类[J].地质科学,1999(2):4—13.

李启成,景立平,任常愚.浅谈板块运动的外部力源[J].地球学报,2008(2):241—246.

李亚美,严寿鹤,陈国勋,等.地质学基础[M].北京:地质出版社,1984.

李娅莉,薛秦芳,李立平,等.宝石学教程[M].武汉:中国地质大学出版社,2012.

廖宗廷,周祖翼.宝石学概论[M].上海:同济大学出版社,2009.

林锦富.宝玉石矿床成因分类刍议[J].珠宝科技,1996(2):39—40.

林静.浩瀚的宇宙[M].北京:中国社会出版社,2012.

刘瑞询.显微构造地质学[M].北京:北京大学出版社,1988.

刘喜山,李树勋,刘俊来.变形变质作用及成矿[M].北京:中国科学技术出版社,1992.

刘招君.苏联沉积岩石学研究现状及动态[J].长春地质学院学报,1987(3):357—360.

刘自强,姜华梅,廖望春,等.中国珠宝教育三十年[J].宝石和宝石学杂志,2013(3):81—85.

刘自强,廖望春.高校宝石及材料工艺学专业的构建研究[J].宝石和宝石学杂志,2008(4):45—48.

刘自强.宝石加工工艺学[M].武汉:中国地质大学出版社,2011.

路凤香,桑隆康,邬金华,等.岩石学[M].北京:地质出版社,2002.

吕古贤,孙岩,等.构造地球化学的回顾与展望[J].大地构造与成矿学,2011,04:479—494.

吕新彪,李珍.天然宝石人工改善及检测的原理与方法[M].武汉:中国地质大学出版社,1995.

马杏垣,白瑾,索书田,等.中国前寒武纪构造格架及研究方法[M].北京:地质出版社,1987.

欧阳秋眉,等.秋眉翡翠:实用翡翠学[M].北京:学林出版社2005.

裴祥喜.韩国春川软玉矿床研究——成矿作用及成因分析[D].北京:中国地质大学,2012.

彭素霞,杨合群,程建新,等.阿尔泰成矿省地质建造的成矿系列家族[J].地质科技情报,2014(4):135-142.

亓利剑,裴景成.中国宝石和宝石学研究现状与进展[J].宝石和宝石学杂志,1999(1):1-5.

钱建平.基础地质学教程[M].北京:地质出版社,2014.

秦善,王长秋.矿物学基础[M].北京:北京大学出版社,2011.

丘志力,秦社彩,龚盛玮.我国与火山作用有关的宝玉石资源研究[J].地质论评,1999(S1):123-132.

邱家骧.应用岩浆岩岩石学[M].武汉:中国地质大学出版社,1991.

桑隆康,马昌前.岩石学(第二版)[M].北京:地质出版社,2012.

善采尔.地质学地质年代计算法(古生代、中生代、新生代)[M].徐秉涛,译.北京:地质出版社,1958.

盛文林.吸引世界的太空探秘[M].北京:北京工业大学出版社,2012.

施光海,崔文元.缅甸硬玉岩的结构与显微构造:硬玉质翡翠的成因意义[J].宝石和宝石学杂志,2004(9):8-28.

什维佐夫.沉积岩石学[M].朱星恒等,译.北京:地质出版社,1954.

史蒂芬·霍金.果壳中的宇宙[M].长沙:湖南科学技术出版社,2007.

史蒂芬·霍金.时间简史[M].长沙:湖南科学技术出版社,2010.

舒良树.普通地质学(第三版)[M].北京:地质出版社,2010.

王剑民,王姝琼.宝玉石及观赏石类特征和矿床成因[J].西部资源,2011(1):26-28.

王礼胜,等.河北阜平隆起区刚玉宝石矿床研究[J].矿床地质,1998,17(Sup.).

王礼胜,王濮.大理岩型红宝石矿床成因研究[J].地质论评,2002(1):34-37.

王礼胜,王濮.云南红宝石矿床中镁砂川闪石的发现及其意义[J].地质论评,1997,43(4):409-414.

王礼胜,王濮.中国刚玉宝石矿床的成因类型及其分布规律[J].宝石和宝石学杂志,2001(3):8-12.

吴开华,陈昌荣.包裹体特征在宝石鉴别中的应用研究[J].矿产与地质,1996(1):50-54.

吴良士,白鸽,袁忠信.矿物与岩石[M].北京:化学工业出版社,2005.

夏邦栋.普通地质学[M].北京:地质出版社,1995.

肖渊甫.岩石学简明教程[M].武汉:中国地质大学出版社,2011.

谢文伟,黄体兰,周仁元,等.普通地质学[M].北京:地质出版社,2009.

徐开礼,朱志澄.构造地质学[M].北京:地质出版社,1989.

徐伟昌,王耀南,等.全国岩浆岩岩石化学、矿物化学及地球化学数据库[J].岩石学报,1991(2):95.

徐夕生,邱检生.火成岩岩石学[M].北京:科学出版社,2010.

徐耀鉴,徐汉南,任锡钢.岩石学[M].北京:地质出版社,2013.

阳正熙,高德政,严冰.矿产资源勘查学[M].北京:科学出版社,2011.

杨开庆.构造动力作用中地球化学作用[J].大地构造与成矿学,1984(4):327-336.

杨坤光,袁晏明.地质学基础[M].武汉:中国地质大学出版社,2009.

杨宗锋.火成岩系统广义定量化结构分析及其意义[D].北京:中国地质大学,2013.

姚德贤.中国宝石矿床类型[J].矿产与地质,1994(6):445-451.

尹淑苹,谢玉玲,衣龙升.成因矿物学研究在宝石学中的应用[J].新疆地质,2006(1):33-36.

英国宝石协会和宝石检测实验室.宝石学基础教程[M].陈钟惠,译.武汉:中国地质大学出版社,2004.

余晓艳.有色宝石学教程[M].北京:地质出版社,2009.

袁海华.同位素地质年代学[M].重庆:重庆大学出版社,1987.

袁见齐,朱上庆,等.矿床学[M].北京:地质出版社,1985.

袁心强.应用翡翠宝石学[M].武汉:中国地质大学出版社,2009.

曾广策.晶体光学[M].武汉:中国地质大学出版社,1997.

曾广策.透明造岩矿物与宝石晶体光学[M].武汉:中国地质大学出版社,1997.

翟裕生,姚书振,蔡克勤.矿床学(第三版)[M].北京:地质出版社,2011.

张蓓莉.系统宝石学(第二版)[M].北京:地质出版社,2006.

张良钜,兰延.云南祖母绿的矿床地质及宝石学特征[J].矿物学报,1999

(6):189—197.

张武文.地学概论[M].北京:中国林业出版社,2000.

张义耀,张晓晖.宝玉石鉴赏(第二版)[M].武汉:中国地质大学出版社,2012.

赵珊茸,边秋娟,王勤燕.结晶学与矿物学[M].北京:高等教育出版社,2011.

赵懿英,方一亭.现代地质学讲座[M].南京:南京大学出版社,1990.

赵宗溥.大陆碰撞构造剖析[J].地质科学.1994(2):120—129.

郑亚东,常志忠.岩石有限应变测量及韧性剪切带[M].北京:地质出版社,1985.

郑亚东,张青.内蒙古亚干变质核杂岩与伸展拆离断层[J].地质学报,1993(4):301—309.

周征宇,李冉,陈桃,等.矿物标型特征及其在宝石鉴定中的应用[J].上海地质,2003(3):51—55.

朱朝枝.现代科学与技术概论[M].北京:中国农业出版社,2006.

朱筱敏.沉积岩石学[M].北京:石油工业出版社,2008.

庄培仁,常志忠.断裂构造研究[M].北京:地震出版社,1996.

邹天人,於晓晋.中国天然宝石及矿床类型和主要产地[J].矿床地质,1996(S2):1—8.